国家骨干高等职业院校建
中央财政支持重点建设专

U0261591

地基基础施工与试验检测

（第二版）

邹建风　安宏科　主编

任学萍　主审

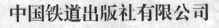

中国铁道出版社有限公司

２０１９年·北京

内 容 简 介

　　本书共分为 8 章,重点介绍了土的物理性质测试与鉴别、土的工程特性分析、浅基础施工、桩基础施工、沉井基础施工、地基处理和地基基础施工质量检测等内容。注重突出职业教育的针对性、职业性与通用性,系统培养学生职业能力、团队合作能力和可持续发展能力。

　　本书不仅适于高职铁道工程技术专业,而且辐射高速铁道技术、城市轨道交通工程技术等专业的"土工试验与检测""基础工程"课程教学,并可作为相关领域工程技术人员培训、阅读与学习的参考资料。

图书在版编目(CIP)数据

地基基础施工与试验检测/邹建风,安宏科主编. —2 版. —北京:中国
铁道出版社有限公司,2019.8
　国家骨干高等职业院校建设成果　中央财政支持重点建设专业教材
　ISBN 978-7-113-26044-6

　Ⅰ.①地…　Ⅱ.①邹…②安…　Ⅲ.①地基-基础(工程)-工程施工-高等
职业教育-教材②地基-基础(工程)-土工试验-高等职业教育-教材③地基-
基础(工程)-质量检验-高等职业教育-教材　Ⅳ.①TU753②TU47

　中国版本图书馆 CIP 数据核字(2019)第 147125 号

书　　名:**地基基础施工与试验检测(第二版)**
作　　者:邹建风　安宏科

策划编辑:李丽娟
责任编辑:李丽娟　陈美玲　　　　　编辑部电话:010-51873135
封面设计:尚明龙
责任校对:王　杰
责任印制:郭向伟

出版发行:中国铁道出版社有限公司(100054,北京市西城区右安门西街 8 号)
网　　址:http://www.tdpress.com
印　　刷:三河市荣展印务有限公司
版　　次:2013 年 12 月第 1 版　2019 年 8 月第 2 版　2019 年 8 月第 1 次印刷
开　　本:787 mm×1 092 mm　1/16　印张:11.75　字数:301 千
书　　号:ISBN 978-7-113-26044-6
定　　价:32.00 元

第二版前言

随着科学技术的发展,国内外高层建筑、大型桥梁等工程大量兴建,地基基础工程的理论和技术日新月异,特别是各项新的国家标准的颁布,使地基基础工程的设计和施工有了新的准绳。为了更好地将最新的规范、标准和方法融入教学,本教材在第一版基础上,结合最新的《铁路桥涵地基和基础设计规范》(TB 10093—2017)、《铁路路基设计规范》(TB 10001—2016),坚持"质量一流、特色鲜明"的原则,对第一版的部分内容进行了修订。编写中吸收了骨干教师与企业资深专家多年的教学及施工经验,以适应当前铁路施工企业、运营企业对专业岗位的要求,满足职业岗位群对技术技能人才在知识、能力及素质等方面的需求。

全书共分八个部分,重点介绍了土的物理性质测试与鉴别、土的工程特性分析、浅基础施工、桩基础施工、沉井基础施工、地基处理和地基基础施工质量检测等内容,注重突出职业教育的针对性、职业性与通用性,系统培养学生职业能力、团队合作能力和可持续发展能力。

本书适合于高职铁道工程技术专业、高速铁道工程技术专业、城市轨道交通工程技术等专业的"土工试验与检测""基础工程"课程教学,并可作为相关领域工程技术人员培训、阅读与学习的参考资料。

本书由陕西铁路工程职业技术学院邹建风和安宏科担任主编,中铁十二局集团第一工程有限公司高级工程师任学萍担任主审。编写分工如下:绪论由陕西铁路工程职业技术学院火东存编写,项目1由邹建风编写,项目2由安宏科编写,项目3由邹建风和中铁十二局集团第三工程有限公司高级工程师郭海兵编写,项目4由安宏科编写,项目5由中铁七局集团路桥公司高级工程师康晓丰编写,项目6、项目7由火东存编写。在本书的编写过程中,得到中铁七局集团公司、中铁十二局集团公司的有关专家的大力支持和帮助,并参考、借鉴和引用了大量的有关文献、书籍及资料,在此一并致谢。

由于编者水平有限,难免有疏漏、不妥之处,恳请读者批评指正。

编者

2019 年 6 月

第一版前言

　　本教材是国家骨干高职院校铁道工程技术重点专业建设的系列成果之一,由陕西铁路工程职业技术学院联合中国中铁、中铁建、铁路局等合作企业共同开发。教材坚持"质量一流、特色鲜明、合编共用"的原则,编写中吸收了骨干教师与企业资深专家多年的教学及施工经验,以适应当前铁路施工企业、运营企业对专业岗位的要求,满足职业岗位群对技术技能人才在知识、能力及素质等方面的需求。

　　本书共分七个学习项目,重点介绍了土的物理性质测试与鉴别、土的工程特性分析、浅基础施工、桩基础施工、沉井基础施工、地基处理和地基基础施工质量检测等内容,注重突出职业教育的针对性、职业性与通用性,系统培养学生职业能力、团队合作能力和可持续发展能力。

　　本书不仅适于高职铁道工程技术专业,而且辐射高速铁道技术、城市轨道交通工程技术等专业的《土工试验与检测》、《基础工程》课程教学,并可作为相关领域工程技术人员培训、阅读与学习的参考资料。

　　本书由陕西铁路工程职业技术学院邹建风和安宏科主编,中铁一局集团公司高级工程师刘光唯主审,参加本书编写的还有陕西铁路工程职业技术学院李英杰、中铁二局集团公司总工戴建平、中铁十三局集团公司高级技师杨德龙。编写分工如下:项目一由邹建风编写,项目二由安宏科编写,项目三由邹建风和戴建平编写,项目四由安宏科和戴建平编写,项目五、项目六由李英杰编写,项目七由杨德龙编写。在本书的编写过程中,得到中铁一局集团公司、中铁二局集团公司和中铁十三局集团公司的有关专家的大力支持和帮助,并参考、借鉴和引用了大量的有关文献、书籍及资料,在此向有关专家及文献资料的作者表示衷心的感谢。

　　由于编者水平有限,难免有疏漏、不妥之处,恳请希望各院校师生及相关读者提出批评及改进意见。

编者

2013 年 10 月

目录

绪　　论 ··· 1

项目 1　土的物理性质测试与鉴别 ·· 4

任务 1.1　土的颗粒级配分析 ·· 4

任务 1.2　土的物理性质指标 ·· 9

任务 1.3　土的物理状态指标 ·· 13

任务 1.4　土的工程分类 ·· 19

复习思考题 ·· 23

项目 2　土的工程特性分析 ··· 24

任务 2.1　土的渗透性 ··· 24

任务 2.2　土的击实性 ··· 31

任务 2.3　土的压缩性 ··· 34

任务 2.4　土的抗剪强度 ·· 53

复习思考题 ·· 63

项目 3　浅基础施工 ··· 66

任务 3.1　浅基础的类型与构造 ··· 66

任务 3.2　刚性扩大基础的设计与计算 ··· 69

任务 3.3　刚性扩大基础施工 ·· 76

复习思考题 ·· 84

项目 4　桩基础施工 ··· 86

任务 4.1　钻孔灌注桩施工 ··· 86

任务 4.2　挖孔灌注桩施工 ··· 107

任务 4.3　预制桩施工 ··· 113

复习思考题 ·· 119

项目 5　沉井施工 ·· 120

任务 5.1　沉井基础施工 ·· 120

任务 5.2　沉井下沉问题处理 ·· 127

复习思考题…………………………………………………………………………… 130

项目 6　地基处理 …………………………………………………………………… 132

任务 6.1　软弱土地基处理 ……………………………………………………… 132

任务 6.2　特殊土地基处理 ……………………………………………………… 144

任务 6.3　复合地基加固 ………………………………………………………… 146

复习思考题…………………………………………………………………………… 149

项目 7　地基基础施工质量检测 ………………………………………………… 150

任务 7.1　土的填筑质量检测 …………………………………………………… 150

任务 7.2　处理地基质量检测 …………………………………………………… 158

任务 7.3　基桩质量检测 ………………………………………………………… 167

复习思考题…………………………………………………………………………… 181

参考文献…………………………………………………………………………………… 182

绪　　论

地基基础施工与试验检测是一门理论性与实践性相结合且专业技术性较强的专业课,通过对地基基础概念的解读,引出本学科的发展简史和学习方法、内容及目标。结合中外建筑在地基基础工程上的实例,从不同方面阐述其重要性,激发学生对本课程的学习热情。

0.1　地基基础的概念

地基是直接承受建筑物荷载影响的地层。未经处理就可满足设计要求的地基称为天然地基;当承载力不能满足设计要求,需要对其进行加固处理的地基则称为人工地基。地基应具有足够的强度,在荷载作用下不发生剪切破坏或失稳;地基同时还应具有足够的刚度,以抵抗过大沉降,特别是不均匀沉降。

基础是建筑物的重要组成部分,是将建筑物承受的荷载传递到地基上的承重结构。建筑物是由地基、基础和上部结构组成的统一整体,既相互联系又相互制约。在进行设计时把三者完全统一起来,从整体概念出发,全面系统地考虑才能收到良好的效果。图 0.1 为地基与基础示意图。

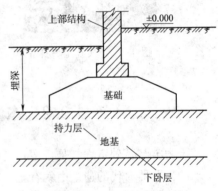

图 0.1　地基与基础示意图

地基与基础工程是建筑物的根基,具有施工工期长,造价高,一旦损坏修补困难、危害大等特点。实践表明,很多建筑工程质量事故是由地基基础相关问题而引起的。例如,建于 1173 年的意大利比萨斜塔(图 0.2),塔设计高度为 100 m 左右,但动工五六年后,塔身从三层开始倾斜,直到完工还在持续倾斜,现塔顶已南倾(即塔顶偏离垂直线)3.5 m。比萨斜塔之所以倾斜,是由于其地基有多层不同材质的土层,由各种软质粉土的沉淀物和非常软的黏土相间形成,而在深约 1 m 的地方则是地下水层。由于倾斜程度过大,为避免造成危险,比萨斜塔曾在 1990 年 1 月 7 日停止向游客开放。随着科学技术的发展和政府部门的资金投入,对比萨斜塔维护的研究工作有了进展,成立了专家委员会评估任何一个可能导致倾斜加剧的原因,并研发阻止其继续倾斜及逆转倾斜的方法。经过 12 年的修缮,斜塔被扶正 44 cm,基本达到了预期的效果。专家认为,只要不出现不可抗拒的自然因素,经过修复的比萨斜塔 300 年内将不会倒塌。2001 年 12 月 15 日起比萨斜塔再次向游客开放。

加拿大特朗斯康谷仓(图 0.3)是由 65 个圆筒仓组成的长 59.4 m、宽 23.5 m、高 31.0 m 的构筑物,其钢筋混凝土筏板基础厚 61 cm,埋深 3.66 m。1911 年动工,1913 年完工,自重 20 000 t。1913 年 9 月开始装谷仓,10 月 17 日装了 31 822 t 谷物时,1 h 竖向沉降达 30.5 cm,24 h 倾斜 26°53′,西端下沉 7.32 m,东端上抬 1.52 m,上部钢筋混凝土筒仓完好无损。谷仓地基土事先未进行调查研究,据邻近结构物基槽开挖试验结果,谷仓基础底面单位面积压力超过300 kPa,而地基中的软黏土层极限承载力才约250 kPa,因此地基产生整体破坏并引发谷仓严重倾斜。该谷仓由于整体刚度较大,虽倾斜极为严重,但谷仓本身却完好无损。后于谷仓基础之下做了70多个支承于下部基岩上的混凝土墩,使用了388个50 t千斤顶以及支撑系统才把仓体逐渐扶正,但其位置比原来降低了近4.0 m。该案例是地基产生剪切破坏、建筑物丧失其稳定性的典型事故实例。

　　国内外类似上述地基事故的实例很多,大量事故充分说明:对地基基础处理不当,就会造成巨大的经济损失。

图 0.2　意大利比萨斜塔

图 0.3　加拿大特朗斯康谷仓

0.2　本课程的作用及发展简史

　　土力学与基础工程既是一门古老的工程技术,又是一门新型的应用科学。我国西安半坡发现的新石器时代的遗址中就有土台基础。驰名中外的万里长城,遍布全国的宏伟的古代宫殿、寺院及众多的宝塔等建筑,都是因为有了坚固的基础,才能经受无数次风雨及地震考验而保留至今。但由于当时生产力发展水平的限制,这些伟大成就只停留在实践经验上,未提炼成系统的科学理论。

　　18世纪欧洲工业革命以后,随着建筑、水利、铁路等行业迅速兴起,推动了土力学理论的产生和发展。1773年法国库仑创立了土的抗剪强度定律和库仑土压力理论;1857年英国朗肯提出了朗肯土压力理论,等等。直到1925年美国太沙基发表土力学专著,才使土力学成为一门独立的学科。

　　从1936年至今,国际上已召开了14届土力学与基础工程学术会议。许多国家和地区都开展了广泛的研究和交流,不断总结新的研究成果和实践经验。我国自1958年后,也召开了多次全国土力学与基础工程会议,并建立了许多科研机构,培养了大批技术人才。

　　目前,由于土木工程建设的需要,特别是计算机技术和有限元法的应用,使基础工程理论和技术得以迅猛发展,新材料、新技术、新设备、新工艺不断涌现,出现了如桩—筏基础、桩—箱基础等新基础形式。强夯法、砂井预压法、真空预压法等都是近几十年创造和完善的地基处理方法。但是,由于基础工程是地下隐蔽工程,且地质条件及其复杂,随着高层结

构的不断涌现,城市建筑的不断密集,会给基础工程提出新的挑战,同时也为基础工程的发展提供了新的机会。

0.3　本课程的特点和学习要求

本课程是土木工程专业的一门主干课程。许多内容涉及工程地质学、土力学、结构设计和施工等几个学科领域,内容广泛,综合性、理论性和实践性很强,因此必须很好地掌握好上述先修课程的基本内容和基本原理,为本课程的学习打好基础。

我国地域辽阔,由于自然地理环境的不同,分布着各种各样的土类。某些土类作为地基(如湿陷性黄土、软土、膨胀土、红黏土、冻土等)具有其特殊性质而必须针对其特性采取相应措施。因此,地基基础问题具有明显的区域性特征。此外,天然地层的性质和分布也因地而异,且在较小范围内可能变化很大。故基础工程的设计,除需要丰富的理论知识外,还需要有较多的工程实践知识,并通过勘探和测试取得可靠的有关土层的分布及其物理力学性质指标的资料。因此,学习时应注意理论联系实际,通过各个教学环节,紧密结合工程实践,提高理论认识和增强处理地基基础问题的能力。

项目1　土的物理性质测试与鉴别

项目描述

土是岩石风化产物经各种地质搬运作用而沉积下来的堆积物。土粒之间的孔隙被水和气体所填充,所以土是一种由固态、液态和气态物质组成的三相体系。与各种连续体(弹性体、塑性体、流体等)比较,天然土体具有一系列复杂的物理力学性质,而且容易受环境条件变动的影响。现有的土力学理论还难于模拟、概括天然土层在建筑物作用下所表现的各种力学性状的全貌。因此,我们要通过对土的物理性质测试取得有关物理性质指标,并紧密结合实践经验进行合理分析,妥善解决工程实际问题。

学习目标

1. 能力目标

(1)具备土颗粒分析试验、密度试验、含水率试验、颗粒密度试验、界限含水率试验的基本操作技能;

(2)具备使用相关规范对土进行工程分类的能力。

2. 知识目标

(1)掌握土的颗粒级配分析方法;

(2)掌握土的物理性质指标的测试方法;

(3)掌握土的物理状态指标的测试方法;

(4)掌握土的工程分类的确定方法。

任务 1.1　土的颗粒级配分析

1.1.1　工作任务

通过对土的颗粒级配分析的学习,能够完成以下工作任务:

(1)根据《铁路工程土工试验规程》(TB 10102—2010)合理选择试验方法;

(2)根据工程概况、地质状况等进行土的颗粒级配分析。

1.1.2　相关配套知识

1. 土的形成

土木建筑工程所称的土有狭义和广义两种概念。狭义概念所指的土,是岩石风化后的产物,即指覆盖在地表上松散的、没有胶结或胶结很弱的颗粒堆积物。广义的概念则将整体岩石

也视为土。

地球表面30～80 km厚的范围是地壳。地壳中原来整体坚硬的岩石经风化、剥蚀搬运、沉积,形成固体矿物、水和气体的集合体称为土。

岩石风化是指岩石在太阳辐射、大气、水和生物作用下出现破碎、疏松及矿物成分次生变化的现象。导致上述现象的作用称为风化作用。

风化作用有物理风化和化学风化两种。

物理风化作用是指地表岩石长期经受风、霜、雨、雪的侵蚀和动植物活动的破坏,逐渐由大块崩解为形状和大小不同的碎块的过程。物理风化只改变颗粒的大小和形状,不改变颗粒的成分。

化学风化作用是指物理风化后的碎块与水、氧气、二氧化碳和某些由生物分泌出的有机酸溶液等接触,发生化学变化,产生更细的并与原来的岩石成分不同的颗粒的过程。化学风化不仅改变颗粒的大小和形状,而且改变颗粒的成分。

2. 土的组成

土由固体颗粒,液体水和气体三部分组成,称为土的三相组成。土中的固体颗粒构成骨架,骨架之间贯穿着孔隙,孔隙中充填着水和空气,三相比例不同,土的状态和工程性质也不相同。

固体＋气体为干土;

固体＋液体＋气体为湿土;

固体＋液体为饱和土。

研究土的工程性质要从最基本的土的三相组成(固相、液相和气相)开始。

1)土的固体颗粒

(1)颗粒分组

土是由各种大小不同的颗粒组成的。颗粒粒径的大小称为粒度。

把粒度相近的土归为一组,称为粒组。

划分粒组的分界尺寸称为界限粒径。

自然界中的土粒直径变化幅度很大。工程上所采用的粒组划分应能反映粒径大小变化引起土的物理性质变化这一客观规律。一般说,同一粒组的土,其物理性质大致相同,不同粒组的土,其物理性质则有较大差别。《铁路桥涵地基和基础设计规范》(TB 10093—2017)采用界限粒径200 mm、60 mm、20 mm、2 mm、0.075 mm和0.005 mm把土粒分为七大粒组:漂石(块石)、卵石(碎石)、粗圆砾(粗角砾)、细圆砾(细角砾)、砂粒、粉粒及黏土粒粒组。对粒组划分见表1.1。

表1.1　土的颗粒分组

粒组的名称		粒径范围(mm)
漂石(浑圆、圆棱)或块石(尖棱)	大	$d>800$
	中	$400<d\leqslant800$
	小	$200<d\leqslant400$
卵石(浑圆、圆棱)或碎石(尖棱)	大	$100<d\leqslant200$
	小	$60<d\leqslant100$

粒组的名称		粒径范围(mm)
粗圆砾(浑圆、圆棱)或粗角砾(尖棱)	大	$40 < d \leqslant 60$
	小	$20 < d \leqslant 40$
粗圆砾(浑圆、圆棱)或粗角砾(尖棱)	大	$10 < d \leqslant 20$
	中	$5 < d \leqslant 10$
	小	$2 < d \leqslant 5$
砂粒	粗	$0.5 < d \leqslant 2$
	中	$0.25 < d \leqslant 0.5$
	细	$0.075 < d \leqslant 0.25$
粉粒		$0.005 < d \leqslant 0.075$
黏粒		$d < 0.005$

(2)用筛析法作土的颗粒大小分析

天然土常常是由各种不同大小的土粒组成的混合体,它包含着几种粒组的土粒。不同粒组在土中的相对含量在很大程度上决定着土的工程特性,因此,工程上常以土中各粒组的相对含量表示土中颗粒的组成情况。

各粒组的质量占土粒总质量的百分数称为颗粒级配。

测定土颗粒级配常用的试验方法有筛分法和沉降分析法两种,筛分法适用于粒径大于0.075 mm 的粗粒组,沉降分析法适用于粒径小于 0.075 mm 的粉粒和黏粒。

①筛分法

筛分法是将风干、分散、具有代表性土样通过一套孔径由大到小排列的标准筛(例如20 mm、2 mm、0.5 mm、0.25 mm、0.075 mm),放置在振筛机上充分振摇后,分别称出留在各个筛子上的土重,即可求得各个粒组的相对含量,并可计算小于某一筛孔尺寸土颗粒的累计百分含量。

②沉降分析法

沉降分析法是利用大小不同的土颗粒在水中沉降速度的不同来确定小于某粒径的土颗粒含量的方法。用相对密度计法或移液管法测得颗粒级配。

颗粒级配的表示方法有表格法和级配曲线法。前者制作简单,后者更加便于评价粒径含量的组合情况。以下对应用较广的级配曲线法做一说明:

根据颗粒分析试验结果,在半对数坐标纸上,以对数横坐标表示粒径 d,以纵坐标表示小于某粒径的土颗粒含量占总质量的百分数,绘出颗粒级配曲线如图 1.1 所示。

曲线的坡度用于大致判断土的均匀程度。若曲线较陡,则表示粒径大小相差不多,土粒较均匀,即级配不良;若曲线平缓,则表示粒径大小相差悬殊,土粒不均匀,即级配良好。

在工程中,对于粗粒土常采用反映颗粒组成特征的级配指标不均匀系数 C_u 和曲率系数 C_c 来评价土的颗粒级配情况。

不均匀系数按下式计算:

$$C_u = \frac{d_{60}}{d_{10}} \tag{1.1}$$

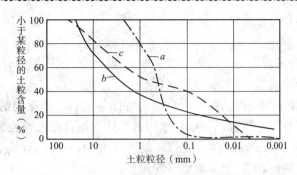

图 1.1 土的粒径级配累积曲线

曲率系数按下式计算

$$C_c = \frac{d_{30}^2}{d_{10} \cdot d_{60}} \tag{1.2}$$

式中 C_u——不均匀系数,计算至 0.01;

　　 d_{60}——限定粒径(mm),即土样中小于该粒径的土粒质量占土粒总质量的 60%;

　　 d_{10}——有效粒径(mm),即土样中小于该粒径的土粒质量占土粒总质量的 10%;

　　 C_c——曲率系数,计算至 0.01;

　　 d_{30}——土样中小于该粒径的土粒质量占土粒总质量的 30% 的粒径值(mm)。

不均匀系数 C_u 反映大小不同粒组的分布情况。C_u 越大表示土粒大小的分布范围越大,其级配良好,作为填方工程的土料时,则比较容易获得较大的密实度。曲率系数 C_c 描述的是累积曲线的分布范围,反映曲线的整体形状。一般工程上把 $C_u < 5$ 的土看做是均粒土,属级配不良,$C_u > 10$ 的土,属级配良好。实际上,单独用一个指标 C_u 来确定土的级配情况是不够的,还要同时考虑累积曲线的整体形状,所以需参考曲率系数 C_c 值。一般认为,砾类土或砂类土同时满足 $C_u \geqslant 5$ 和 $C_c = 1 \sim 3$ 两个条件时,则定名为良好级配砾或良好级配砂。

(3)土粒的矿物成分

根据组成土的固体颗粒的矿物成分的性质及其对土的工程性质影响不同,认为土中的矿物成分有以下三大类:原生矿物、次生矿物、有机质等。

①原生矿物:土中的原生矿物是岩石风化过程中的产物,保持了母岩的矿物成分和晶体结构,常见的如石英、长石、角闪石、云母等。这些矿物是组成土中卵石、砾石、砂粒和某些粉粒的主要成分。原生矿物的主要特点是:颗粒粗大,物理、化学性质比较稳定,抗水性和抗风化能力较强,亲水性弱或较弱。

②次生矿物:母岩风化后及在风化搬运过程中,如果原来的矿物因氧化、水化及水解、溶解等化学风化作用而进一步分解,会形成一种新矿物,这就是次生矿物,其颗粒比原生矿物细小得多。次生矿物的主要特点是:颗粒细小,亲水性强,有一定黏性。

③有机质:是动植物残骸和微生物以及它们的各种分解和合成产物。通常把分解不完全的植物残体称为泥炭,其主要成分是纤维素;把分解完全的动、植物残骸称为腐殖质。

有机质的主要特点是:极具活性和亲水性,会导致土的塑性增强,压缩性增高,渗透性减小,强度降低。

2)土中水

在自然条件下,土中常含有一定数量的水。土在常温条件下,根据水和土粒有无相互作用,土中的水可以分为结合水和自由水。

(1)结合水

结合水是指受电分子吸引力吸附于土粒表面的水。结合水依据水分子与土粒表面结合的紧密程度分为强结合水(吸着水)与弱结合水(薄膜水)两类。

强结合水是指紧靠土粒表面的结合水。它的特征是没有溶解盐类的能力,不能传递静水压力,只有吸热变成蒸汽时才能移动。这种水极其牢固地结合在土粒表面上,其性质接近于固体,密度约为 $1.2\sim2.4$ g/cm³,冰点为 -78℃,具有极大的黏滞度、弹性和抗剪强度。黏土中只含有强结合水时,呈固体状态,磨碎后则呈粉末状态。

弱结合水是指紧靠于强结合水的外围形成一层结合水膜。它仍然不能传递静水压力,但水膜较厚的弱结合水能向邻近的较薄的水膜缓慢转移。当土中含有较多的弱结合水时,土则具有一定的可塑性。砂土比表面较小,几乎不具可塑性,而黏性土的比表面较大,其可塑性范围就大。

(2)自由水

自由水是指存在于土粒表面电场影响范围以外的水。它的性质和普通水一样,能传递静水压力,冰点为 0℃,有溶解能力。

自由水按其移动所受作用力的不同,可以分为重力水和毛细水。

重力水是在重力或压力差作用下运动的自由水,它是存在于地下水位以下的透水土层中的地下水,对土粒有浮力作用。重力水对土中的应力状态和开挖基槽、基坑以及修筑地下构筑物时所应采取的排水、防水措施有重要的影响。

毛细水是受到水与空气交界面处表面张力作用的自由水。毛细水存在于地下水位以上的透水层中。当土孔隙中局部存在毛细水时,毛细水的弯液面和土粒接触处的表面引力反作用于土粒上,使土粒之间由于这种毛细压力而挤紧,土因而具有微弱的黏聚力,称为毛细黏聚力。

在施工现场常常可以看到稍湿状态的砂堆,能保持垂直陡壁达几十厘米高而不坍落,就是因为砂粒间具有毛细黏聚力的缘故。在工程中,要注意毛细水的上升高度和速度,因为毛细水的上升对于建筑物地下部分的防潮措施和地基土的浸湿和冻胀等有重要影响。此外,在干旱地区,含可溶盐的地下水随毛细水上升后不断蒸发,盐分便积聚于靠近地表处而形成盐渍土。

3)土中气体

土中的气体存在于土孔隙中未被水所占据的部位。在粗粒土中常见到与大气相连通的自由气体,它对土的力学性质影响不大。在细粒土中则常存在与大气隔绝的封闭气泡,使土在外力作用下的弹性增加,透水性减小。

3. 土的结构和构造

1)土的结构

土的结构是指土颗粒本身的特点和颗粒间相互关系的综合特征,具体来说是指:

(1)土颗粒本身的特点土颗粒大小、形状和磨圆度及表面性质(粗糙度)等。

(2)土颗粒之间的相互关系特点,即粒间排列及其联结性质。

据此可把土的结构分为单粒结构、蜂窝结构和絮状结构三种基本类型。

单粒结构(散粒结构):指粗大土粒在重力作用下,一颗一颗沉积下来而形成的,每个土粒都受到周围各个土粒的支承,土粒间几乎没有连接。单粒结构对土的工程性质影响主要在于其松密程度。

蜂窝状结构:当土颗粒较细,在水中单个下沉,碰到已沉积的土粒,由于土粒之间的分子引力大于颗粒自重,则下沉土粒被吸引不再下沉,形成很大孔隙的蜂窝状结构。这种结构疏松、孔隙大,具有灵敏度高、强度低、压缩性高的特性。具有这种结构的土多为静水条件下的近代沉积物。

絮状结构:指在水中长期悬浮并在水中运动时形成的小链环状土集粒,在重力作用下下沉形成的结构。这种小链环在碰到另一小链环时被吸引,形成大链环状的絮状结构。该种结构强度低、压缩性大,因振动会破坏其天然结构,故不可用作天然地基。

2)土的构造

土的构造是指同一土层中成分和大小相近的颗粒和颗粒集合体相互关系的特征。通常分为层状构造、分散构造、结核状构造和裂隙构造。

层状构造:土层由不同颜色、不同粒径的土组成层理,平原地区的层理通常为水平方向。层状构造是细粒土的一个重要特征。

分散构造:土层中土粒分布均匀,性质相近,如砂、卵石层为分散构造。

结核状构造:在细粒土中掺有粗颗粒或各种结核,如含礓石的粉质黏土、含砾石的冰碛土等均属结核状构造,其工程性质取决于细粒土部分。

裂隙状构造:土体中有很多不连续的小裂隙,部分硬塑与坚硬状态的黏土为此种构造。裂隙强度低,渗透性高,工程性质差。

任务 1.2　土的物理性质指标

1.2.1　工作任务

通过对土的物理性质指标的学习,能够完成以下工作任务:

(1)认知土的物理性质指标并能根据《铁路工程土工试验规程》(TB 10102—2010)进行三个基本指标的测定;

(2)根据基本指标计算其他导出指标。

1.2.2　相关配套知识

在任务 1.1 中介绍了土的组成和结构,特别是土的颗粒级配,但是,为了对土的基本物理性质有所了解,还需要对土的三相进行数量上的研究。

土的三相物质在体积和质量上的比例关系为三相比例指标。三相比例指标反映了土的干燥与潮湿、疏松与紧密。土的三相比例指标是其物理性质的反映,但与其力学性质有内在联系,显然固相成分的比例越高,其压缩性越小,抗剪强度越大,承载力越高。所以土的三相比例指标是评价土的工程性质的重要指标。

三相比例指标可分为两种,一种是通过试验可以测得的指标(称基本物理指标);另一种是通过基本物理指标换算得到的指标(称换算物理指标)。

1. 基本物理指标

为了便于说明和计算,用图 1.2 所示的土的三相组成草图来表示各部分之间的数量关系,图中符号的意义如下:

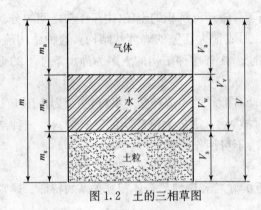

m_s——土粒质量;

m_w——土中水质量;

m——土的总质量,$m = m_s + m_w$;

V_s——土粒体积;

V_w——土中水体积;

V_a——土中气体体积;

V_v——土中孔隙体积,$V_v = V_w + V_a$;

V——土的总体积,$V = V_s + V_w + V_a$

图 1.2　土的三相草图

1)土的天然密度和重度

土的天然密度是指为土在天然状态下单位体积的质量,用 ρ 表示,单位为 g/cm³ 或 kg/m³,即:

$$\rho = \frac{m}{V} \tag{1.3}$$

天然状态下土的密度变化范围较大。一般黏性土和粉土 $\rho = 1.8 \sim 2.0$ g/cm³;砂土 $\rho = 1.6 \sim 2.0$ g/cm³;腐殖土 $\rho = 1.5 \sim 1.7$ g/cm³。

土的重度是指土在天然状态下单位体积所受的重力,用 γ 表示,单位为 kN/m³,即:

$$\gamma = \frac{G}{V} = \frac{mg}{V} = \rho \cdot g \tag{1.4}$$

式中　G——土的重力(量);

　　　g——自由落体加速度。

2)土粒相对密度

(1)土粒密度(颗粒密度)

土粒密度定义为土中固体颗粒的质量 m_s 与其颗粒体积 V_s 之比,即土粒的单位体积质量,用 ρ_s 表示:

$$\rho_s = \frac{m_s}{V_s} \tag{1.5}$$

(2)土粒相对密度

土粒相对密度定义为土粒质量与同体积纯蒸馏水在 4℃时质量之比,用 d_s 表示,为无量纲量,即

$$d_s = m_s/(V_s \times \rho_{w_1}) = \rho_s/\rho_{w_1} \tag{1.6}$$

式中　d_s——土粒相对密度;

　　　ρ_{w_1}——4℃时纯水的密度,$\rho_{w_1} = 1$ g/cm³;

　　　ρ_s——土粒密度。

由于土粒相对密度变化不大,通常可按经验数值选用,一般参考值见表 1.2。

表 1.2　土粒相对密度参考值

土的名称	砂土	粉土	黏性土	
			粉质黏土	黏土
土粒相对密度	2.65~2.69	2.70~2.71	2.72~2.73	2.74~2.76

3）土的含水率

土的含水率定义为土中水的质量与土粒质量之比，用 w 表示，以百分数计，即：

$$w = \frac{m_w}{m_s} \times 100\% = \frac{m - m_s}{m_s} \times 100\% \qquad (1.7)$$

含水率 w 是标志土的湿度的一个重要物理指标。天然土层的含水率变化范围很大，它与土的种类、埋藏条件及其所处的自然地理环境等有关。一般干的粗砂土，含水率接近于零，而饱和砂土，含水率可达 40%；坚硬的黏性土的含水率约小于 30%，而饱和状态的软黏性土含水率则可达 60%或更大。一般说来，对同一类土，当其含水率增大时，其强度就降低。

2. 换算物理指标

在测定土的天然密度 ρ、土粒密度 ρ_s 和土的含水率 w 这三个基本指标后，就可以根据三相草图计算工程上表示土的某些特征的几种指标。

1）表示土中孔隙含量的指标

工程上常用孔隙比 e 或孔隙率 n 表示土中孔隙的含量。孔隙比是指土中孔隙体积与土粒体积之比，即

$$e = \frac{V_v}{V_s} \qquad (1.8)$$

孔隙比用小数表示，它是一个重要的物理性质指标，可用来评价天然土层的密实程度。一般地，$e < 0.6$ 的土是密实的低压缩性土，$e > 1.0$ 的土是疏松的高压缩性土。

孔隙率 n 是指土中孔隙体积与土总体积之比，以百分数计，即

$$n = \frac{V_v}{V} \times 100\% \qquad (1.9)$$

2）表示土中含水程度的指标

含水率 w 当然是表示土中含水程度的一个重要指标。此外，工程上往往需要知道孔隙中充满水的程度，这可用饱和度 S_r 表示。土的饱和度 S_r 是指土中被水充满的孔隙体积与孔隙总体积之比，即

$$S_r = \frac{V_w}{V_v} \times 100\% \qquad (1.10)$$

砂土根据饱和度 S_r 的数值分为稍湿、潮湿和饱和三种湿度状态，其划分标准见表1.3。显然，干土的饱和度 $S_r = 0$，而完全饱和土的饱和度 $S_r = 100\%$。

表 1.3　砂土湿度状态的划分

砂土湿度状态	稍湿	潮湿	饱和
饱和度 S_r（%）	$S_r \leqslant 50$	$50 < S_r \leqslant 80$	$S_r > 80$

3）表示土的密度和重度的几种指标

除了天然密度 ρ 以外，工程计算中还常用到如下两种土的密度：饱和密度 ρ_{sat} 和干密度 ρ_d。

土的饱和密度是指土中孔隙完全被水充满时土的密度，表示为

$$\rho_{sat} = \frac{m_s + V_v \rho_w}{V} \qquad (1.11)$$

土的干密度是指单位土体积中土粒的质量，表示为

$$\rho_d = \frac{m_s}{V} \tag{1.12}$$

与上述几种土的密度相对应的有土的天然重度 γ、饱和重度 γ_{sat}、干重度 γ_d。在数值上，它们等于相应的密度乘以重力加速度 g，即 $\gamma = \rho \cdot g$，$\gamma_{sat} = \rho_{sat} \cdot g$，$\gamma_d = \rho_d \cdot g$。另外，对于地下水位以下的土体，由于受到水的浮力作用，将扣除水浮力后单位体积土所受的重力称为土的浮重度，以 γ' 表示，当认为水下土是饱和时，它在数值上等于饱和重度 γ_{sat} 与水的重度 γ_w（$\gamma_w = \rho_w \cdot g$）之差，即：

$$\gamma' = \frac{m_s g - v_s \gamma_w}{V} = \gamma_{sat} - \gamma_w \tag{1.13}$$

显然，几种密度和重度在数值上有如下关系：

$$\rho_{sat} \geqslant \rho \geqslant \rho_d$$
$$\gamma_{sat} \geqslant \gamma \geqslant \gamma_d > \gamma'$$

3. 基本指标与换算指标的关系

在上述指标中只有土的密度、土颗粒相对密度和土的含水率这 3 个指标可以通过土工试验测得，其他指标可以通过这 3 个指标换算得到。为了研究这些指标的相对比例关系，总是取某一定数量的土体来分析，例如取 $V = 1 \text{ cm}^3$，或 $m = 1 \text{ g}$，或 $V_s = 1 \text{ cm}^3$。根据图 1.3 所示的三相草图，若假设 $V_s = 1 \text{ cm}^3$，可以此推导出孔隙比、干密度等指标的计算公式。

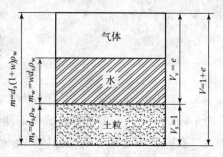

图 1.3　三相草图

因为 $V_s = 1 \text{ cm}^3$，所以

$$V_v = e, \qquad V = 1 + e$$
$$m_s = \rho_w d_s V_s = \rho_w d_s, \qquad m_w = w m_s = w \rho_w d_s$$
$$V_w = w d_s, \qquad V = \frac{m}{\rho} = \frac{\rho_w d_s (1 + w)}{\rho}$$
$$e = V - 1 = \frac{\rho_w d_s (1 + w)}{\rho} - 1$$

其他的推导过程类似，就不一一推导了。

为了便于应用，现将上述推导而来的换算公式列于表 1.4 供查阅。

表 1.4　土的三相比例指标换算公式

类 别		名称	符号	表达式	换算公式	单位
实测指标		密度	ρ	$\rho = \dfrac{m}{V}$	$\rho = \dfrac{d_s + S_r e}{1 + e} \rho_w$	g/cm³
		含水率	w	$w = \dfrac{m_w}{m_s} \times 100\%$	$w = \dfrac{S_r e}{d_s} \times 100\%$	
		土粒相对密度	d_s	$d_s = \dfrac{m_s}{V_s \times \rho_w}$	$d_s = \dfrac{S_r e}{w}$	
导出指标	表示土中空隙含量的指标	孔隙比	e	$e = \dfrac{V_v}{V_s}$	$e = \dfrac{\gamma_w d_s}{\gamma_d} - 1$	
		孔隙率	n	$n = \dfrac{V_v}{V} \times 100\%$	$n = \dfrac{e}{e + 1}$	

续上表

类　别		名称	符号	表达式	换算公式	单位
导出指标	表示土中含水程度的指标	饱和度	S_r	$S_r = \dfrac{V_w}{V_v} \times 100\%$	$S_r = \dfrac{d_s w}{e}$	
	表示土的密度和重度的指标	干密度	ρ_d	$\rho_d = \dfrac{m_s}{V}$	$\rho_d = \dfrac{\rho}{1+w}$	g/cm³
		干重度	γ_d	$\gamma_d = \rho_d g$	$\gamma_d = \dfrac{\gamma}{1+w}; \gamma_d = \dfrac{\gamma_w + d_s}{1+e}$	kN/cm³
		饱和密度	ρ_{sat}	$\rho_{sat} = \dfrac{m_s + V_v \rho_w}{V}$	$\rho_{sat} = \dfrac{d_s + e}{1+e} \rho_w$	g/cm³
		饱和重度	γ_{sat}	$\gamma_{sat} = \dfrac{G_s + \gamma_w V_v}{V}$	$\gamma_{sat} = \dfrac{\gamma_w(d_s + e)}{1+e}$	kN/cm³
		浮重度	γ'	$\gamma' = \dfrac{G_s - \gamma_w V_s}{V}$	$\gamma' = \gamma_{sat} - \gamma_w$	kN/cm³

【例题 1.1】某一原状土样,经试验测得的基本指标值如下:天然密度 $\rho = 1.67$ g/cm³,含水率 $w = 12.9\%$,土粒相对密度 $d_s = 2.67$。试求孔隙比 e、孔隙率 n、饱和度 S_r、干密度 ρ_d、饱和密度 ρ_{sat} 以及浮密度 ρ'。

【解】(1) $e = \dfrac{d_s(1+w)\rho_w}{\rho} - 1 = \dfrac{2.67(1+0.129)}{1.67} - 1 = 0.805$

(2) $n = \dfrac{e}{1+e} \times 100\% = \dfrac{0.805}{1+0.805} = 44.6\%$

(3) $S_r = \dfrac{w d_s}{e} = \dfrac{0.129 \times 2.67}{0.805} = 0.43$

(4) $\rho_d = \dfrac{\rho}{1+w} = \dfrac{1.67}{1+0.129} = 1.48 (\text{g/cm}^3)$

(5) $\rho_{sat} = \dfrac{(d_s + e)\rho_w}{1+e} = \dfrac{2.67 + 0.805}{1+0.805} = 1.93 (\text{g/cm}^3)$

(6) $\rho' = \rho_{sat} - \rho_w = 1.93 - 1 = 0.93 (\text{g/cm}^3)$

任务 1.3　土的物理状态指标

1.3.1　工作任务

通过对土的物理状态指标的学习,能够完成以下工作任务:

(1)掌握土的物理状态指标并能进行指标的测定;

(2)根据所学的知识分析土的物理状态。

1.3.2　相关配套知识

1.3.2.1　无黏性土物理状态

无黏性土一般指碎石土和砂土,粉土属于砂土和黏性土的过渡类型,但是其物质组成、结构及物理力学性质主要接近砂土,故列入无黏性土中讨论。

无黏性土的紧密状态是判定其工程性质的重要指标,它综合反映了无黏性土颗粒的岩石和矿物组成、颗粒级配、颗粒形状和排列等对其工程性质的影响。一般说来,无论在静荷载或动荷载作用下,密实状态的无黏性土与其疏松状态的表现都很不一样。密实者具有较高的强度,结构稳定,压缩性小;而疏松者则强度较低,稳定性差,压缩性较大。

1. 决定无黏性土密实状态的因素

(1)与无黏性土的受荷历史和形成环境有关。例如形成年代较老或有超压密历史的无黏性土,相对密实度较大;洪积、坡积的比冲积、冰积和海积的无黏性土相对密实度较小。

(2)与无黏性土的组成颗粒、矿物成分及颗粒形状等因素有关。

组成颗粒愈粗,孔隙比愈小,土较密实。而组成颗粒愈细的,则孔隙比愈大,土愈疏松。

组成颗粒不均匀系数愈小,则粒间不易相互填充,使相对密实度较小;组成颗粒不均匀系数愈大,则小颗粒可以填充大颗粒孔隙,使相对密实度愈大。

当颗粒组成相同时,主要由云母组成的无黏性土(例如砂土)的孔隙比,要远大于主要由石英、长石组成的无黏性土。即主要由片状颗粒组成的土的孔隙比远大于由柱状和粒状颗粒组成的土。

所以,无黏性土的密实状态,不仅是从定量方面判定其工程性质的重要标志,而且在实质上也综合反映了无黏性土的矿物组成、颗粒级配及颗粒形状等内在因素对其工程性质的影响。因此,《铁路桥涵地基与基础设计规范》(TB 10093—2017)对一般工程采用相对密实度或孔隙比作为确定碎石土、砂土和粉土地基承载力基本值的主要指标是比较合适的。

2. 无黏性土紧密状态指标及其确定方法

1)砂土的密实状态

砂土的密实状态可以分别用孔隙比 e、相对密实度 D_r 和标准贯入锤击数 N 进行评价。

(1)天然孔隙比 e

采用天然孔隙比作为砂土密实状态的分类指标,具体划分标准见表1.5。

表 1.5　按天然孔隙比 e 划分砂土的紧密状态

砂土名称	实密	中密	稍密	疏松
砾砂、粗砂	<0.6	0.60~0.75	0.75~0.85	>0.85
细砂、粉砂	<0.7	0.70~0.85	0.85~0.95	>0.95

但是,采用天然孔隙比判定砂土的紧密状态,则要采取原状砂样,这在工程勘察中是比较困难的问题,特别是对位于地下水位以下的砂层采取原状砂样困难更多。

(2)相对密实度 D_r

采用天然孔隙比 e 的大小来判别砂土的密实度是一种较简捷的方法,但不足之处是它不能反映砂土的颗粒级配和颗粒形状对密实程度的影响。实践表明,有时较疏松的级配良好的砂土孔隙比,比较密实的颗粒均匀的砂土孔隙比还要小。

工程上为了更好地表明砂土所处的密实状态,采用将现场土的孔隙比 e 与该种土所能达到最密实时的孔隙比 e_{min} 和最松散时的孔隙比 e_{max} 相比较的办法,来表示孔隙比为 e 时土的密实程度。这种度量密实程度的指标称为相对密实度 D_r,定义为

$$D_r = \frac{e_{max} - e}{e_{max} - e_{min}} \tag{1.14}$$

土的最大孔隙比 e_{max} 的测定方法是将松散的风干土样,通过长颈漏斗轻轻地倒入容器,求得土的最小干密度再经换算确定;土的最小孔隙比 e_{min} 的测定方法是将松散的风干土样分批

装入金属容器内,按规定的方法进行振动或锤击夯实,直至密实度不再提高,求得最大干密度再经换算确定。e 是砂土的天然孔隙比。

当砂土的天然孔隙比 e 接近最小孔隙比 e_{min} 时,则其相对密实度 D_r 较大,砂土处于较密实状态。当 e 接近最大孔隙比 e_{max} 时,则其相对密实度 D_r 较小,砂土处于较疏松状态。

对于不同的砂土,其 e_{min} 与 e_{max} 的测定值是不同的,而 e_{max} 与 e_{min} 之差(即孔隙比可能变化的范围)也是不一样的。一般粒径较均匀的砂土,其 e_{max} 与 e_{min} 之差较小;对不均匀的砂土,则较大。

根据 D_r 值,《铁路桥涵地基和基础设计规范》(TB 10093—2017)采用表 1.6 划分砂土的紧密状态。

表 1.6　按相对密实度 D_r 划分砂土的紧密状态

紧密状态	D_r
密实	$0.67 < D_r$
中密	$0.4 < D_r \leqslant 0.67$
稍密	$0.33 < D_r \leqslant 0.4$
松散	$D_r \leqslant 0.33$

从理论上说,相对密实度 D_r 是一个比较完善的评价砂土紧密状态的指标。它综合地反映了砂土的各个有关特征(如颗粒形状、颗粒级配等),但在实际应用中仍有不少困难:①要确定相对密实度,仍然要测定砂土的天然孔隙比,而这在上面已讨论过是比较困难的;②另外还要测定 e_{max} 和 e_{min}。由于测定的方法不同,e_{max} 和 e_{min} 的测定值往往有人为因素的影响。因此,在工程实践中,相对密实度指标的使用并不广泛。

(3)标准贯入试验的锤击数

目前,国内外已广泛使用标准贯入或静力触探试验用于现场评定砂土的密实状态。

标准贯入试验的设备主要由标准贯入器、触探杆和穿心锤三部分组成。触探杆一般用直径为 42 mm 的钻杆,穿心锤重 63.5 kg。

标准贯入试验多与钻探相配合使用,操作要点是:

①钻具应钻至试验土层以上约 15 cm 处,以避免下层土受扰动。

②贯入前,应检查触探杆的接头,不得松脱。贯入时,穿心锤落距为 76 cm,使其自由下落,将贯入器打入土层中 15 cm,不计锤击数。以后再打入土层 30 cm 计锤击数,即为实测锤击数 N。

③提出贯入器,取出贯入器中的土样进行鉴别描述。

表 1.7 为国家标准《岩土工程勘察规范》(GB 50021—2001)(2009 年版)规定的按标准贯入锤击数 N 值划分砂土密实状态的标准。

表 1.7　天然砂土的密实度划分

砂土密实度	松散	稍密	中密	密实
N	$N \leqslant 10$	$10 < N \leqslant 15$	$15 < N \leqslant 30$	$N > 30$

注:N 系指标准贯入试验锤击数。

2)碎石土的密实状态

碎石土可根据野外鉴别土的可挖性、可钻性和骨架颗粒含量与排列方式,划分为密实、中密、稍密三种密实状态,其划分标准见表1.8。

表1.8　碎石土密实度野外鉴别方法

密实度	骨架颗粒含量与排列	可挖性	可钻性
密实	骨架颗粒含量大于总重的60%~70%,呈交叉排列,连续接触	锹镐挖掘困难,用撬棍方能松动;井壁一般较稳定	钻进极困难;冲击钻探时,钻杆、吊锤跳动剧烈;孔壁较稳定
中密	骨架颗粒含量等于总重的60%~70%,呈交叉排列,大部分接触	锹镐可挖掘;井壁有掉块现象,从井壁取出大颗粒后,能保持颗粒凹面形状	钻进较困难;冲击钻探时,钻杆、吊锤跳动不剧烈;孔壁有坍塌现象
稍密	骨架颗粒含量小于总重的60%,排列混乱,大部分不接触	锹可以挖掘;井壁易坍塌,从井壁取出大颗粒后,砂土立即坍落	钻进较容易;冲击钻探时,钻杆稍有跳动;孔壁易坍塌

1.3.2.2　黏性土的物理状态

1. 黏性土的界限含水率

黏性土随着本身含水率的变化,可以处于各种不同的物理状态,其工程性质也相应的发生很大的变化。当含水率很小时,黏性土比较坚硬,处于固体状态,具有较大的力学强度;随着土中含水率的增大,土逐渐变软,并在外力作用下可任意改变形状,即土处于可塑状态;若再继续增大土的含水率,土变得愈来愈软弱,甚至不能保持一定的形状,呈现流塑~流动状态。黏性土这种因含水率变化而表现出的各种不同物理状态,也称土的稠度。黏性土能在一定的含水率范围内呈现出可塑性,这是黏性土区别于砂土和碎石土的一大特性,黏性土也因之称为塑性土。所谓可塑性,就是指土在外力作用下,可以揉塑成任意形状而不发生裂缝,并且当外力解除后仍能保持既得的形状的一种性能。

随着含水率的变化,黏性上由一种稠度状态转变为另一种状态,相应于转变点的含水率称为界限含水率,也称为稠度界限。

界限含水率是黏性土的重要特性指标,它们对于黏性土工程性质的评价及分类等有重要意义,而且各种黏性土有着各自并不相同的界限含水率。

如图1.4所示,土由可塑状态转到流塑、流动状态的界限含水率称为液限w_L(也称塑性上限或流限);土由半固态转到可塑状态的界限含水率称为塑限w_P(也称塑性下限);土由半固体状态不断蒸发水分,则体积逐渐缩小,直到体积不再缩小时土的界限含水率称为缩限w_S。它们都以百分数表示。

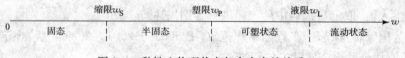

图1.4　黏性土物理状态与含水率的关系

我国目前采用锥式液限仪来测定黏性土的液限w_L。将调成均匀的浓糊状试样装满盛土杯内,刮平杯口表面,置于底座上,将76 g重圆锥体轻放在试样表面的中心,使其在自重作用下徐徐沉入试样,若圆锥体经5 s恰好沉入10 mm深度,这时杯内土样的含水率就是液限w_L值。为了避免放锥时的人为晃动影响,现已采用电磁放锥的方法,以提高测试精度。

黏性土的塑限w_P一般采用"搓条法"测定。即用双手将天然湿度的土样搓成小圆球(球径小于10 mm),放在毛玻璃板上再用手掌慢慢搓滚成小土条,若土条搓到直径为3 mm时恰好

开始断裂,这时断裂土条的含水率就是塑限 w_P 值。

黏性土的缩限 w_S 一般采用"收缩皿法"测定,即用收缩皿(或环刀)盛满含水率为液限的试样,烘干后测定收缩体积和干土重,从而求得干缩含水率,并与试验前试样的含水率相减即得缩限 w_S 值。

上述测定塑限的搓条法存在着较大的缺点,主要是由于采用手工操作,受人为因素的影响较大,因而不稳定。近年多采用液塑限联合测定法测定液限和塑限。光电式液塑限联合测定仪如图 1.5 所示。

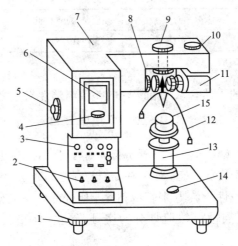

图 1.5　光电式液塑限联合测定仪

1—水平调节螺丝;2—控制开关;3—指示灯;4—零线调节螺钉;5—反光镜调节螺钉;6—屏幕;7—机壳;
8—物镜调节螺钉;9—电池装置;10—光源调节螺钉;11—光源装置;12—圆锥仪;13—升降台;14—水平泡;15—盛土杯

采用光电式液塑限联合测定仪对黏性土试样以不同的含水率进行若干次试验,并按测定结果在双对数坐标纸上作出 76 g 圆锥体的入土深度与含水率的关系曲线(图 1.6),则对应于圆锥体入土深度为 10 mm 及 2 mm 时土样的含水率分别为该土的液限和塑限。

2. 黏性土的塑性指数和液性指数

1)塑性指数 I_P

塑性指数是指土处在可塑状态的含水率变化范围,即:

$$I_P = w_L - w_P \qquad (1.15)$$

塑性指数的大小与土中结合水的发育程度和含量有关,亦即与土的颗粒组成(黏粒含量)、矿物成分及土中水的离子成分和浓度等因素有关。土中黏土颗粒含量越高,则土的比表面和相应的结合水含量愈高,因而 I_P 愈大。如土中不含或极少(例如小于 3%)含黏粒时,I_P 近于零;当黏粒含量增大,但小于 15% 时,I_P 值一般不超过 10,此时土表现出粉土特征;当黏粒含量再大,则土表现为黏性土的特征。按土粒的矿物成分,黏土矿物(其中尤以蒙脱石类)具有的结合水量最大,因而 I_P 值也最大。就土中水的离子成分和

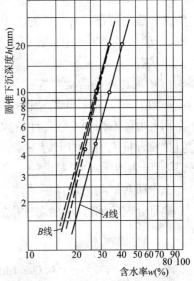

图 1.6　圆锥体的入土深度
与含水率的关系曲线

浓度而言,当高价阳离子的浓度增加时,土粒表面吸附的反离子层的厚度变薄,结合水含量相应减少,I_P也小;反之,随着反离子层中低价阳离子的增加,I_P变大。总之,土的塑性指数是反映土粒的胶体活动性强弱的特征指标。

由于塑性指数在一定程度上综合反映了影响黏性土特征的各种重要因素,因此,当土的生成条件相似时,塑性指数相近的黏性土,一般表现出相似的物理力学性质,所以常用塑性指数作为黏性土分类的标准,见表1.9。

表1.9　黏性土分类标准

土的名称	粉　土	粉质黏土	黏　土
塑性指数 I_P	$I_P \leqslant 10$	$10 < I_P \leqslant 17$	$I_P > 17$

2)液性指数 I_L

液性指数是指黏性土的天然含水率和塑限的差值与塑性指数之比,即:

$$I_L = \frac{w - w_P}{w_L - w_P} = \frac{w - w_P}{I_P} \tag{1.16}$$

从式中可见,当土的天然含水率 w 小于 w_P 时,I_L 小于 0,天然土处于坚硬状态;当 w 大于 w_L 时,I_L 大于 1,天然土处于流动状态;当 w 在 w_P 与 w_L 之间时,I_L 在 0~1 之间,则天然土处于可塑状态。因此可以利用液性指数 I_L 来表示黏性土所处的软硬状态。

黏性土的状态可根据液性指数值划分为坚硬、硬塑、软塑及流塑四种,其划分标准见表1.10。

表1.10　黏性土的状态

状态	坚硬	硬塑	软塑	流塑
液性指数	$0 \geqslant I_L$	$0.5 \geqslant I_L > 0$	$1.0 \geqslant I_L > 0.5$	$I_L > 1.0$

应当指出,由于塑限和液限都是用扰动土进行测定的,土的结构已彻底破坏,而天然土一般在自重作用下已有很长的历史,具有一定的结构强度,以致土的天然含水率即使大于它的液限,一般也不发生流塑。含水率大于液限只是意味着,若土的结构遭到破坏,它将转变为流塑、流动状态。

3. 黏性土的活动性指数

如上所述,黏性土的塑性指数是一个综合性的分类指标,它是许多因素综合结果的反映。实际上可能有两种土的塑性指数相接近,但性质却有很大的差异。例如,以高岭石类矿物为主但黏粒含量相当高的土(其液限和塑限都小)和含一定数量蒙脱石类矿物而黏粒含量较低的土(其液限和塑限都大)是两种完全不同性质的土,但只根据塑性指数可能很难区别。为了把黏性土中所含矿物的胶体活动性显示出来,可用塑性指数 I_P 与黏粒(粒径<0.002 mm 的颗粒)含量百分数的比值,即活动性指数(亦称活动度)A 来衡量矿物的胶体活动性。

$$A = \frac{I_P}{m} \tag{1.17}$$

式中　m——粒径小于 0.002 mm 的颗粒含量百分数。

在实际工程中,按活动性指数 A 的大小把黏性土划分为:$A < 0.75$,不活动性黏性土;$0.75 < A < 1.25$,正常黏性土;$A > 1.25$,活动性黏性土。

4. 黏性土的膨胀、收缩和崩解

黏性土都有遇水膨胀和失水收缩的特性,但表现的强烈程度并不一致。有的膨胀收缩不太显著,因而没引起重视;有的则膨胀、收缩得很明显,常给工程施工带来困难。

土的收缩是由于土粒间的结合水膜变薄、粒间距离减小所致。收缩时除了土体积缩小外,还会由于收缩的不均匀而产生裂缝。

土的膨胀与收缩相反,是由于土在浸湿过程中结合水膜变厚,土粒间的距离增大所致。

在我国的很多地方分布着收缩和膨胀较剧烈的膨胀土,土中往往含有较多的胶体活动性很强的蒙脱石及伊利石等矿物,在修建建筑物之后,由于建筑场地条件变化(日照、通风、排水或渗水等变化)或气候异常,常使建筑物地基膨胀或收缩,以致房屋开裂。

黏性土遇水后的另一现象是土的崩解。若将黏性土放入水中,由于胶结物的溶解或软化,降低了土粒间的连接力,弱结合水又力图楔入土粒间,进一步破坏粒间连接。这样,土体浸入水后不久就会由表及里地崩成小块或小片,这种现象称为崩解。

黏性土的膨胀、收缩和崩解特性除了可能使建筑物地基产生不均匀胀缩变形外,对建筑基坑、路堤、路堑及新开挖河道岸边等工程边坡的稳定性,都有极重要的影响作用。例如:常常由于基坑边坡土体浸水后发生膨胀,使土的强度减小而导致基坑边坡失稳;收缩性较大的土,当失水速度加大时(如在阳光曝晒下),则边坡土体表里收缩不均衡,产生裂隙。而这种"干缩裂隙"的发生,又将加速基坑边坡土体在浸水时的崩解作用,从而使其完全丧失强度和稳定性。因此,在塑性较高的黏性土中开挖建筑物基坑时,如果不能及时完成基础施工,则在其基坑底部和坑壁均需预留或加设一定厚度的防水、防晒保护层,以维持坑底和坑壁的土体稳定。

【**例题1.2**】一土样的天然含水率$w=30\%$,液限$w_L=35\%$,塑限$w_P=20\%$,试确定该土样的名称并判断其处于何种状态。

【**解**】塑性指数:

$$I_P=w_L-w_P=35-20=15$$

查表1.9可知此土样为粉质黏土。

液性指数:

$$I_L=\frac{w-w_P}{I_P}=\frac{30-20}{15}=0.67$$

查表1.10可知此土样处于软塑状态。

任务1.4　土的工程分类

1.4.1　工作任务

通过对土的工程分类的学习,能够完成以下工作任务:

(1)根据分类名称可以大致判断土的工程特性;

(2)评价土作为建筑材料的适宜性以及结合其他指标来确定地基的承载力等。

1.4.2　相关配套知识

1. 土的工程分类原则

自然界中土的种类很多,工程性质各异。为了便于研究,需要按其主要特征进行分类。任何一种土的分类体系,其目的无非是要提供一种通用的鉴别标准,以便在不同土类之间可作有价值的比较。为了能通用,这种分类体系应当是简明的,而且尽可能直接与土的工程性质相联系。遗憾的是,土的分类法各国尚未统一。本节介绍以《铁路桥涵地基和基础设计规范》(TB 10093—2017)为代表的地基土分类法,以便对土的工程分类的基本原则有一个较全面的了解。

1)土的工程分类的目的

(1)根据土类,可以大致判断土的基本工程特性,并可结合其他因素评价地基土的承载力、抗渗流与抗冲刷稳定性,在振动作用下的可液化性以及作为建筑材料的适宜性等;

(2)当土的性质不能满足工程要求时,可以根据土类(结合工程特点)确定相应的改良与处理方法。

2)土的工程分类应遵循的原则

(1)工程特性差异性的原则

分类应综合考虑土的各种主要工程特性(强度与变形特性等),用影响土的工程特性的主要因素作为分类的依据,从而使所划分的不同土类之间,在其各主要的工程特性方面有一定的质或显著的量的差别。

(2)以成因、地质年代为基础的原则

土是自然历史的产物,土的工程性质受土的成因(包括形成环境)与形成年代影响。在一定的形成条件下,土必然有与之相适应的物质成分、结构以及一定的空间分布规律,因而决定了土的工程特性;形成年代不同,则使土的固结状态和结构强度有显著的差异。

(3)分类指标便于测定的原则

采用的分类指标,要既能综合反映土的基本工程特性,又要测定简便。

2. 土的工程分类

现将《铁路桥涵地基与基础设计规范》(TB 10093—2017)对土、石的分类作简要介绍。

1)岩石

岩石是指颗粒间牢固联结,呈整体或具有节理和裂隙的岩块。在铁路工程中,岩石应按其坚硬程度、软化性和抗风化能力分类。

《铁路桥涵地基和基础设计规范》(TB 10093—2017)根据岩石的饱和单轴抗压极限强度进行分类,如表 1.11 所示。

表 1.11 按岩石的饱和单轴抗压极限强度进行分类

岩石的饱和单轴抗压极限强度 R_c(MPa)	$R_c>60$	$60 \geqslant R_c>30$	$30 \geqslant R_c>15$	$15 \geqslant R_c>5$	$5 \geqslant R_c$
坚硬程度	极硬岩	硬岩	较软岩	软岩	极软岩

2)碎石类土

碎石类土是指粒径大于 2 mm 的颗粒含量超过土总质量 50%的非黏性土。

《铁路桥涵地基与基础设计规范》(TB 10093—2017)根据碎石类土的粒径大小和含量进行分类,如表 1.12 所示。

表 1.12 碎石类土的划分

土的名称	颗粒形状	颗粒级配
漂石土	以浑圆或圆棱状为主	粒径大于 200 mm 的颗粒超过土总质量 50%
块石土	以尖棱状为主	

土的名称	颗粒形状	颗粒级配
卵石土	以浑圆或圆棱状为主	粒径大于 60 mm 的颗粒超过土总质量 50%
碎石土	以尖棱状为主	
粗圆砾土	以浑圆或圆棱状为主	粒径大于 20 mm 的颗粒超过土总质量 50%
粗角砾土	以尖棱状为主	
细圆砾土	以浑圆或圆棱状为主	粒径大于 2 mm 的颗粒超过土总质量 50%
细角砾土	以尖棱状为主	

注:定名时,应根据颗粒由大到小,以最先符合者确定。

3)砂类土

砂类土是指干燥时呈松散状态,粒径大于 2 mm 的颗粒含量不超过土总质量的 50%且粒径大于 0.075 mm 的颗粒含量超过总质量的 50%。

《铁路桥涵地基与基础设计规范》(TB 10093—2017)根据砂类土的粒径大小和含量进行分类,见表 1.13。

表 1.13 砂 类 土

土的名称	颗粒级配
砾砂	粒径大于 2 mm 的颗粒占土总质量的 25%~50%
粗砂	粒径大于 0.5 mm 的颗粒超过土总质量的 50%
中砂	粒径大于 0.25 mm 的颗粒超过土总质量的 50%
细砂	粒径大于 0.075 mm 的颗粒超过土总质量的 85%
粉砂	粒径大于 0.075 mm 的颗粒超过土总质量的 50%

注:定名时,应根据颗粒级配由大到小,以最先符合者确定。

4)粉土

粉土是指塑性指数 $I_P \leqslant 10$ 的土且粒径大于 0.075 mm 的颗粒含量不超过土总质量的 50%的土。粉土的性质介于砂土和黏性土之间。

5)黏性土

黏性土是指塑性指数 $I_P > 10$ 的土。黏性土的工程性质与土的成因、生成年代的关系很密切,不同成因和年代的黏性土,尽管其某些物理性指标值可能很接近,但其工程性质可能相差很悬殊。因而黏性土按塑性指数进行分类,如表 1.14 所示。

表 1.14 黏性土分类

土的名称	塑性指数 I_P
黏土	$I_P > 17$
粉质黏土	$10 < I_P \leqslant 17$
粉土	$I_P \leqslant 10$

6)特殊土

特殊土是指在特定地理环境或人为条件下形成具有特殊物质成分和结构而工程地质特征也较特殊的土。它的分布一般具有明显的地域性。特殊土主要有软土、冻土和黄土等。

3. 土的野外鉴别和描述

1)碎石类土的描述

碎石类土应描述碎屑物的成分、指出碎屑是由哪类岩石组成的;碎屑物的大小,其一般直径和最大直径如何,并估计其含量之百分比;碎屑物的形状,其形状可分为浑圆形、圆棱状或尖棱状;碎屑的坚固程度。

当碎石类土有充填物时,应描述充填物的成分,并确定充填物的土类和估计其含量的百分比。如果没有充填物时,应研究其孔隙的大小,颗粒间的接触是否稳定等现象。

碎石土还应描述其密实度,密实度反映的是土颗粒排列的紧密程度,紧密度大,其强度高,结构稳定,压缩性小;紧密度小,则工程性质就相应要差。一般碎石土的密实度分为密实、中密、稍密等三种,其野外鉴别方法见表1.8。

2)砂类土的描述

砂类土应描述其粒径和含量的百分比;颗粒的主要矿物成分及有机质和包含物,当含大量有机质时,土呈黑色,含量不多时呈灰色;含多量氧化铁时,土呈红色,含少量时呈黄色或橙黄色;含 SiO_2、$CaCO_3$ 及 $Al(OH)_3$ 和高岭土时,土常呈白色或浅色。

砂类土按其颗粒的粗细和其干湿程度可分为砾砂、粗砂、中砂、细砂和粉砂,其特征见表1.15。

表 1.15　砂土的野外鉴别方法

鉴别方法	砂土分类				
	砾 砂	粗 砂	中 砂	细 砂	粉 砂
	鉴别特征				
颗粒粗细	约有1/4以上的颗粒比荞麦或高粱大	约有一半以上的颗粒比小米粒大	约有一半以上的颗粒与砂糖、菜仔近似	大部分颗粒与玉米粉近似	大部分颗粒近似面粉
干燥时状态	颗粒完全分散	颗粒仅有个别有胶结	颗粒基本分散,部分胶结,一碰即散	颗粒少量胶结,稍加碰击即散	颗粒大部分胶结稍压即散
湿润时用手拍的状态	表面无变化	表面无变化	表面偶有水印	表面水印(翻浆)	表面有显著翻浆现象
黏着程度	无黏着感	无黏着感	无黏着感	偶有轻微黏着感	有轻微黏着感

3)黏性土的描述

黏性土应描述其颜色、状态、湿度和包含物。在描述颜色时应注意其主次颜色,一般记录时应将次色写在前面,主色写在后面,例如"黄褐色",表示以褐色为主,以黄色为次。黏性土的状态是指其在含有一定量的水分时,所表现出来的黏稠稀薄不同的物理状态,它说明了土的软硬程度,反映土的天然结构受破坏后,土粒之间的联结强度以及抵抗外力所引起的土粒移动的能力。土的状态可分为坚硬、硬塑、软塑、流塑等。野外测定土的状态时,可采用重为76 g、尖端为30°的金属圆锥的下沉深度来确定。黏性土的野外鉴别可按其湿润时状态、人手捏的感觉、黏着程度和能否搓条的粗细,将黏性土分为黏土、粉质黏土,见表1.16。

表 1.16   粉土、黏性土的野外鉴别方法

鉴别方法	分 类		
	黏 土	粉质黏土	粉 土
	鉴别特征		
湿润时用刀切	切面很光滑,刀刃有黏腻的阻力	稍有光滑面,切面规则	无光滑面,切面比较粗糙
用手捻时的感觉	湿土用手捻摸有滑腻感,当水分较大时,极为黏手,感觉不到有颗粒的存在	仔细捻时感觉到有少量细颗粒,稍有滑腻感,有黏滞感	感觉有细颗粒存在或感觉粗糙,有轻微黏滞感或无黏滞感
黏着程度	湿土极易黏着物体(包括金属与玻璃),干燥后不易剥去,用水反复洗才能去掉	能黏着物体,干燥后易剥掉	一般不黏着物体,干燥后一碰就掉
湿土搓条情况	能搓成直径小于 1 mm 的土条(长度不短于手掌),手持一端不致断裂	能搓成直径 3 mm 的土条	不能搓成直径小于 3 mm 的土条,而仅能搓成土球

 ## 复习思考题

1.1 土是怎样形成的? 按成因不同,有哪几种主要类型?

1.2 土由哪几部分组成?

1.3 为什么无黏性土的密实程度不能用天然孔隙比来表示,而要用土的相对密实度来评价?

1.4 塑性指数和液性指数有什么意义?

1.5 对土进行分类,有什么实际意义?

1.6 什么是颗粒级配曲线,它有什么用途?

1.7 取 A、B 两土样,测得其指标如表 1.17 所示,试求:

(1)哪一土样黏粒含量高?

(2)哪一土样孔隙比大?

(3)哪一土样饱和重度大?

(4)确定 A、B 土样的名称及状态。

表 1.17   复习思考题 1.7 资料

土样	$w_L(\%)$	$w_P(\%)$	$w(\%)$	d_s	S_r
A	30	12	45	2.70	1
B	29	16	26	2.68	1

1.8 某工地在填土施工中所用土料的含水率为 5%,为便于夯实需在土料中加水,使其含水率增至 15%,试问每 1000 kg 质量的土料应加多少水?

1.9 用某种土筑堤,土的含水率 $w=15\%$,土粒相对密度 $d_s=2.67$。分层夯实,每层先填 0.5 m,其重度等 $\gamma=16$ kN/m^3,夯实达到饱和度 $S_r=85\%$ 后再填下一层,如夯实时水没有流失,求每层夯实后的厚度。

1.10 某饱和土样重 40 g,体积为 21.5 cm^3,将其烘过一段时间后重为 33 g,体积缩至 15.7 cm^3,饱和度 $S_r=75\%$,试求土样在烘烤前和烘烤后的含水率、孔隙比和干重度。

项目 2　土的工程特性分析

项目描述

土的工程特性对于实际工程有着非常大的影响。土的工程特性主要有渗透性、击实性、压缩性及抗剪强度。在实际施工中,应针对施工场地土的具体工程特性选择相应的施工设备及施工工艺,从而较好的控制施工的成本及进度,保证工程质量。土的工程特性分析是应用所学知识进行土的渗透稳定分析,进行土的压实施工参数、土的压缩指标及土的抗剪强度指标的确定。通过相关土工试验测试,掌握所研究土质的具体工程特性,解决工程实际问题。

学习目标

1. 能力目标
(1)具备利用所学知识进行土的渗透破坏分析的能力;
(2)具备土的压实施工参数、压缩性指标、抗剪强度指标检测的能力。
2. 知识目标
(1)熟悉土的渗透破坏类型;
(2)掌握土的压实施工参数的确定方法;
(3)掌握土的压缩性指标的确定方法;
(4)掌握土的抗剪强度指标的确定方法。

任务 2.1　土的渗透性

2.1.1　工作任务

通过对土的渗透性的学习,能够完成以下工作任务:
(1)掌握水在土中的流动规律及其相关指标的测定;
(2)根据所学的知识分析土的渗透破坏。

2.1.2　相关配套知识

土是由土粒、水、气体组成的三相分散体系。与工程力学中的固体材料不同,土不是连续介质,土颗粒之间存在着大量的孔隙,而孔隙相互连通形成许多分布很不规则的通道,当土体中存在能量差时,孔隙中的自由水在重力作用下就会沿着孔隙通道从能量高的地方向能量低的地方流动。水在能量差的作用下在孔隙通道中流动的现象称为渗流,土的这种能使水在其中渗流的性能就称为土的渗透性,它是土的主要力学性质之一。

1. 土的渗透定律

1)水力梯度

水流的状态有层流和紊流,前者的特点是流速较小,流线平行;后者的特点是流速较大,流线有相互交错现象,具有涡流性质。工程中常见的土,如黏性土、部分砂土等,其孔隙较小,水通过孔隙的渗流速度不大,可将土中发生的渗流现象视为层流。

如图 2.1 所示,在土体中,沿水流的渗流方向取一个柱体 ab,其横截面面积为 A,长度(渗流路径长度)为 L,z_1、z_2 分别为 a、b 两点的位置水头(高程水头),h_1、h_2 分别为 a、b 两点的压力水头(测压管水柱高)。a、b 两点的总水头分别为:$H_1 = h_1 + z_1$,$H_2 = h_2 + z_2$,这两点的总水头差 $h = H_1 - H_2$,总水头差 h 与渗流路径长度 L 之比称为水力梯度(水力坡度),用符号 i 表示,即:

$$i = \frac{h}{L} = \frac{H_1 - H_2}{L} \tag{2.1}$$

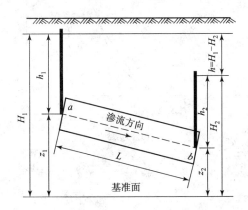

图 2.1　土中的渗流

2)达西定律

1856 年,法国学者达西(H. Darcy)根据砂土的试验结果发现:在层流状态下,水在土中的渗透速度与水力梯度成正比例关系,这就是达西定律,也称为渗透定律。

$$v = ki = k\frac{h}{L} \tag{2.2}$$

或用渗流量表示为

$$q = vA = kiA \tag{2.3}$$

式中　v——渗透速度(cm/s 或 m/d);

　　　q——渗流量(cm³/s 或 m³/d);

　$i = h/L$——水力坡降(水力梯度),即沿渗流方向单位距离的水头损失,无因次;

　　　h——试样两端的水头差(cm 或 m);

　　　L——渗径长度(cm 或 m);

　　　k——渗透系数(cm/s 或 m/d);其物理意义是当水力梯度 i 等于 1 时的渗透速度;

　　　A——试样截面积(cm² 或 m²)。

由上式求出的 v 是一种假想的平均流速,假定水在土中的渗透是通过整个土体截面来进行的。水在土体中的实际平均流速要比达西定律采用的假想平均流速大。

3)达西定律的适用范围与起始水力坡降

对于密实的黏土,由于结合水具有较大的黏滞阻力,只有当水力梯度达到某一数值,克服了结合水的黏滞阻力后才能发生渗透。

起始水力梯度是指使黏性土开始发生渗透时的水力坡降。

黏性土渗透系数与水力坡降的规律偏离达西定律而呈非线性关系,如图 2.2(b)中的实线所示,常用虚直线来描述密实黏土的渗透规律。

$$v = k(i - i_{\mathrm{b}}) \tag{2.4}$$

式中　i_{b}——密实黏土的起始水力坡降。

对于粗粒土中(如砾、卵石等):在较小的 i 下,v 与 i 才呈线性关系,当渗透速度超过临界流速 v_{cr} 时,水在土中的流动进入紊流状态,渗透速度与水力坡降呈非线性关系,如图 2.2(c)所示,此时,达西定律不能适用。

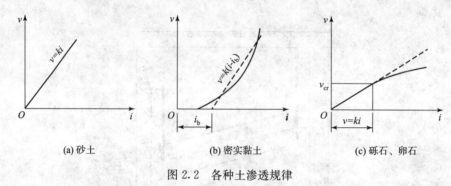

(a)砂土　　　　　(b)密实黏土　　　　　(c)砾石、卵石

图 2.2　各种土渗透规律

4)渗透系数

(1)渗透系数的影响因素

渗透系数 k 是一个表示土体渗透性强弱的指标,它等于单位水力梯度时的渗流速度。渗透系数 k 可用作评价土的渗透性的指标,k 值大的土,渗透性强,容易透水;反之渗透性弱,不容易透水。不同种类的土,其渗透系数差别很大。

土的渗透系数与很多种因素有关,其影响因素主要有:

①土的粒度成分及矿物成分的影响

土的颗粒大小、形状及级配会影响土中孔隙大小及其形状因素,进而影响土的渗透系数。土粒越细、越圆、越均匀时,渗透系数就越大。砂土中含有较多粉土或黏性土颗粒时,其渗透系数就会大大减小。

土中含有亲水性较大的黏土矿物或有机质时,因为结合水膜厚度较厚,会阻塞土的孔隙,土的渗透系数减小。因此,土的渗透系数还和水中交换阳离子的性质有关系。

②土结构的影响

天然土层通常不是各向同性的。因此,土的渗透系数在各个方向是不相同的。如黄土具有竖向大孔隙,所以竖向渗透系数要比水平方向大得多。这在实际工程中具有十分重要的意义。

③土中气体的影响

当土的孔隙中存在密闭气泡时,会阻塞水的渗流,从而减小土的渗透系数。这种密闭气泡有时是由溶解于水中的气体分离出来而形成的,故水中的含气量也影响土的渗透性。

④水的性质对渗透系数的影响

水的性质对渗透系数的影响主要是由于黏滞度不同所引起。温度高时，水的黏滞性降低，渗透系数变大；反之变小。所以，测定渗透系数 k 时，以10℃作为标准温度，不是10℃时要作温度校正。

（2）渗透系数的测定

渗透系数的室内测定方法可以分成常水头法和变水头法，现场进行土的渗透系数的测定常采用井孔抽水试验或井孔注水试验，抽水与注水试验的原理相似。

①常水头法

常水头试验如图 2.3(a) 所示，适用透水性较大的土（无黏性土），它在整个试验过程中，水头保持不变。

如果试样截面积为 A，长度为 L，试验时水头差为 h，用量筒和秒表测得在时间 t 内流经试样的水量 $Q(\text{m}^3)$，则根据达西定理可得

$$Q = qt = vAt = kiAt = k\frac{h}{L}At$$

因此，土的渗透系数为

$$k = \frac{QL}{Aht} \tag{2.5}$$

②变水头法

适用于透水性较差的黏性土。黏性土由于渗透系数很小，流经试样的水量很少，难以直接准确量测，因此，应采用变水头试验法。变水头试验法在整个试验过程中，水头是随时间而变化。

试验装置如图 2.3(b) 所示，试样一端与细玻璃管相连，在试验过程中测出某一段时间内细玻璃管水位的变化，就可根据达西定律，求出渗透系数 k。

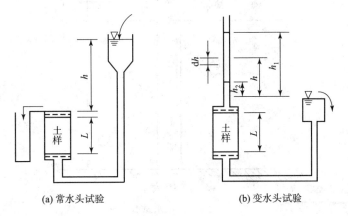

(a) 常水头试验　　　　　　　　(b) 变水头试验

图 2.3　室内渗透试验

设玻璃细管过水截面积为 a，土样截面积为 A，长度为 L，试验开始后任一时刻土样的水头差为 h，经 $\mathrm{d}t$ 时间，管内水位下落 $\mathrm{d}h$，则在 $\mathrm{d}t$ 时间内流经试样的水量为：

$$\mathrm{d}Q = -a\,\mathrm{d}h$$

公式中负号表示渗水量随 h 的减小而增加。

根据达西定律，即可得到土的渗透系数：

$$k = \frac{aL}{A(t_2 - t_1)} \ln\left(\frac{h_1}{h}\right) \approx 2.3 \frac{aL}{A(t_2 - t_1)} \lg\frac{h_1}{h_2} \tag{2.6}$$

式(2.6)中的 a、L、A 为已知,试验时只要测出与时刻 t_1 和 t_2 对应的水位 h_1 和 h_2,就可以求出土的渗透系数 k。各种土常见的渗透系数 k 值见表 2.1。

表 2.1　土的渗透系数 k 值范围

土的类型	渗透系数 k(cm/s)
砾石、粗砂	$10^{-2} \sim 10^{-1}$
中砂	$10^{-3} \sim 10^{-2}$
细砂、粉砂	$10^{-4} \sim 10^{-3}$
粉土	$10^{-6} \sim 10^{-4}$
粉质黏土	$10^{-7} \sim 10^{-6}$
黏土	$10^{-10} \sim 10^{-7}$

③原位抽水试验(现场试验)

对于粗颗粒土层,要取出原状土样是很困难的,这时可采用抽水试验方法(图 2.4)。

在现场打一口试验抽水井,并安装好抽水机具;距井中心 r_1、r_2 处打两个观测水位的观测孔;在井内不断抽水,待水面稳定后(相当于常水头试验),观测两个观测孔的水位高度 h_1、h_2,同时记录单位时间内的排水量,则

$$k = \frac{q\lg\left(\frac{r_2}{r_1}\right)}{\pi(h_2^2 - h_1^2)} \tag{2.7}$$

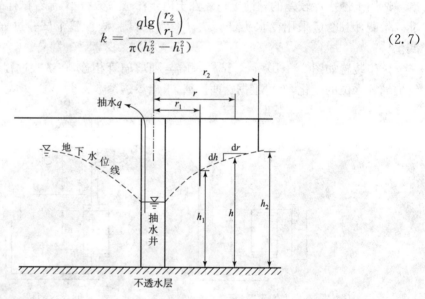

图 2.4　抽水试验

2. 渗透力与临界水力梯度

1)渗透力

水在土中渗流时,受到土颗粒的阻力作用,这个力的作用方向与水渗流方向相反。根据作用力与反作用力相等的原理,水流也必然有一个相等的力作用在土颗粒上。我们把地下水渗流时渗流水对单位体积内土颗粒的作用力称为渗透力 J,也称动水压力。

为了分析渗透力,在土中沿水流的渗流方向,切取一个土柱体 ab,如图 2.5 所示,土柱体长度为 L,横截面积为 A,土的孔隙率为 n。将土柱体 ab 内的水作为脱离体,作用在水流上的力有以下几种:

$F_1 = r_w h_1 A$,F_1 为作用在 a 截面处的水压力,r_w 为水的重度,h_1 为 a 截面处的水头;

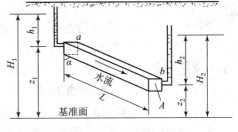

图 2.5 动水压力的计算

$F_2 = r_w h_2 A$,F_2 为作用在 b 截面处的水压力,h_2 为 b 截面处的水头;

$F_3 = r_w n L A$,F_3 为土柱内水的重力;

$F_4 = r_w (1-n) L A$,F_4 为土柱内土颗粒对水流的作用力;

$J_{S总} = L A J_s$,J 为土颗粒对渗流水的阻力。

由 ab 轴上力的平衡可得

$$r_w h_1 A - r_w h_2 A + r_w n L A \cos \alpha + r_w (1-n) L A \cos \alpha - L A J_S = 0$$
$$r_w h_1 - r_w h_2 + r_w L \cos \alpha - L J_S = 0$$

将 $\cos \alpha = \dfrac{z_1 - z_2}{L}$ 代入得

$$J_S = \frac{(h_1 + z_1) - (h_2 + z_2)}{L} r_w = \frac{H_1 - H_2}{L} r_w = i r_w$$

因此

$$J = J_S = r_w i \tag{2.8}$$

可见,渗透力为体积力(量纲与重度一致),其方向与渗流方向一致,与水力梯度成正比。渗透力与渗透系数或渗透速度无关,其惯性力甚小,可以略而不计。

2)临界水力梯度

由于渗透力的方向与渗流方向一致,当水的渗流自上向下时,渗透力方向和土体重力方向一致,这将增加土颗粒间的压力(即增大了土的有效压力);如渗流自下向上,则渗透力方向与土体重力方向相反,这将减少土颗粒间的压力,即减少土的有效应力。当向上的渗透力与土的浮重度相等时,土颗粒间的压力等于零,即土的有效应力等于零,土颗粒将处于悬浮状态而失去稳定,土能随渗流水而流动,这种现象称为流砂现象,这时的水力梯度称为临界水力梯度 i_c。因此

$$J = r' = r_w i_c$$
$$i_c = \frac{r'}{r_w} \approx 1 \tag{2.9}$$

流砂现象发生在土体表面渗流溢出处,不发生于土体内部,而管涌现象可以发生在渗流溢出处,也可以发生于土体内部。

3. 渗透破坏

1)流砂

在向上的渗透水流作用下,在渗流溢出处一定范围内,土颗粒或其集合体浮扬而向上移动或涌出的现象称为流砂(翻砂)。

(1)当 $i < i_c$ 时,土体处于稳定状态;

(2)当 $i > i_c$ 时,土体处于流砂状态;

(3)当 $i = i_c$ 时,土体处于临界状态,即开始失稳。

产生流砂现象的必要条件是土的水力梯度 i 等于或大于土的临界水力梯度 i_c。流砂现象经常发生在粉砂、细砂及粉土等细粒土中。

在基坑开挖中,如果挖到地下水位以下,且采用直接排水,将产生由下向上的渗流。当水力梯度 i 超过临界梯度 i_c 时,就会发生流砂现象,此时渗流水夹带泥土由基坑以下向上涌起,将引起地基破坏,影响施工,直接危及建筑工程及附近建筑物的稳定性。对此类现象必须预防,工程上常采取的防止流砂的措施有:减小水头差,如采用井点降水措施来人工降低地下水位;增加渗流路径长度,如打钢板桩、制作水泥搅拌桩、设地下连续墙和注浆挡水帷幕。

2)管涌

在渗透水流作用下,土中细颗粒在粗颗粒形成的孔隙中移动以至被水流带走,随着孔隙不断扩大,渗透速度的不断增加,较粗的颗粒也被水流逐渐带走,最终导致土体内形成贯通的渗流管道,造成土体塌陷的现象称为管涌。管涌可以发生于局部范围,但也可能逐步扩大,最后导致土体失稳破坏,发生管涌时的临界水力梯度 i_c 与土的颗粒大小及其级配有关,发生管涌时的临界水力梯度 i_c 与土的不均匀系数 C_u 关系如图 2.6 所示,从图中可以看出,土的不均匀系数 C_u 越大,管涌愈容易发生。

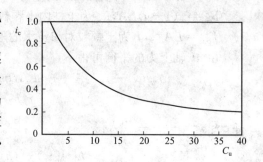

图 2.6　管涌临界水力梯度 i_c 与
土颗粒不均匀系数 C_u 的关系

无黏性土产生管涌的两个必要条件是:ⓐ几何条件:土中粗颗粒所构成的孔隙直径必须大于细颗粒的直径,一般不均匀系数 $C_u>10$ 的土才会发生管涌;ⓑ水力条件:渗流力能够带动细颗粒在孔隙间滚动或移动,即渗透水流的水力梯度超过管涌的临界水力梯度。

防治管涌现象,一般可从两个方面采取措施:改变几何条件,如在渗流溢出部位铺设反滤层;改变水力条件,降低水力梯度,如打板桩。

 实训练习

龙山水库位于武江上游廊田河支流,离京广铁路约 12 km。集雨面积 26.2 km²,水库总库容 $1124×10^4$ m³。此水库是一个以灌溉为主,结合发电、防洪、养殖等综合利用的中型水库。水库枢纽工程是由大坝、溢洪道、输水隧洞和坝后电站组成。

大坝于 1973 年 4 月按浆砌石重力坝方案施工,于 1976 年改为土石混合坝,1979 年 2 月大坝建成蓄水。坝高 61.5 m,坝顶高程 361.5 m,设计洪水位 359.69 m,校核洪水位 360.42 m,正常运用水位 358.7 m。坝顶宽 10.2 m,坝顶长 155 m,坝基为中下泥盆系石英砂岩,离坝轴线上游 80 m 作了帷幕灌浆处理。坝体从高程 290～315 m 为浆砌石砌体。坝体迎水坡防渗体为微风化的砾质粉质黏土,采用碾压法施工,设计干密度为 1.5 g/cm³。背水坡堆石体按反滤要求从坝基砌筑至坝顶。

水库蓄水运用后,坝顶出现多条纵向及横向裂缝;坝顶、迎水坡和背水坡沉陷严重;左、右坝头填土与坝基接触带、右坝头与溢洪道之间的小山包渗漏严重。溢洪道也有渗漏现象。

现场勘察和室内土工分析试验结果表明,大坝、小山包、溢洪道存在的主要问题为:

　　(1)迎水坡黏土防渗体填土干密度未达设计标准,填土较疏松,出现裂缝、沉陷,防渗性能也较差;

　　(2)左、右坝头填土与岸坡接触带填土较疏松,运用初期出现裂缝、沉陷,防渗性能更差;

　　(3)小山包及溢洪道底板的基岩受 F_6 断层的影响,节理裂隙发育,透水性强;

　　(4)背水坡堆石体较松动,局部存在架空等现象;

　　(5)溢洪道进口段右岸高边坡存在较为严重的安全隐患,坝体左岸下游岩体有滑动的危险。

　　2003 年,乐昌水利局、龙山水库管理处对龙山水库进行整修(图 2.7)。主要的防渗措施如下:

　　(1)重新运土夯实坝体,使坝体干密度达到 1.5 g/cm³;

　　(2)对左、右坝头填土与接触带进行充填灌浆防渗处理;

　　(3)对迎水坡进行土工膜、混凝土面板覆盖防渗(图 2.8);

　　(4)对右坝头小山包及溢洪道底板基岩进行帷幕灌浆处理;

　　(5)按反滤要求重新堆砌背水坡;

　　(6)坝后修建量水堰,观测渗漏量。

　　图 2.7　龙山水库迎水坡防渗加固　　　　　图 2.8　土工膜上下铺反滤层

【实训任务】

　　(1)结合工程实例,运用土体渗漏原理说明,龙山水库利用坝前防渗帷幕与迎水面土工膜结合形成一道完整的防渗体,为什么能起到防渗或降低渗漏量的作用?

　　(2)假设从龙山水库坝体取一原状土样进行变水头试验,土样截面积为 30 cm²,长度为 4 cm,渗透仪细玻璃管的内径为 0.4 cm,观测开始水头为 160 cm,终了水头为 150 cm,经历时间为 5 min,试验水温为 12.5℃,试计算渗透系数 k,并判别土的渗透性。

　　(3)若地基土粒相对密度 $d_s=2.68$,孔隙比 $e=0.82$,下游渗流出口处经计算水力坡降 i 为 0.2,若取安全系数 K 为 2.5,该土坝地基出口处土体是否会发生流砂而破坏?

任务 2.2　土的击实性

2.2.1　工作任务

　　通过对土的击实性的学习,能够完成以下工作任务:

(1)认知土体击实性的概念及其相关影响因素；

(2)根据所学的知识测试土的击实性指标。

2.2.2　相关配套知识

1. 土击实(压实)性

在振动、夯实、碾压等冲击荷载的反复作用下,土的体积减小、密度提高的性质称为土的击实(压实)性。

在工程建设中,经常遇到填土压实的问题,例如修筑道路,堤坝,飞机场,运动场,挡土墙,埋设管道,建筑物地基的回填等。为了提高填土的强度,增加土的密实度,降低其透水性和压缩性,通常用分层压实的办法来处理地基。

实践经验表明,对过湿的土进行夯实或碾压时就会出现软弹现象(俗称"橡皮土"),此时土的密实度是不会增大的。对很干的土进行夯实或碾压,显然也不能把土充分压实。所以,要使土的压实效果最好,其含水率一定要适当。在一定的压实能量下使土最容易压实,并能达到最大干密度时的含水率,称为土的最优含水率(或称最佳含水率),用 w_{op} 表示。相对应的干密度称为最大干密度,以 ρ_{dmax} 表示。

击实土是最简单易行的土质改良方法,常用于填土压实。通过研究土的最优含水率和最大干密度,来提高击实效果。最优含水率和最大干密度采用现场或室内击实试验测定。

2. 击实(压实)试验及土的压实特性

1)击实试验

击实试验是在室内研究土压实性的基本方法。击实试验的击实仪分重型和轻型两种。他们分别适用于粒径不大于 20 mm 的土和粒径小于 5 mm 的黏性土。击实仪主要包括击实筒、击锤及导筒等,如图 2.9 所示。击锤质量分别为 4.5 kg 和 2.5 kg,落高分别为 457 mm 和 305 mm。试验时,将含水率一定的土样分层装入击实筒,每铺一层(共 3~5 层)后均用击锤按规定的落距和击数锤击土样,试验达到规定击数后,测定被击实土样含水率 w 和干密度 ρ_d,如此改变含水率重复上述试验(通常为 5 个),并将结果以含水率 w 为横坐标,干密度 ρ_d 为纵坐标,绘制一条曲线,该曲线即为击实曲线。由图 2.10 可见,击实曲线具有如下特征：

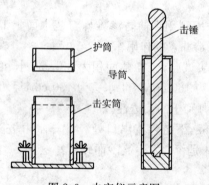

图 2.9　击实仪示意图

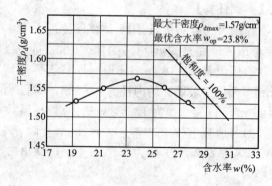

图 2.10　击实曲线

(1)曲线具有峰值。峰值点所对应的纵坐标值为最大干密度 ρ_{dmax},对应的横坐标值为最优含水率,用 w_{op} 表示。最优含水率 w_{op} 是在一定击实(压实)功能下,使土最容易压实,并能达到最大干密度的含水率。w_{op} 一般大约为 w_p,工程中常按 $w_{op}=w_p+2$ 选择制备各土样含水率。

（2）当含水率低于最优含水率时，干密度受含水率变化的影响较大，即含水率变化对干密度的影响在偏干时比偏湿时更加明显。因此，击实曲线的左段（低于最优含水率）比右段的坡度陡。

（3）击实曲线必然位于饱和曲线的左下方，而不可能与饱和曲线有交点。这是因为当土的含水率接近或大于最优含水率时，孔隙中的气体越来越处于与大气不连通的状态，击实作用已不能将其排出土体之外，即击实土不可能被击实到完全饱和状态。击实试验是控制地基压实质量不可缺少的试验项目，更多请扫右侧二维码。

击实试验

2）影响压实效果的因素

影响土压实性的因素主要有土类、级配、压实功能和含水率，另外土的毛细管压力以及孔隙压力对土的压实性也有一定影响。

（1）土类及级配的影响

在相同压实功能条件下，土颗粒越粗，最大干密度就越大，最优含水率越小，土越容易压实；土中含腐殖质多，最大干密度就小，最优含水率则大，土不易压实；级配良好的土压实后比级配均匀土压实后最大干密度大，而最优含水率要小，即级配良好的土容易压实，如图 2.11 所示。究其原因是在级配均匀的土体内，较粗土粒形成的孔隙很少有细土粒去填充，而级配不均匀的土则相反，有足够的细土粒填充，因而可以获得较高的干密度。对于砂性土，其干密度与含水率之间关系没有单一峰值点反映在压实曲线上，且干砂和饱和砂土压实时干密度大，容易密实；而湿的砂土，因有毛细压力作用使砂土互相靠紧，阻止颗粒移动，压实效果不好。故最优含水率的概念一般不适用于砂性土等无黏性土。无黏性土的压实标准常以相对密实度 D_r 控制，一般不进行室内击实试验。

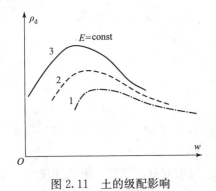

图 2.11　土的级配影响　　　　　　图 2.12　击实功的影响

（2）压实功能的影响

图 2.12 表示同一种土样在不同的压实功能作用下所得到的压实曲线。由图可见，随着压实功能的增大，压实曲线形态不变，但位置发生了向左上方的移动，即最大干密度 ρ_{dmax} 增大，而最优含水率 w_{op} 却减小，且压实曲线均靠近于饱和曲线，一般土含水率达 w_{op} 时饱和度约为 $80\% \sim 85\%$。图中曲线形态还表明，当土为偏干时，增加压实功能对提高干密度的影响较大，偏湿时则收效不大，故对偏湿的土企图用增大压实功能的办法提高它的密度是不经济的。所以在压实工程中，土偏干时提高压实功能比偏湿时效果好。因此，若需把土压实到工程要求的干密度，必须合理控制压实时的含水率，选用适合的压实功能，才能获得预期的效果。

（3）含水率的影响

含水率的大小对土的压实效果影响极大。

在同一压实功能作用下，当土小于最优含水率时，随含水率增大，压实土干密度增大，而当土样大于最优含水率时，随含水率增大，压实土干密度减小。究其原因为：当土很干时，水处于强结合水状态，土样之间摩擦力、黏结力都很大，土粒的相对移动有困难，因而不易被压实。当含水率增加时，水的薄膜变厚，摩擦力和黏结力减小，土粒之间彼此容易移动。故随着含水率增大，土的压实干密度增大，至最优含水率时，干密度达最大值。当含水率超过最优含水率后，水所占据的体积增大，限制了颗粒的进一步接近，含水率愈大，水占据的体积愈大，颗粒能够占据的体积愈小，因而干密度逐渐变小。由此可见，含水率不同，在一定压实功能下，改变着压实效果。

3. 压实特性在现场填土中的应用

以上土的压实特性均是从室内压实试验中得到的。但工程上的填土压实如路堤施工填筑的情况与室内压实试验在条件上是有差别的，现场填筑时的碾压机械和压实试验的自由落锤的工作情况不一样，前者大都是碾压而后者则是冲击。现场填筑中，土在填方中的变形条件与压实试验时土在刚性压实筒中的也不一样，工地现场往往要通过试验段得出合理的指标以便更好的指导施工。

在工地现场要判别土料是否在最优含水率附近时，可按下述方法：用手抓起一把土，握紧后松开，如土成团一点都不散开，说明土太潮湿；如土完全散开，说明土太干燥；如土部分散开，中间部分成团，说明土料含水率在最优含水率附近。

任务 2.3　土的压缩性

2.3.1　工作任务

通过对土的压缩性的学习，能够完成以下工作任务：

（1）认知土体压缩性的概念及其相关影响因素；

（2）根据所学的知识测试土的压缩性指标。

2.3.2　相关配套知识

2.3.2.1　土体压缩性

土层在受到竖向附加应力作用后，会产生压缩变形，引起基础沉降。土体在压力作用下体积减小的特性为土的压缩性。土体积减小包括三部分：①土颗粒发生相对位移，土中水及气体从孔隙中被排出，从而使土孔隙体积减小；②土颗粒本身的压缩；③土中水及封闭在土中的气体被压缩。试验研究表明，在一般的压力（土常受到的压力为 $100\sim600$ kPa）作用下，土粒和水的压缩与土的总压缩量之比是很微小的，因此可以忽略不计，所以可把土的压缩视为土中孔隙体积的减小。

1. 室内压缩试验及压缩性指标

1）室内压缩试验

室内压缩试验的主要目的是用压缩仪进行压缩试验，了解土的孔隙比随压力变化的规律，并测定土的压缩指标，评定土的压缩性大小。

压缩试验时,先用金属环刀切取原状土样,放入上下有透水石的压缩仪内(图 2.13),分级加载。在每组荷载作用下(一般按 $p=50$、100、200、300、400 kPa 加载),压至变形稳定,测出土样的变形量,然后再加下一级荷载,根据每级荷载下的稳定变形量算出相应压力下的孔隙比。在压缩过程中,土样在金属环内不会有侧向膨胀,只有竖向变形,这种方法称为侧限压缩试验。室内压缩实验亦称固结试验,是研究土压缩性最基本的方法,更多请扫右侧二维码。

压缩试验

设土样原始高度为 h_0(图 2.14),土样的横截面面积为 A(即压缩仪容器的底面积),此时土样的原始孔隙比 e_0 和土颗粒体积 V_s 可用下式表示:

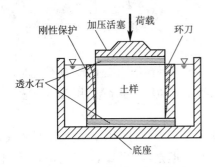

图 2.13   压缩仪的压缩器简图

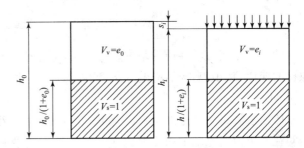

图 2.14   压缩试验中土样孔隙比的变化

$$e_0 = \frac{V_v}{V_s} = \frac{Ah_0 - V_s}{V_s}$$

$$V_s = \frac{Ah_0}{1 + e_0}$$

当压力达到某级荷载 p_i 时,测出土样的稳定变形量为 s_i,此时土样高度为 $h_0 - s_i$,对应的孔隙比为 e_i,则土颗粒体积为:

$$V_{si} = \frac{A(h_0 - s_i)}{1 + e_i}$$

由于土样在压缩过程中受到完全侧限条件,土样横截面面积是不会变的,又因前面已假定土颗粒是不可压缩的,故 $V_s = V_{si}$,即:

$$\frac{Ah_0}{1 + e_0} = \frac{A(h_0 - s_i)}{1 + e_i}$$

$$s_i = \frac{e_0 - e_i}{1 + e_0} h_0$$

或 $$e_i = e_0 - \frac{s_i}{h_i}(1 + e_0) \qquad\qquad (2.10)$$

式中 e_0——土的原始孔隙比,$e_0 = \dfrac{d_s(1 + w)\gamma_w}{\gamma} - 1$;

d_s——土粒相对密度;

w——土的天然含水率;

γ_w——水的重度,一般取 $\gamma_w = 10$ kN/m^3;

γ——土的天然重度。

　　根据某级荷载下的变形量 s_i，按式(2.10)求得相应的孔隙比 e_i，然后以压力 p 为横坐标，孔隙比 e 为纵坐标，可绘出 e-p 关系曲线，此曲线称为压缩曲线(图 2.15)。

　　2)压缩性指标

　　(1)压缩系数 a

　　由 e-p 曲线(图 2.15)可知，土在完全侧限条件下，孔隙比 e 随压力 p 的增加而减小，当压力由 p_1 至 p_2 的压力变化范围不大时，可将压缩曲线上相应的曲线段 M_1M_2 近似地用直线来代替。若 M_1 点的压力为 p_1，相应的孔隙比为 e_1；M_2 点的压力 p_2，相应的孔隙比为 e_2，则 M_1M_2 段的斜率可用下式表示：

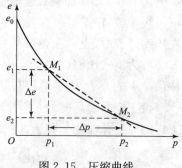

图 2.15　压缩曲线

$$a = -\frac{\Delta e}{\Delta p} = \frac{e_1 - e_2}{p_2 - p_1} \tag{2.11}$$

　　此式为土的力学性质的基本定律之一，称压密定律。它表明：在压力变化范围不大时，孔隙比的变化(减小值)与压力的变化(增加值)成正比。比例系数称为压缩系数，用符号 a 表示，单位 $\mathrm{MPa^{-1}}$。

　　压缩系数是表示土的压缩性大小的主要指标，广泛应用于土力学计算中。压缩系数愈大，表明在某压力变化范围内孔隙比减少得愈多，压缩性就愈高。但是，由图 2.15 可见，同一种土的压缩系数并不是常数，而是随所取压力变化范围的不同而改变的。因此，评价不同种类和状态土的压缩系数大小，必须以同一压力变化范围来比较。在工程实际中，常以 $p_1 = 0.1\mathrm{MPa}$ 至 $p_2 = 0.2\mathrm{MPa}$ 的压缩系数 $a_{1\text{-}2}$ 作为判别土的压缩性高低的标准：

　　当 $a_{1\text{-}2} < 0.1\mathrm{MPa^{-1}}$ 时，为低压缩性土；

　　当 $0.1\mathrm{MPa^{-1}} \leqslant a_{1\text{-}2} < 0.5\mathrm{MPa^{-1}}$ 时，为中等压缩性土；

　　当 $a_{1\text{-}2} \geqslant 0.5\mathrm{MPa^{-1}}$ 时，为高压缩性土。

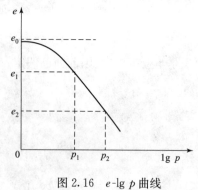

图 2.16　e-lg p 曲线

　　(2)压缩指数 C_c

　　目前，国内外还常用压缩指数 C_c 进行压缩性评价和计算地基压缩变形量。压缩指数 C_c 是通过高压固结试验求得不同压力下的孔隙比，然后以孔隙比 e 为纵坐标，以压力的对数 lg p 为横坐标，绘制 e-lg p 曲线(图 2.16)。该曲线后半段在很大范围内是一条直线，将直线段的斜率定义为土的压缩指数 C_c，表达式为：

$$C_c = -\frac{\Delta e}{\Delta \lg p} = \frac{e_1 - e_2}{\lg p_2 - \lg p_1} \tag{2.12}$$

　　压缩指数在较大的荷重范围内是比较稳定的常数，一般黏性土 C_c 值多在 $0.1 \sim 1.0$。C_c 值愈大，土的压缩性愈高。对于正常固结的黏性土，压缩指数和压缩系数之间，存在如下关系：

$$C_c = \frac{a(p_2 - p_1)}{\lg p_2 - \lg p_1} \tag{2.13}$$

或

$$a = \frac{C_c}{p_2 - p_1} \lg \frac{p_2}{p_1} \tag{2.14}$$

（3）压缩模量 E_s

通过压缩试验可求得土的压缩系数 a 和压缩指数 C_c 外，还可求得另一个常用的压缩性指标——压缩模量 E_s。压缩模量是指土在有侧限条件下受压时，某压力段的压应力增量 $\Delta\sigma$ 与压应变增量 $\Delta\varepsilon$ 之比，其表达式为：

$$E_s = \frac{\Delta\sigma}{\Delta\varepsilon} \qquad (2.15)$$

土的压缩模量随所取的压力范围不同而变化。工程上常用从 0.1MPa 至 0.2MPa 压力范围内的压缩模量 E_{s1-2} 来判断土的压缩性。

土的压缩模量 E_{s1-2} 与压缩系数 a_{1-2} 的关系，可以通过下面推导的公式得到：

因为 $\Delta\sigma = p_2 - p_1$ 且

$$\varepsilon_2 = \frac{\Delta h_2}{h_0} = \frac{e_0 - e_2}{1 + e_0}$$

$$\varepsilon_1 = \frac{\Delta h_1}{h_0} = \frac{e_0 - e_1}{1 + e_0}$$

$$a_{1-2} = \frac{\Delta e}{\Delta p} = \frac{e_1 - e_2}{p_2 - p_1}$$

将以上各式代入式（2.15），得到：

$$E_{s1-2} = \frac{\Delta\sigma}{\Delta\varepsilon} = \frac{p_2 - p_1}{\varepsilon_2 - \varepsilon_1} = \frac{1 + e_0}{a_{1-2}} \qquad (2.16)$$

土的压缩模量也是表征土的压缩性高低的一个指标。由上式可知，E_s 与 a 成反比，即 a 越大，E_s 越小，土的压缩性越高。工程上常采用 E_{s1-2} 作为判别土的压缩性高低的标准：

当 $E_{s1-2} < 4$MPa 时，属高压缩性土；

当 $E_{s1-2} = 4 \sim 15$MPa 时，属中等压缩性土；

当 $E_{s1-2} > 15$MPa 时，属低压缩性土。

此外，工程中还常用体积压缩系数 m_v 这一指标作为地基沉降的计算参数，体积压缩系数在数值上等于压缩模量的倒数，其表达式为：

$$m_v = \frac{1}{E_s} = \frac{a}{1 + e_0} (\text{MPa}^{-1})$$

（4）变形模量 E_0

土的变形模量是指土体在无侧限条件下，土的竖向应力增量与竖向应变增量的比值，用符号 E_0 表示。变形模量可由室内侧限压缩试验得到的压缩模量求得，也可通过静载荷试验（浅层土）（具体可见项目7）、旁压或触探试验（深层土）确定。

2.3.2.2 土中应力计算

1. 土中应力概述

土中应力可分为自重应力和附加应力。自重应力是上覆土体本身的重量所引起的应力，其值随深度的增加而增大。一般来说，自重应力不会使地基产生变形，这是因为土层形成的年代已久远，在自重作用下，压缩变形早已完成。但对于新沉积的土或新填土，则应考虑在自重作用下的地基变形。附加应力是建筑物的荷载在地基土中产生的应力。它以一定的角度向下扩散传播到地基的深处，其值随深度的增加而减小。附加应力改变了地基土中原有的应力状态，使地基产生变形，并导致建筑物基础产生沉降。

2. 土中自重应力计算

1)基本公式

自重应力是由于土的自重产生的应力,竖向自重应力用 σ_{cz} 表示,侧向自重应力用 σ_{cx} 或 σ_{cy} 表示,下面重点介绍 σ_{cz} 的计算。

计算 σ_{cz} 时,把天然地面看作是一个平面,假定地基土为半无限体(又称半空间体),以水平地面为界,在 x、y 轴的正负方向和 z 轴的正方向与建筑物的尺寸相比都可以认为无限的,故称为半无限体。

当土质均匀时,则任一水平面上的竖向自重应力都是均匀无限分布的,在此应力作用下,地基土只能产生竖向变形,不可能产生侧向变形和剪切变形,土体内任一竖直面都是对称面,对称面上的剪应力等于零,根据剪应力互等定理可知,任一水平面上的剪应力也等于零。若在土中切取一个面积为 A 的土柱,如图 2.17 所示,根据静力平衡条件可知:在 z 深度处的平面,因土柱自重产生的竖向自重应力等于单位面积土柱的重力,即

$$\sigma_{cz} = \frac{G}{A} = \frac{\gamma z A}{A} = \gamma z \qquad (2.17)$$

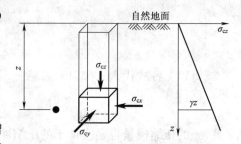

图 2.17　土的自重应力

式中　σ_{cz}——土的竖向自重应力(kPa);

　　　G——土柱的重力(kN);

　　　γ——土的重度(kN/m³);

　　　z——地面至计算点的深度(m)。

由式(2.17)可知:土的自重应力随深度 z 线性增加,当重度不变时,σ_{cz} 与 z 成正比,呈三角形分布,如图 2.17 所示。

天然地层往往由不同厚度、不同重度的土层组成,其自重应力需按式(2.17)分层计算后再叠加。如图 2.18 所示,z 深度处的自重应力为

$$\sigma_{cz} = \gamma_1 h_1 + \gamma_2 h_2 + \cdots + \gamma_n h_n = \sum_{i=1}^{n} \gamma_i h_i \qquad (2.18)$$

式中　n——计算范围内的土层数;

　　　γ_i——第 i 层土的重度(kN/m³);

　　　h_i——第 i 层土的厚度(m)。

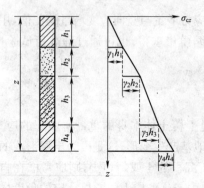

图 2.18　成层土的自重应力

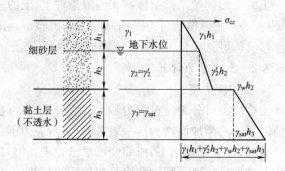

图 2.19　地下水及不透水层影响

分层土的自重应力沿深度呈折线分布。

项目 2　土的工程特性分析　　　　　　　　　　　　　　　· 39 ·

（2）地下水与不透水层的影响

①地下水的影响

如果土层在水位（地表水或地下水）以下,计算自重应力时,应根据土的透水性质选用符合实际情况的重度。对于透水土（如砂土、粉土等）,空隙中充满自由水,土颗粒将受到水的浮力作用,应采用浮重度 γ',如果地下水位出现在同一土层中,如图 2.19 中的细砂层,地下水位线应视为土层分界线,则细砂层底面处的自重应力为

$$\sigma_{cz} = \gamma_1 h_1 + \gamma_2' h_2$$

②不透水层的影响

不透水土长期浸泡在水中,处于饱和状态,土中的孔隙水几乎全部是结合水,这些结合水的物理特性与自由水不同,它不传递静水压力,不起浮力作用,所以土颗粒不受浮力影响,计算自重应力时应采用饱和重度 γ_{sat},如图 2.19 中的黏土层（不透水）,该层土本身产生的自重应力为 $\gamma_{sat} h_3$,而在不透水层顶面处的自重应力等于全部上覆土层的自重应力与静水压力之和,即

$$\sigma_{cz} = \gamma_1 h_1 + \gamma_2' h_2 = \gamma_w h_2$$

式中　　γ_w——水的重度（kN/m^3）。

黏性土层底面处的自重应力为

$$\sigma_{cz} = \gamma_1 h_1 + \gamma_2' h_2 + \gamma_w h_2 + \gamma_{sat} h_3$$

【例题 2.1】一地基由多层土组成,地质剖面如图 2.20 所示,试计算并绘制自重应力 σ_{cz} 沿深度的分布图。

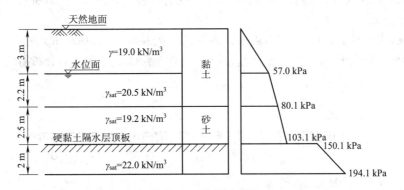

图 2.20　地质剖面图

【解】在 3 m 深处（地下水位处）:

$$\sigma_{cz} = \gamma_1 h_1 = 19 \times 3 = 57 \ (kN/m^2)$$

在 5.2 m 深处:

$$\sigma_{cz} = \gamma_1 h_1 + \gamma_2' h_2 = 57 + 10.5 \times 2.2 = 80.1 \ (kN/m^2)$$

在 7.7 m 深处:

$$\sigma_{cz} = \gamma_1 h_1 + \gamma_2' h_2 + \gamma_3' h_3 = 80.1 + 9.2 \times 2.5 = 103.1 \ (kN/m^2)$$

在 7.7 m 深处（不透水层顶面）:

$$\sigma_{cz} = \gamma_1 h_1 + \gamma_2' h_2 + \gamma_3' h_3 + \gamma_w(h_2 + h_3) = 103.1 + 10 \times (2.2 + 2.5) = 150.1 \ (kN/m^2)$$

在 9.7 m 深处:

$$\sigma_{cz} = \gamma_1 h_1 + \gamma_2' h_2 + \gamma_3' h_3 + \gamma_w(h_2 + h_3) + \gamma_{sat} h_3 = 150.1 + 22 \times 2 = 194.1 \ (kN/m^2)$$

【课堂讨论】地下水位的升降是否会引起土中自重应力的变化?

地下水位的升降会引起土中自重应力的变化,例如,大量抽取地下水造成地下水位大幅度下降,使原水位以下土体中的有效应力增加,造成地表大面积下沉。

3. 基底压力

1)基本概念

基底压力是指建筑物上部结构荷载和基础自重通过基础传递给地基,作用于基础底面传至地基的单位面积压力,又称接触压力。

基底压力的分布规律主要是取决于上部结构、基础的刚度和地基的变形条件,是三者共同工作的结果。基底压力分布是与基础的大小和刚度,作用于基础上荷载的大小和分布、地基土的力学性质以及基础的埋深等许多因素有关。

(1)基础刚度的影响

柔性基础能跟随地基土表面而变形,作用在基础底面上的压力分布与作用在基础上的荷载分布完全一样。上部荷载为均匀分布,基底接触压力也为均匀分布。

绝对刚性基础的基础底面保持平面,即基础各点的沉降是一样的,基础底面上的压力分布不同于上部荷载的分布情况。

(2)荷载和土性的影响

当荷载较小时,基底压力分布形状如图 2.21(a)所示,接近于弹性理论解;荷载增大后,基底压力呈马鞍形,如图 2.21(b)所示;荷载再增大时,边缘塑性破坏区逐渐扩大,所增加的荷载必须靠基底中部力的增大来平衡,基底压力图形可变为抛物线形,如图 2.21(d)所示,以至倒钟形分布,如图 2.21(c)所示。

刚性基础放在砂土地基表面时,由于砂颗粒之间无黏结力,其基底压力分布更易发展成图 2.21(d)所示的抛物线形;而在黏性土地基表面上的刚性基础,其基底压力分布易成图 2.21(b)所示的马鞍形。

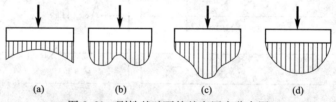

(a)　　　　　　(b)　　　　　　(c)　　　　　　(d)

图 2.21　刚性基础下的基底压力分布图

根据弹性理论中圣维南原理,在总荷载保持定值的前提下,地表下一定深度处,基底压力分布对土中应力分布的影响并不显著,而只决定于荷载合力的大小和作用点位置。因此,除了在基础设计中,对于面积较大的片筏基础、箱形基础等需要考虑基底压力的分布形状的影响外,对于具有一定刚度的铁路桥涵基础,其基底压力可近似地按直线分布的图形计算,即可以采用材料力学计算方法进行简化计算。

2)基底压力的简化计算

(1)中心荷载作用下的基底压力

当基础宽度不太大,而荷载较小的情况下,基底压力分布近似按直线变化考虑,根据材料力学公式进行简化计算,即

$$p = \frac{F+G}{A} \quad \text{(kPa)}$$

(2.19)

式中 F——作用于基础上的竖向力设计值(kN)。

G——基础自重设计值及其上回填土重(kN)。$G=\gamma_G A d$,其中 γ_G 为基础及回填土之平均重度,一般取 20 kN/m³,但在地下水位以下部分应扣去浮力,即取 10 kN/m³;d 为基础埋深(m)。

A——基底面积(m²)。对矩形基础 $A=lb$,l 和 b 分别为矩形基底的长度和宽度(m)。

对于荷载沿长度方向均匀分布的条形基础,则沿长度方向截取一单位长度的截条进行基底平均压力设计值 p(kPa)的计算,此时上式中 A 改为 b(m),而 F 及 G 则为基础截面内的相应值(kN/m)。

(2)偏心荷载作用下的基底压力

①单向偏心荷载(图 2.22)

设计时,通常基底长边方向取与偏心方向一致,两短边边缘应力按式(2.20)计算:

$$\begin{matrix} p_{max} \\ p_{min} \end{matrix} = \frac{F+G}{bl} \pm \frac{M}{W} \qquad (2.20)$$

式中 W——基础底面的抵抗矩,$W=bl^2/6$;

l——矩形基底的长度;

b——矩形基底的宽度。

又 $e=\dfrac{M}{F+G}$,得

$$\begin{matrix} p_{max} \\ p_{min} \end{matrix} = \frac{F+G}{bl}\left(1\pm\frac{6e}{l}\right) \qquad (2.21)$$

讨论:当 $e<l/6$ 时,基底压力呈梯形分布;

当 $e=l/6$ 时,基底压力呈三角形分布;

当 $e>l/6$ 时,基底压力 $p_{min}<0$,表明基底出现拉应力,此时,基底与地基间局部脱离,而使基底压力重新分布。

②双向偏心荷载(图 2.23)

当矩形基础上作用着竖直偏心荷载 P 时,则任意点的基底压力,可按材料力学偏心受压的公式进行计算:

$$\begin{matrix} p_1 \\ p_2 \end{matrix} = \frac{F+G}{A} \pm \frac{M_x}{W_x} \pm \frac{M_y}{W_y} \qquad (2.22)$$

式中 M_x、M_y——荷载合力分别对矩形基底 x、y 对称轴的力矩;

W_x、W_y——基础底面分别对 x、y 轴的抵抗矩。

4.附加应力

在建筑物荷载作用下,地基中必然产生应力和变形。我们把由建筑物等荷载在土体中引起的附加于原有应力之上的应力称为附加应力。计算地基附加应力时通常假定地基土是各向同性的、均质的线性变形体,而且在深度和水平方向上都是无限延伸的,即把地基看成是均质的线性变形半空

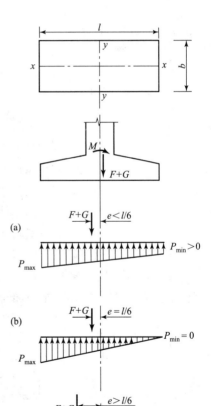

图 2.22 单向偏心荷载下的基底压力分布

间。将基底附加压力或其他外荷载作为作用在弹性半空间表面的局部荷载,应用弹性力学公式便可求出地基中的附加应力。

1)基底附加应力

在建筑物建造之前,土中早已存在着自重应力。一般天然土层在自重应力作用下的变形也早已稳定。因此,从建筑物建造后的基底压力中扣除基底高程处原有土的自重应力后,才是基底平面处新增加于地基表面的压力,即基底附加应力。基底附加应力引起地基产生附加应力和变形。基底平均附加应力 p_0 (kPa)可按下式计算(图 2.24):

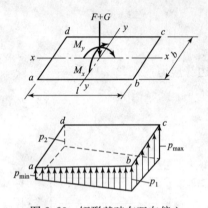

图 2.23　矩形基础在双向偏心
荷载下的基底压力分布图

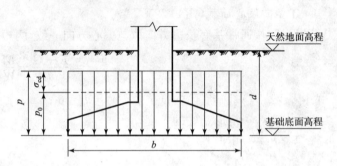

图 2.24　基底平均附加压力

$$p_0 = p - \sigma_{cd} = p - \gamma_0 d \tag{2.23}$$

式中　　p——基底平均压力(kPa),按式(2.21)计算;

σ_{cd}——基底处土的自重应力(kPa);

γ_0——基底高程以上天然土层的加权平均重度,其中地下水位下的重度取有效重度;

d——基础埋深(m),必须从天然地面算起,对于新填土场地则应从老天然地面算起。

2)竖向集中荷载下的地基附加应力

(1)布辛奈斯克解

在弹性半空间表面上作用一个竖向集中力时,如图 2.25 所示,半空间内任意点处所引起的竖向附加应力解答是由法国 J·布辛奈斯克(Boussinesq,1885)作出的,见式(2.24)和式(2.25)。

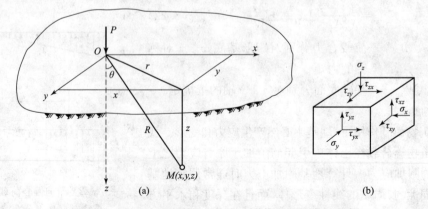

图 2.25　弹性半无限体在竖向集中力作用下的附加应力

$$\sigma_z = \frac{3P}{2\pi} \frac{z^3}{(r_2 + y^2)^{5/2}} = \frac{3}{2\pi} \cdot \frac{1}{\left[(r/z)^2 + 1\right]^{5/2}} \cdot \frac{P}{z^2} \tag{2.24}$$

式中　P——作用于坐标原点 O 的竖向集中力；

　　　z——M 点至地面的距离；

　　　r——M 点与集中力作用线的水平距离。

令 $K = \dfrac{3}{2\pi} \dfrac{1}{\left[(r/z)^2 + 1\right]^{5/2}}$，则上式改写为：

$$\sigma_z = K \frac{P}{z^2} \tag{2.25}$$

式中　K——集中荷载作用下的地基竖向附加应力系数，r/z 值查表 2.2。

表 2.2　集中荷载作用下的地基竖向附加应力系数 K

r/z	K	r/z	K	r/z	K	r/z	K	r/z	K
0	0.477 5	0.50	0.273 3	1.00	0.084 4	1.50	0.025 1	2.00	0.008 5
0.05	0.474 5	0.55	0.246 6	1.05	0.074 4	1.55	0.022 4	2.20	0.005 8
0.10	0.465 7	0.60	0.221 4	1.10	0.065 8	1.60	0.020 0	2.40	0.004 0
0.15	0.451 6	0.65	0.197 8	1.15	0.058 1	1.65	0.017 9	2.60	0.002 9
0.20	0.432 9	0.70	0.176 2	1.20	0.051 1	1.70	0.016 0	2.80	0.002 1
0.25	0.410 3	0.75	0.156 5	1.25	0.045 4	1.75	0.014 4	3.00	0.001 5
0.30	0.384 9	0.80	0.138 6	1.30	0.040 2	1.80	0.012 6	3.50	0.000 7
0.35	0.357 7	0.85	0.122 6	1.35	0.035 7	1.85	0.011 6	4.00	0.000 4
0.40	0.329 4	0.90	0.108 3	1.40	0.031 7	1.90	0.010 5	4.50	0.000 2
0.45	0.301 1	0.95	0.095 6	1.45	0.028 2	1.95	0.009 5	5.00	0.000 1

当有若干个竖向荷载 $P_i(i = 1, 2, \cdots, n)$ 作用在地基表面时，按叠加原理，地面下 z 深度处某点 M 的附加应力 σ_z 为：

$$\sigma_z = \sum_{i=1}^{n} K_i \frac{P_i}{z^2} = \frac{1}{z^2} \sum_{i=1}^{n} K_i P_i \tag{2.26}$$

式中　K_i——第 i 个集中荷载下的竖向附加应力系数，按 r_i/z 由表 2.2 查得，其中 r_i 是第 i 个集中荷载作用点到 M 点的水平距离。

(2)等代荷载法

建筑物的荷载是通过基础作用于地基之上的，而基础总是具有一定的面积，因此，理论上的集中荷载实际上是没有的。等代荷载法是将荷载面（或基础底面）划分成若干个形状规则（如矩形）的面积单元（A_i），每个单元上的分布荷载（$p_i A_i$）近似地以作用在该单元面积形心上的集中力（$P_i = p_i A_i$）来代替（图 2.26），这样就可以利用式（2.26）来计算地基中某一点 M 处的附加应力。由于集中力作用点附近的 σ_z 为无穷大，故这种方法不适用于过于靠近荷载面的计算点，其计算精度的高低取决于单元面积的大小，单元划

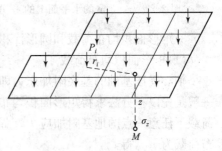

图 2.26　等代荷载法

分越细,计算精度越高。

【**例 2.1**】在地基表面作用一集中荷载 $P = 200\text{kN}$,试求:(1)在地基中 $z = 2\text{ m}$ 的水平面上,水平距离 $r = 0\text{ m}$、1 m、2 m、3 m、4 m 处各点的附加应力 σ_z 值,并绘分布图;(2)在地基中 $r = 0$ 的竖直线上距地基表面 $z = 0\text{ m}$、1 m、2 m、3 m、4 m 处各点的附加应力 σ_z 值,并绘分布图。

【**解**】(1)在地基中 $z = 2\text{ m}$ 的水平面上指定点的 σ_z 的计算过程列于表 2.3, σ_z 分布绘于图 2.27。

(2)在地基中 $r = 0$ 的竖直线上指定点的 σ_z 的计算过程列于表 2.4, σ_z 分布绘于图 2.28。

表 2.3 $z = 2\text{ m}$ 的水平面上指定点的 σ_z

z (m)	r (m)	r/z	K (查表 2.2)	$\sigma_z = K\dfrac{P}{z^2}$ (kPa)
2	0	0	0.4775	23.9
2	1	0.5	0.2733	13.7
2	2	1.0	0.0844	4.2
2	3	1.5	0.0251	1.3
2	4	2.0	0.0085	0.4

表 2.4 地基中 $r = 0$ 的竖直线上指定点的 σ_z

z (m)	r (m)	r/z	K (查表 2.2)	$\sigma_z = K\dfrac{P}{z^2}$ (kPa)
0	0	0	0.4775	∞
1	0	0	0.4775	95.5
2	0	0	0.4775	23.9
3	0	0	0.4775	10.6
4	0	0	0.4775	6.0

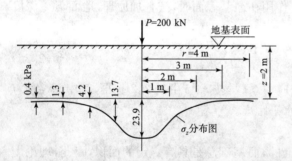
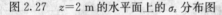

图 2.27 $z = 2\text{ m}$ 的水平面上的 σ_z 分布图

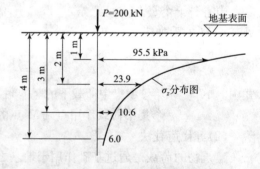

图 2.28 $r = 0$ 的竖直线上的 σ_z 分布图

3)矩形面积均布荷载和圆形面积均布荷载作用下的地基附加应力

(1)矩形面积均布荷载

轴心受压基础的基底附加压力即属于矩形面积均布荷载这一情况。这类问题的求解方法一般是先以积分法求得矩形面积均布荷载角点下的地基附加应力,然后运用角点法求得均布荷载下任意一点的地基附加应力。如图 2.29 所示,矩形的长度和宽度分别为 l 和 b,竖向均布荷载为 p_0,得

$$\sigma_z = K_c p_0 \tag{2.27}$$

若令 $m=l/b,n=z/b$，则 K_c 为均布矩形荷载角点下的竖向附加应力系数，按 m 及 n 值由表 2.5 查得。

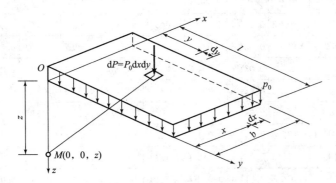

图 2.29　均布矩形荷载角点下的附加应力 σ_z

表 2.5　矩形面积均布荷载角点下的竖向附加应力系数 K_c

z/b \ l/b	1.0	1.2	1.4	1.6	1.8	2.0	3.0	4.0	5.0	6.0	10.0	条形
0	0.250 0	0.250 0	0.250 0	0.250 0	0.250 0	0.250 0	0.250 0	0.250 0	0.250 0	0.250 0	0.250 0	0.250 0
0.2	0.248 5	0.248 9	0.249 0	0.249 1	0.249 1	0.249 2	0.249 2	0.249 2	0.249 2	0.249 2	0.249 2	0.249 2
0.4	0.240 1	0.242 0	0.242 9	0.243 4	0.243 7	0.243 9	0.244 2	0.244 3	0.244 3	0.244 3	0.244 3	0.244 3
0.6	0.222 9	0.227 5	0.230 0	0.231 5	0.232 4	0.232 9	0.233 9	0.234 1	0.234 2	0.234 2	0.234 2	0.234 2
0.8	0.199 9	0.207 5	0.212 0	0.214 7	0.216 5	0.217 6	0.219 6	0.220 0	0.220 2	0.220 2	0.220 2	0.220 3
1.0	0.175 2	0.185 1	0.191 1	0.195 5	0.198 1	0.199 9	0.203 4	0.204 2	0.204 4	0.204 5	0.204 6	0.204 6
1.2	0.151 6	0.162 6	0.170 5	0.175 8	0.179 3	0.181 8	0.187 0	0.188 2	0.188 5	0.188 7	0.188 8	0.188 9
1.4	0.130 8	0.142 3	0.150 8	0.156 9	0.161 3	0.164 4	0.171 2	0.173 0	0.173 5	0.173 8	0.174 0	0.174 0
1.6	0.112 3	0.124 1	0.132 9	0.139 6	0.144 5	0.148 2	0.156 7	0.159 0	0.159 8	0.160 1	0.160 4	0.160 5
1.8	0.096 9	0.108 3	0.117 2	0.124 1	0.129 4	0.133 4	0.143 4	0.146 3	0.147 4	0.147 8	0.148 2	0.148 3
2.0	0.084 0	0.094 7	0.103 4	0.110 3	0.115 8	0.120 2	0.131 4	0.135 0	0.136 3	0.136 8	0.137 4	0.137 5
2.2	0.073 2	0.082 3	0.091 7	0.098 4	0.103 9	0.108 4	0.120 5	0.124 8	0.126 4	0.127 1	0.127 7	0.127 9
2.4	0.064 2	0.073 4	0.081 3	0.087 9	0.093 4	0.097 9	0.110 8	0.115 6	0.117 5	0.118 4	0.119 2	0.119 4
2.6	0.056 6	0.065 1	0.072 5	0.078 8	0.084 2	0.088 7	0.102 0	0.107 3	0.109 5	0.110 6	0.111 6	0.111 8
2.8	0.050 2	0.058 0	0.064 9	0.070 9	0.076 1	0.080 5	0.094 2	0.099 9	0.102 4	0.103 6	0.104 8	0.105 0
3.0	0.044 7	0.051 9	0.058 0	0.064 0	0.069 0	0.073 2	0.087 0	0.093 1	0.095 9	0.097 3	0.098 7	0.099 0
3.2	0.040 1	0.046 7	0.052 6	0.058 0	0.062 7	0.066 8	0.080 6	0.087 0	0.090 0	0.091 6	0.093 3	0.093 5
3.4	0.036 1	0.042 1	0.047 7	0.052 7	0.057 1	0.081 1	0.074 7	0.081 4	0.084 7	0.086 4	0.088 2	0.088 6
3.6	0.326 0	0.038 2	0.043 3	0.048 0	0.052 3	0.056 1	0.069 4	0.076 3	0.079 9	0.081 6	0.083 0	0.084 2
3.8	0.029 6	0.034 8	0.039 5	0.043 9	0.047 9	0.051 6	0.064 6	0.071 7	0.075 3	0.077 3	0.079 6	0.080 2
4.0	0.027 0	0.031 8	0.036 2	0.043 0	0.044 1	0.047 4	0.060 3	0.067 4	0.071 2	0.073 3	0.075 8	0.076 5

z/b \ l/b	1.0	1.2	1.4	1.6	1.8	2.0	3.0	4.0	5.0	6.0	10.0	条形
4.2	0.024 7	0.029 1	0.033 3	0.037 1	0.040 7	0.043 9	0.056 3	0.063 4	0.067 4	0.069 6	0.072 4	0.073 1
4.4	0.022 7	0.026 8	0.030 6	0.034 3	0.037 6	0.040 7	0.052 7	0.059 7	0.063 9	0.662 0	0.069 2	0.070 0
4.6	0.020 9	0.024 7	0.028 3	0.031 7	0.034 8	0.037 8	0.049 3	0.056 4	0.060 6	0.063 0	0.066 3	0.067 1
4.8	0.019 3	0.022 9	0.026 2	0.029 4	0.032 4	0.035 2	0.046 3	0.053 3	0.057 6	0.060 1	0.063 5	0.064 5
5.0	0.017 9	0.021 2	0.024 3	0.027 4	0.030 2	0.032 8	0.043 5	0.050 4	0.054 7	0.057 3	0.061 0	0.062 0
6.0	0.012 7	0.015 1	0.017 4	0.019 6	0.021 8	0.023 8	0.032 5	0.038 8	0.043 1	0.046 0	0.050 6	0.052 1
7.0	0.009 4	0.011 2	0.013 0	0.014 7	0.016 4	0.018 0	0.025 1	0.030 6	0.034 6	0.037 6	0.042 8	0.044 9
8.0	0.007 3	0.008 7	0.010 1	0.011 4	0.012 7	0.014 0	0.019 8	0.024 6	0.028 3	0.031 1	0.036 7	0.039 4
9.0	0.005 8	0.006 9	0.008 0	0.009 1	0.010 2	0.011 2	0.016 1	0.020 2	0.023 5	0.026 2	0.031 9	0.035 1
10.0	0.004 7	0.005 6	0.006 5	0.007 4	0.008 3	0.009 2	0.013 2	0.016 8	0.019 8	0.022 2	0.028 0	0.031 6
12.0	0.003 3	0.003 9	0.004 6	0.005 2	0.005 8	0.006 4	0.009 4	0.012 1	0.014 5	0.016 5	0.021 9	0.026 4
14.0	0.002 4	0.002 9	0.003 4	0.003 8	0.004 3	0.004 8	0.007 0	0.009 1	0.011 0	0.012 7	0.017 5	0.022 7
16.0	0.001 9	0.002 2	0.002 6	0.002 9	0.003 3	0.003 7	0.005 5	0.007 1	0.008 6	0.010 0	0.014 3	0.019 8
18.0	0.001 5	0.001 8	0.002 0	0.002 3	0.002 6	0.002 9	0.004 3	0.005 6	0.006 9	0.008 1	0.011 8	0.017 6
20.0	0.001 2	0.001 4	0.001 7	0.001 9	0.002 1	0.002 3	0.003 5	0.004 6	0.005 7	0.006 7	0.009 9	0.015 9

实际计算中,常会遇到计算点不位于矩形荷载面角点下的情况。这时可以通过作辅助线把荷载面分成若干个矩形面积,而计算点正好位于这些矩形面积的公共角点下,这样就可以应用式(2.27)及力的叠加原理来求解。这种方法称为角点法。

下面分四种情况(图 2.30,计算点在图中 O 点以下任意深度处)说明角点法的具体应用。

①O 点在荷载面边缘,如图 2.30(a)所示。

过 O 点作辅助线 Oe,将荷载面分成 Ⅰ、Ⅱ 两块,由叠加原理,有

$$\sigma_z = (K_{c1} + K_{c2})p_0$$

式中 K_{c1} 和 K_{c2} 是分别按两块小矩形面积 Ⅰ 和 Ⅱ 查得的角点附加应力系数。

②O 在荷载面内,如图 2.30(b)所示。

作两条辅助线将荷载面分成 Ⅰ、Ⅱ、Ⅲ 和 Ⅳ 共四块面积,于是

$$\sigma_z = (K_{c1} + K_{c2} + K_{c3} + K_{c4})p_0$$

如果 O 点位于荷载面中心,则 $K_{c1} = K_{c2} = K_{c3} = K_{c4}$,可得 $\sigma_z = 4K_{c1}p_0$,此即为利用角点法求基底中心点下 σ_z 的解,亦可直接查中点附加应力系数(略)。

③O 在荷载面边缘外侧,如图 2.30(c)所示。

将荷载面 $abcd$ 看成 Ⅰ($ofbg$)－Ⅱ($ofah$)＋Ⅲ($oecg$)－Ⅳ($oedh$),则

$$\sigma_z = (K_{c1} - K_{c2} + K_{c3} - K_{c4})p_0$$

④O 在荷载面角点外侧,如图 2.30(d)所示。

将荷载面看成 Ⅰ($ohce$)－Ⅱ($ohbf$)－Ⅲ($ogde$)＋Ⅳ($ogaf$),则

$$\sigma_z = (K_{c1} - K_{c2} - K_{c3} + K_{c4})p_0$$

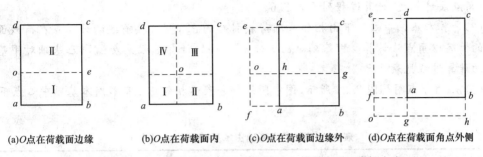

| (a)O点在荷载面边缘 | (b)O点在荷载面内 | (c)O点在荷载面边缘外 | (d)O点在荷载面角点外侧 |

图 2.30　以角点法计算均布矩形荷载面 O 点下的地基附加应力

【例 2.2】试以角点法分别计算图 2.31 所示的甲乙两个基础基底中心点下不同深度处的地基附加应力 σ_z 值,绘 σ_z 分布图,并考虑相邻基础的影响。基础埋深范围内天然土层的重度 $\gamma_0 = 18$ kN/m³。

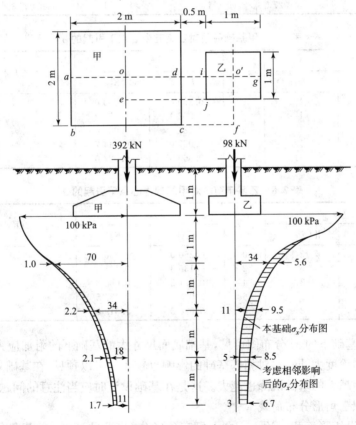

图 2.31　σ_z 分布图

【解】(1)两基础基底的附加压力:

甲基础　　$p_0 = p - \sigma_{cd} = \dfrac{F}{A} + 20d - \sigma_{cd} = \dfrac{392}{2 \times 2} + 20 \times 1 - 18 \times 1 = 100$ (kPa)

乙基础　　$p_0 = \dfrac{98}{1 \times 1} + 20 \times 1 - 18 \times 1 = 100$ (kPa)

(2)计算两基础中心点下由本基础荷载引起的 σ_z 时,过基底中心点将基底分成相等的四块,以角点法计算之,计算过程列于表2.6。

（3）计算本基础中心点下由相邻基础荷载引起的 σ_z 时,可按前述的计算点在荷载面边缘外侧的情况以角点法计算。甲基础对乙基础 σ_z 影响的计算过程见表2.7,乙基础对甲基础 σ_z 影响的计算过程见表2.8。

（4） σ_z 的分布图如图2.31所示,图中阴影部分表示相邻基础荷载对本基础中心点下 σ_z 的影响。

表 2.6　甲、乙两基础由本基础荷载引起的 σ_z

z (m)	甲 基 础				乙 基 础			
	l/b	z/b	K_{c1}	$\sigma_z = 4K_{c1}p_0$ (kPa)	l/b	z/b	K_{c1}	$\sigma_z = 4K_{c1}p_0$ (kPa)
0	1	0	0.250 0	100	1	0	0.250 0	100
1	1	1	0.175 2	70	1	2	0.084 0	34
2	1	2	0.084 0	34	1	4	0.027 0	11
3	1	3	0.044 7	18	1	6	0.012 7	5
4	1	4	0.027 0	11	1	8	0.007 3	3

表 2.7　甲基础荷载对乙基础中心点下引起的 σ_z

z (m)	l/b		z/b	K_c		$\sigma_z = 2(K_{c1} - K_{c2})p_0$ (kPa)
	Ⅰ ($abfo'$)	Ⅱ ($dcfo'$)		K_{c1}	K_{c2}	
0	3	1	0	0.250 0	0.250 0	0
1	3	1	1	0.203 4	0.175 2	5.6
2	3	1	2	0.131 4	0.084 0	9.5
3	3	1	3	0.087 0	0.044 7	8.5
4	3	1	4	0.060 3	0.027 0	6.7

表 2.8　乙基础荷载对甲基础中心点下引起的 σ_z

z (m)	l/b		z/b	K_c		$\sigma_z = 2(K_{c1} - K_{c2})p_0$ (kPa)
	Ⅰ ($gheo$)	Ⅱ ($ijeo$)		K_{c1}	K_{c2}	
0	5	3	0	0.250 0	0.250 0	0
1	5	3	2	0.136 3	0.131 4	1.0
2	5	3	4	0.071 2	0.060 3	2.2
3	5	3	6	0.043 1	0.032 5	2.1
4	5	3	8	0.028 3	0.019 8	1.7

比较图中两基础下的 σ_z 分布图可见,基础底面尺寸大的基础下的附加应力比基础底面小的收敛得慢,影响深度大,同时,对相邻基础的影响也较大。可以预见,在基础附加压力相等的条件下,基底尺寸越大的基础沉降也越大。这是在基础设计时应当注意的问题。

（2）矩形面积三角形分布荷载

设竖向荷载沿矩形面积一边 b 方向上呈三角形分布（沿另一边 l 的荷载分布不变）,荷载的最大值为 p_0,取荷载零值边的角点1为坐标原点（图2.32）,可求角点1下任意深度 z 处 M 点的竖向附加应力 σ_z 为:

$$\sigma_z = K_{t1}p_0 \qquad (2.28)$$

同理,还可求得荷载最大值边的角点2下任意深度 z 处的竖向附加应力 σ_z 为:

$$\sigma_z = K_{t2}p_0 \qquad (2.29)$$

K_{t1} 和 K_{t2} 均为 $m = l/b$ 和 $n = z/b$ 的函数,其值可参见《铁路桥涵地基和基础设计规范》。

注意 b 是沿三角形分布方向的边长。

应用上述均布和三角形分布的荷载角点下的附加应力系数 K_c、K_{t1}、K_{t2}，即可用角点法求算梯形分布荷载或三角形分布荷载作用时地基中任意点的竖向附加应力 σ_z 值，亦可求算条形荷载面时(取 $m \geqslant 10$)的地基附加应力。若计算正好位于荷载面 b 边方向的中点(l 边方向可任意)之下，则不论是梯形分布还是三角形分布的荷载，均可以中点处的荷载值按均布荷载情况计算。

(3)圆形面积均布荷载

如图 2.33 所示，半径为 r_0 的圆形面积均布荷载上作用着竖向均布荷载 p_0。求得 σ_z 为：

$$\sigma_z = K_r p_0 \tag{2.30}$$

式中 K_r 为均布圆形荷载中心点下的附加应力系数，它是 z/r_0 的函数，可由表 2.9 查得。

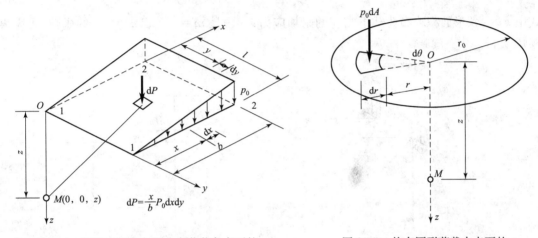

图 2.32　矩形面积三角形分布荷载角点下的 σ_z　　　　图 2.33　均布圆形荷载中点下的 σ_z

圆形面积三角形分布荷载边点下的附加应力系数值，可参见《铁路桥涵地基和基础设计规范》(TB 10093—2017)。

表 2.9　圆形面积均布荷载中心点下的附加应力系数 K_r

z/r_0	K_r	z/r_0	K_r	z/r_0	K_r	z/r_0	K_r	z/r_0	K_r	z/r_0	K_r
0.0	1.000	0.8	0.756	1.6	0.390	2.4	0.213	3.2	0.130	4.0	0.087
0.1	0.999	0.9	0.701	1.7	0.360	2.5	0.200	3.3	0.124	4.2	0.079
0.2	0.992	1.0	0.646	1.8	0.332	2.6	0.187	3.4	0.117	4.4	0.073
0.3	0.976	1.1	0.595	1.9	0.307	2.7	0.175	3.5	0.111	4.6	0.067
0.4	0.949	1.2	0.547	2.0	0.285	2.8	0.165	3.6	0.106	4.8	0.062
0.5	0.911	1.3	0.502	2.1	0.264	2.9	0.155	3.7	0.101	5.0	0.057
0.6	0.864	1.4	0.461	2.2	0.246	3.0	0.146	3.8	0.096	6.0	0.040
0.7	0.811	1.5	0.424	2.3	0.229	3.1	0.138	3.9	0.091	10.0	0.015

4)线荷载和条形面积均布荷载下的地基附加应力

在建筑工程中，无限长的荷载是没有的，但在使用表 2.5 的过程中可以发现，当矩形荷载面积的长宽比 $l/b \geqslant 10$ 时，矩形面积角点下的地基附加应力计算值与按 $l/b = \infty$ 时的解相比误差很小。因此,诸如柱下或墙下条形基础、挡土墙基础、路基、坝基等,常常可视为条形荷载,按平面问题求解。为了求得条形荷载下的地基附加应力,下面先介绍线荷载作用下的解答。

(1)线荷载

线荷载是作用在地基表面上一条无限长直线上的均布荷载,如图 2.34(a)所示,图中任意点 M 的 σ_z 为

$$\sigma_z = \frac{2pz^3}{\pi R_1^4} = \frac{2p}{\pi R_1} \cos^3 \beta \tag{2.31}$$

(2)条形面积均布荷载

条形面积均布荷载是沿宽度方向[图 2.34(b)中 x 轴方向]和长度方向均匀分布且长度方向为无限长的荷载,地基中任意点 M 处的竖向附加应力为

$$\sigma_z = k_{sz} p_0 \tag{2.32}$$

式中 k_{sz} 为条形面积均布荷载下相应的附加应力系数,是 $m = z/b$ 和 $n = x/b$ 的函数,可由表 2.10 查得。

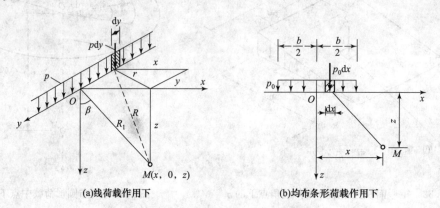

(a)线荷载作用下　　　　　　(b)均布条形荷载作用下

图 2.34　地基附加应力的平面问题

表 2.10　条形面积均布荷载下的附加应力系数

z/b	x/b					
	0.00	0.25	0.50	1.00	1.50	2.00
	k_{sz}					
0.00	1.00	1.00	0.50	0	0	0
0.25	0.96	0.90	0.50	0.02	0.00	0
0.50	0.82	0.74	0.18	0.08	0.02	0
0.75	0.67	0.61	0.45	0.15	0.04	0.02
1.00	0.55	0.51	0.41	0.19	0.07	0.03
1.25	0.46	0.44	0.37	0.20	0.10	0.04
1.50	0.40	0.38	0.33	0.21	0.11	0.06
1.75	0.35	0.34	0.30	0.21	0.13	0.07
2.00	0.31	0.31	0.28	0.20	0.14	0.08
3.00	0.21	0.21	0.17	0.17	0.13	0.10

续上表

z/b	x/b					
	0.00	0.25	0.50	1.00	1.50	2.00
	k_{sz}					
4.00	0.16	0.16	0.15	0.14	0.12	0.10
5.00	0.13	0.13	0.12	0.12	0.11	0.09
6.00	0.11	0.10	0.10	0.10	0.10	—

图 2.35 为地基中的附加应力等值线图。所谓等值线就是地基中具有相同附加应力数值的点的连线。由图 2.35(a)及(b)并结合例 2.1 和例 2.2 的计算结果可见,地基中的竖向附加应力 σ_z 具有如下的分布规律:

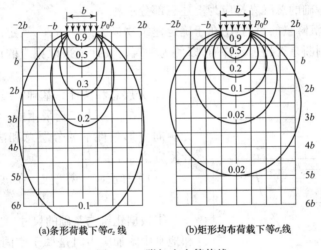

(a)条形荷载下等σ_z线　　　　　(b)矩形均布荷载下等σ_z线

图 2.35　附加应力等值线

①σ_z 的分布范围相当大,它不仅分布在荷载面积之内,而且还分布到荷载面积以外,这就是所谓的附加应力扩散现象。

②在离基础底面(地基表面)不同深度 z 处各个水平面上,以基底中心点下轴线处的 σ_z 为最大,离开中心轴线越远 σ_z 越小。

③在荷载分布范围内任意点竖直线上的 σ_z 值,随着深度增大逐渐减小。

④矩形面积均布荷载所引起的 σ_z,其影响深度要比条形荷载小得多。例如矩形面积均布荷载中心下 $z=2b$ 处,$\sigma_z \approx 0.1 p_0$,而在条形荷载下的 $\sigma_z = 0.1 p_0$,等值线则约在中心下 $z = 6b$ 处通过。这一等值线反映了附加应力在地基中的影响范围。在后面某些章节中还会提到地基主要受力层这一概念,它指的是基础底面至 $\sigma_z = 0.2 p_0$ 深度处(对条形荷载该深度约为 $3b$,对矩形面积均布荷载约为 $1.5b$)的这部分土层。建筑物荷载应该由地基的主要受力层承担,而且地基沉降的绝大部分是由这部分土层的压缩所形成的。

2.3.2.3　地基沉降计算

1. 概述

建筑物的沉降量是指地基土压缩变形达固结稳定的最大沉降量,或称地基沉降量。

地基最终沉降量是指地基土在建筑物荷载作用下,变形完全稳定时基底处的最大竖向位移。

地基沉降的原因:

(1)建筑物的荷重产生的附加应力引起;

(2)欠固结土的自重引起;

(3)地下水位下降和施工中水的渗流引起。

基础沉降由瞬时沉降 S_d、主固结沉降 S_c 和次固结沉降 S_s 三部分组成。

瞬时沉降是指加荷后立即发生的沉降,对饱和土地基,土中水尚未排出的条件下,沉降主要由土体侧向变形引起,这时土体不发生体积变化。

固结沉降是指超静孔隙水压力逐渐消散,使土体积压缩而引起的渗透固结沉降,也称主固结沉降,它随时间而逐渐增长。

次固结沉降是指超静孔隙水压力基本消散后,主要由土粒表面结合水膜发生蠕变等引起的,它将随时间极其缓慢地沉降。

因此,建筑物基础的总沉降量应为上述三部分之和。

计算地基最终沉降量的目的:①在于确定建筑物最大沉降量;②确定沉降差;③确定倾斜以及局部倾斜;④判断是否超过容许值,以便为建筑物设计值采取相应的措施提供依据,保证建筑物的安全。

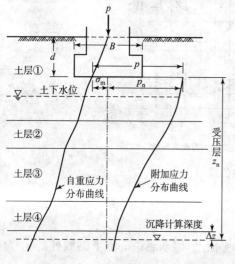

图 2.36 分层总和法计算沉降量

2. 分层总和法计算基础的最终沉降量

目前在工程中广泛采用的计算沉降量的方法是无侧向变形条件下的分层总和法,如图 2.36 所示。计算方法如下:

(1)选择沉降计算剖面,在每一个剖面上选择若干计算点。

①根据建筑物基础的尺寸,判断在计算基底压力和地基中附加应力时是属于空间问题还是属于平面问题;

②再按作用在基础上的荷载的性质(中心、偏心或倾斜等情况)求出基底压力的大小和分布;

③然后结合地基中土层性状,选择沉降计算点的位置。

(2)将地基分层:在分层时天然土层的分界面和地下水位应为分层面,同时在同一类土层中分层的厚度不宜过大,分层厚度 h 小于 0.4B,或 $h=2\sim4$ m。

对每一分层,可认为压力是均匀分布的。

(3)计算基础中心轴线上各分层界面上的自重应力和附加应力并按同一比例绘出自重应力和附加应力分布图。

应当注意:当基础有埋置深度 d 时,应采用公式(2.23)计算,即 $p_0 = p - \sigma_{cz} = p - \gamma_0 d$ 。

(4)确定压缩层厚度:在实际工程计算中可采用基底以下某一深度 z_n 作为基础沉降计算的下限深度(地基压缩层厚度),计算沉降量时,只需考虑 z_n 范围内的变形量。确定 z_n 的条件是:对于一般土,取 $\sigma_z \leqslant 0.2\sigma_{cz}$,对于软土,则取 $\sigma_z \leqslant 0.1\sigma_{cz}$。

(5)按算术平均值计算出各分层的平均自重应力和平均附加应力。

（6）根据第 i 分层的初始应力和初始应力与附加应力之和，由压缩曲线查出相应的初始孔隙比 e_{1i} 和压缩稳定后孔隙比 e_{2i}。

（7）按式 $S = \dfrac{e_1 - e_2}{1 + e_1} H$ 求出第 i 分层的压缩量 $S_i = \dfrac{e_{1i} - e_{2i}}{1 + e_{1i}} H_i$。

（8）最后加以总和，即得基础的沉降量：$S = \sum\limits_{i=1}^{n} S_i = \sum\limits_{i=1}^{n} \dfrac{e_{1i} - e_{2i}}{1 + e_{1i}} H_i$。

此法优缺点如下。

（1）优点：适用于各种成层土和各种荷载的沉降量计算；压缩指标 a、E_s 等易确定。

（2）缺点：作了许多假设，与实际情况不符，侧限条件、基底压力计算有一定误差；室内试验指标也有一定误差；计算工作量大；利用该法计算结果，对坚实地基，其结果偏大，对软弱地基，其结果偏小。

任务 2.4　土的抗剪强度

2.4.1　工作任务

通过对土的抗剪强度的学习，能够完成以下工作任务：

（1）分析影响土的抗剪强度的各种因素；

（2）根据所学的知识测试土的抗剪强度指标。

2.4.2　相关配套知识

2.4.2.1　土的抗剪强度

土的抗剪强度是指土体对外荷载所产生的剪应力的极限抵抗能力。在外荷载作用下，土体中将产生剪应力和剪切变形，当土体某点由外力产生的剪应力达到土的抗剪强度时，土就沿着剪应力作用方向产生相对滑移，该点便发生剪切破坏。工程实践和室内试验都证明了土是由于受剪而产生破坏，剪切破坏是土体强度破坏的重要特点，因此，土的强度问题实质上就是土的抗剪强度问题。

在工程实践中与土的抗剪强度有关的工程问题，主要有以下三类：

第一是土作为工程材料构成的土工构筑物的稳定问题，如土坝、路堤等填方边坡以及天然土坡等稳定问题；第二是土作为工程构筑物的环境问题，即土压力问题，如挡土墙、地下结构等的周围土体，它的强度破坏将造成对墙体过大的侧向土压力，可能导致这些工程构筑物发生滑动、倾覆等破坏事故；第三，是土作为建筑物地基的承载力问题，如果基础下的地基土体产生整体滑动或因局部剪切破坏而导致过大的地基变形，都会造成上部结构的破坏或影响其正常使用的事故。

1. 土的强度理论与强度指标

1）抗剪强度的库仑定律

土体发生剪切破坏时，将沿着其内部某一曲线面（滑动面）产生相对滑动，而该滑动面上的剪应力就等于土的抗剪强度。1776 年，法国学者库仑（C. A. Coulomb）根据砂土的试验结果，将土的抗剪强度表达为滑动面上法向应力的函数，即

$$\tau_f = \sigma \cdot \tan \varphi \tag{2.33}$$

以后库仑又根据黏土的试验结果，提出更为普遍的抗剪强度表达形式：

$$\tau_f = c + \sigma \cdot \tan\varphi \qquad (2.34)$$

式中　τ_f——土的抗剪强度(kPa);

　　　σ——剪切滑动面上的法向应力(kPa);

　　　c——土的黏聚力(kPa);

　　　φ——土的内摩擦角。

式(2.33)和式(2.34)就是土的强度规律的数学表达式,它是库仑在 18 世纪 70 年代提出的,所以也称为库仑定律,它表明对一般应力水平,土的抗剪强度与滑动面上的法向应力之间呈直线关系,其中 c、φ 称为土的抗剪强度指标。图 2.37 是土的抗剪强度与法向应力之间的关系。两个世纪以来,尽管土的强度问题研究已得到很大的发展,但这基本的关系式仍应用于理论研究和工程实践,而且也能满足一般工程的精度要求,所以迄今为止仍是研究土的抗剪强度的最基本的定律。

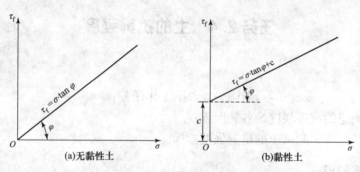

图 2.37　土的抗剪强度与法向应力之间的关系

2)土的抗剪强度的构成

由式(2.33)和式(2.34)可以看出,砂土的抗剪强度是由内摩阻力构成,而黏性土的抗剪强度则由内摩阻力和黏聚力两部分构成。内摩阻力包括土粒之间的表面摩擦力和由于土粒之间的嵌锁作用而产生的咬合力。咬合力是指当土体相对滑动时,将嵌在其他颗粒之间的土粒拔出所需的力,土越密实,嵌锁作用则越强。关于黏聚力,包括有原始黏聚力、固化黏聚力及毛细黏聚力。原始黏聚力主要是由于土粒间水膜受到相邻土粒之间的电分子引力而形成的,当土被压密时,土粒间的距离减小,原始黏聚力随之增大,当土的天然结构被破坏时,原始黏聚力将丧失一些,但会随着时间推移而恢复其中的一部分或全部。固化黏聚力是由于土中化合物的胶结作用而形成的,当土的天然结构被破坏时,则固化黏聚力随之丧失,而且不能恢复。至于毛细黏聚力,是由于毛细压力所引起的,一般可忽略不计。砂土的内摩擦角 φ 变化范围不是很大,中砂、粗砂、砾砂一般为32°～40°;粉砂、细砂一般为28°～36°。孔隙比越小,φ 越大,但是,含水饱和的粉砂、细砂很容易失去稳定,因此对其内摩擦角的取值宜慎重,有时规定取20°左右。砂土有时也有很小的黏聚力(约 10 kPa 以内),这可能是由于砂土中夹有一些黏土颗粒,也可能是由于毛细黏聚力的缘故。

黏性土的抗剪强度指标的变化范围很大,它与土的种类有关,并且与土的天然结构是否破坏、试样在法向压力下的排水固结程度及试验方法等因素有关。内摩擦角的变化范围大致为0°～30°;黏聚力则可从小于 10 kPa 变化到 200 kPa 以上。

3)土的强度理论—极限平衡理论

在荷载作用下,地基内任一点都将产生应力。根据土体抗剪强度的库仑定律:当土中任意

点在某一方向的平面上所受的剪应力达到土体的抗剪强度,即

$$\tau = \tau_f \tag{2.35}$$

时,就称该点处于极限平衡状态。

式(2.35)就称为土体的极限平衡条件。所以,土体的极限平衡条件也就是土体的剪切破坏条件。在实际工程应用中,直接应用式(2.35)来分析土体的极限平衡状态是很不方便的。为了解决这一问题,一般采用的做法是,将式(2.35)进行变换。将通过某点的剪切面上的剪应力以该点的主平面上的主应力表示。而土体的抗剪强度以剪切面上的法向应力和土体的抗剪强度指标来表示。然后代入式(2.35),经过化简后就可得到实用的土体的极限平衡条件。

(1)土中某点的应力状态

我们先来研究土体中某点的应力状态,以便求得实用的土体极限平衡条件的表达式。为简单起见,下面仅研究平面问题。

在地基土中任意点取出一微分单元体,设作用在该微分体上的最大和最小主应力分别为 σ_1 和 σ_3。而且,微分体内与最大主应力 σ_1 作用平面成任意角度 α 的平面 mn 上有正应力 σ 和剪应力 τ[图 2.38(a)]。为了建立 σ、τ 与 σ_1、σ_3 之间的关系,取微分三角形斜面体 abc 为隔离体[图 2.38(b)]。将各个应力分别在水平方向和垂直方向上投影,根据静力平衡条件得:

$$\sum x = 0, \quad \sigma_3 \cdot ds \cdot \sin \alpha \cdot 1 - \sigma \cdot ds \cdot \sin \alpha \cdot 1 + \tau \ ds \cdot \cos \alpha \cdot 1 = 0 \tag{a}$$

$$\sum y = 0, \quad \sigma_1 \cdot ds \cdot \cos \alpha \cdot 1 - \sigma \cdot ds \cdot \cos \alpha \cdot 1 - \tau \ ds \cdot \sin \alpha \cdot 1 = 0 \tag{b}$$

联立求解以上方程(a)和(b),即得平面 mn 上的应力为:

$$\left. \begin{array}{l} \sigma = \dfrac{1}{2}(\sigma_1 + \sigma_3) + \dfrac{1}{2}(\sigma_1 - \sigma_3)\cos 2\alpha \\[3mm] \tau = \dfrac{1}{2}(\sigma_1 - \sigma_3)\sin 2\alpha \end{array} \right\} \tag{2.36}$$

由材料力学可知,以上 σ,τ 与 σ_1、σ_3 之间的关系也可以用莫尔应力圆的图解法表示,即在直角坐标系中(图 2.39),以 σ 为横坐标轴,以 τ 为纵坐标轴,按一定的比例尺,在 σ 轴上截取 $OB = \sigma_3$、$OC = \sigma_1$,以 O_1 为圆心,以 $(\sigma_1 - \sigma_3)/2$ 为半径,绘制出一个应力圆。并从 O_1C 开始逆时针旋转 2α 角,在圆周上得到点 A。可以证明,A 点的横坐标就是斜面 mn 上的正应力 σ,而其纵坐标就是剪应力 τ。事实上,可以看出,A 点的横坐标为:

$$\overline{OB} + \overline{BO_1} + \overline{O_1A}\cos 2\alpha = \sigma_3 + \frac{1}{2}(\sigma_1 - \sigma_3) + \frac{1}{2}(\sigma_1 - \sigma_3)\cos 2\alpha$$

$$= \frac{1}{2}(\sigma_1 + \sigma_3) + \frac{1}{2}(\sigma_1 - \sigma_3)\cos 2\alpha = \sigma$$

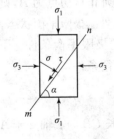

(a)微分体上的应力

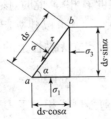

(b)隔离体上的应力

图 2.38　土中任一点的应力

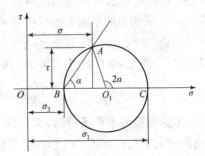

图 2.39　用莫尔应力圆求正应力和剪应力

而 A 点的纵坐标为:

$$\overline{O_1A}\sin 2\alpha = \frac{1}{2}(\sigma_1 - \sigma_3)\sin 2\alpha = \tau$$

上述用图解法求应力所采用的圆通常称为莫尔应力圆。由于莫尔应力圆上点的横坐标表示土中某点在相应斜面上的正应力,纵坐标表示该斜面上的剪应力,所以,我们可以用莫尔应力圆来研究土中任一点的应力状态。

【例题 2.3】已知土体中某点所受的最大主应力 $\sigma_1 = 500$ kPa,最小主应力 $\sigma_3 = 200$ kPa。试分别用解析法和图解法计算与最大主应力 σ_1 作用平面成 $30°$ 角的平面上的正应力 σ 和剪应力 τ。

【解】(1)解析法。由公式(2.36)得:

$$\sigma = \frac{1}{2}(\sigma_1 + \sigma_3) + \frac{1}{2}(\sigma_1 - \sigma_3)\cos 2\alpha$$
$$= \frac{1}{2}(500 + 200) + \frac{1}{2}(500 - 200)\cos 2 \times 30° = 425(\text{kPa})$$
$$\tau = \frac{1}{2}(\sigma_1 - \sigma_3)\sin 2\alpha = \frac{1}{2}(500 - 200)\sin 2 \times 30° = 130(\text{kPa})$$

(2)图解法。按照莫尔应力圆确定其正应力 σ 和剪应力 τ。

绘制直角坐标系,按照比例尺在横坐标上标出 $\sigma_1 = 500$ kPa, $\sigma_3 = 200$ kPa,以 $\sigma_1 - \sigma_3 = 300$ kPa 为直径绘圆,从横坐标轴开始,逆时针旋转 $2\alpha = 60°$ 角,在圆周上得到 A 点(图 2.40)。以相同的比例尺量得 A 的横坐标,即 $\sigma = 425$ kPa,纵坐标即 $\tau = 130$ kPa。

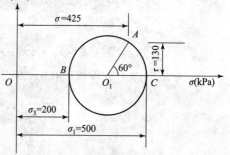

图 2.40　例 2.3 图

可见,两种方法得到了相同的正应力 σ 和剪应力 τ,但用解析法计算较为准确,用图解法计算则较为直观。

(2)土的极限平衡条件——莫尔—库仑破坏准则

为了建立实用的土体极限平衡条件,将土体中某点的莫尔应力圆和土体的抗剪强度与法向应力关系曲线(简称抗剪强度线)画在同一个直角坐标系中(图 2.41),这样,就可以判断土体在这一点上是否达到极限平衡状态。

由前述可知,莫尔应力圆上的每一点的横坐标和纵坐标分别表示土体中某点在相应平面上的正应力 σ 和剪应力 τ,如果莫尔应力圆位于抗剪强度包线的下方(图 2.41 中的半圆 Ⅰ),即通过该点任一方向的剪应力 τ 都小于土体的抗剪强度 τ_f,则该点土不会发生剪切破坏,而处于弹性平衡状态。若莫尔应力圆恰好与抗剪强度线相切(图 2.41 中的半圆 Ⅱ),切点为 A,则表明切点 A 所代表的平面上的剪应力 τ 与抗剪强度 τ_f 相等,此时,该点土体处于极限平衡状态。

根据莫尔应力圆与抗剪强度线相切的几何关系,就可以建立起土体的极限平衡条件。下面,我们就以图 2.42 中的几何关系为例,说明如何建立无黏性土的极限平衡条件

$$\sigma_1 = \sigma_3 \tan^2\left(45° + \frac{\varphi}{2}\right) \tag{2.37}$$

土体达到极限平衡条件时,莫尔应力圆与抗剪强度线相切于 B 点,延长 CB 与 τ 轴交于 A 点,由图中关系可知,$OB = OA$,再由切割定理可得:

$$\sigma_1 \cdot \sigma_3 = OB^2 = OA^2$$

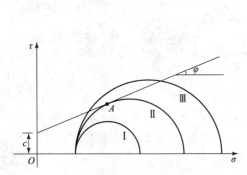

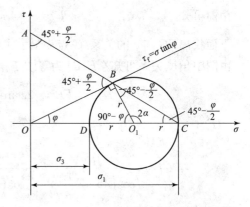

图 2.41 莫尔应力圆与土的抗剪强度之间的关系　　图 2.42 无黏性土极限平衡条件推导示意图

在 $\triangle AOC$ 中,有

$$\sigma_1^2 = AO^2 \cdot \tan^2\left(45° + \frac{\varphi}{2}\right) = \sigma_1\sigma_3 \tan^2\left(45° + \frac{\varphi}{2}\right)$$

因此,$\sigma_1 = \sigma_3 \tan^2\left(45° + \frac{\varphi}{2}\right)$。又由于

$$\tan\left(45° + \frac{\varphi}{2}\right) = \frac{1}{\tan\left(45° - \frac{\varphi}{2}\right)} = \cot\left(45° - \frac{\varphi}{2}\right)$$

所以,有

$$\sigma_3 = \sigma_1 \tan^2\left(45° - \frac{\varphi}{2}\right) \tag{2.38}$$

对黏性土和粉土而言,可以类似地推导出其极限平衡条件,为

$$\sigma_1 = \sigma_3 \tan^2\left(45° + \frac{\varphi}{2}\right) + 2c \cdot \tan\left(45° + \frac{\varphi}{2}\right) \tag{2.39}$$

这可以从图 2.43 中的几何关系求得。作 EO 平行 BC,通过最小主应力 σ_3 的坐标点 A 作一圆与 EO 相切于 E 点,与 σ 轴交于 I 点。

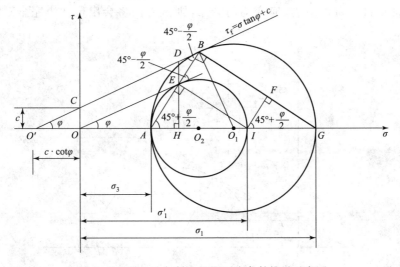

图 2.43 黏性土与粉土极限平衡条件推导示意图

由前可知
$$OI = \sigma_1' = \sigma_3 \tan^2\left(45° + \frac{\varphi}{2}\right)$$

下面找出 IG 与 c 的关系(G 点为最大主应力坐标点)。

由图中角度关系可知 $\triangle EBD$ 为等腰三角形，$ED = BD = c$，$\angle DEB = 45° - \varphi/2$，则有
$$EB = 2c\sin\left(45° + \frac{\varphi}{2}\right) = IF$$

在 $\triangle GIF$ 中
$$GI = \frac{IF}{\cos\left(45° + \dfrac{\varphi}{2}\right)} = \frac{2c\sin\left(45° + \dfrac{\varphi}{2}\right)}{\cos\left(45° + \dfrac{\varphi}{2}\right)} = 2c \cdot \tan\left(45° + \frac{\varphi}{2}\right)$$

而且
$$OG = OI + IG$$

所以
$$\sigma_1 = \sigma_3 \tan^2\left(45° + \frac{\varphi}{2}\right) + 2c \cdot \tan\left(45° + \frac{\varphi}{2}\right)$$

同理可以证明
$$\sigma_3 = \sigma_1 \tan^2\left(45° - \frac{\varphi}{2}\right) - 2c \cdot \tan\left(45° - \frac{\varphi}{2}\right) \tag{2.40}$$

还可以证明
$$\sin\varphi = \frac{\sigma_1 - \sigma_3}{\sigma_1 + \sigma_3 + 2c \cdot \cot\varphi} \tag{2.41}$$

由图 2.42 的几何关系可以求得剪切面(破裂面)与大主应力面的夹角关系，因为
$$2\alpha_f = 90° + \varphi$$
$$\alpha_f = 45° + \frac{\varphi}{2} \tag{2.42}$$

即剪切破裂面与大主应力 σ_1 作用平面的夹角为 $\alpha_f = 45° + \varphi/2$(共轭剪切面)。

由此可见，土与一般连续性材料(如钢、混凝土等)不同，是一种具有内摩擦强度的材料。其剪切破裂面不产生于最大剪应力面，而是与最大剪应力面成 $\varphi/2$ 的夹角。如果土质均匀，且试验中能保证试件内部的应力、应变均匀分布，则试件内将会出现两组完全对称的破裂面(图 2.44)。

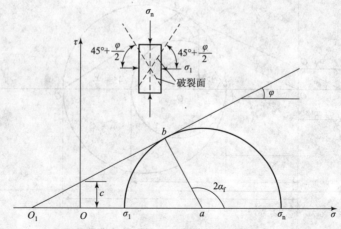

图 2.44　土的破裂面确定

式(2.37)至式(2.39)都是表示土单元体达到极限平衡时(破坏时)大小主应力之间的关系,这就是莫尔—库仑理论的破坏准则,也是土体达到极限平衡状态的条件,故而,我们也称之为极限平衡条件。

理论分析和试验研究表明,在各种破坏理论中,对土最适合的是莫尔—库仑强度理论。归纳总结摩尔—库仑强度理论,可以表述为如下三个要点:

①剪切破裂面上,材料的抗剪强度是法向应力的函数,可表达为

$$\tau_f = f(\sigma)$$

②当法向应力不很大时,抗剪强度可以简化为法向应力的线性函数,即表示为库仑公式:

$$\tau_f = c + \sigma \tan \varphi$$

③土单元体中,任何一个面上的剪应力大于该面上土体的抗剪强度,土单元体即发生剪切破坏,用莫尔—库仑理论的破坏准则表示,即为式(2.37)至式(2.39)的极限平衡条件。

(3)土的极限平衡条件的应用

利用式(2.37)~式(2.41)及已知土单元体实际上所受的应力和土的抗剪强度指标 c、φ,可以很容易地判断该土单元体是否产生剪切破坏。例如,利用公式(2.37),将土单元体所受的实际应力 σ_{3m} 和土的内摩擦角 φ 代入公式的右侧,可求出土在极限平衡状态时的大主应力为

$$\sigma_1 = \sigma_{3m} \tan^2\left(45° + \frac{\varphi}{2}\right)$$

如果 $\sigma_1 > \sigma_{1m}$,表示土体达到极限平衡状态时的最大主应力大于实际的最大主应力,土体处于弹性平衡状态;反之,如果 $\sigma_1 < \sigma_{1m}$,表示土体已经发生剪切破坏。同理,也可以用 σ_{1m} 和 φ 求出 σ_3,再比较 σ_3 和 σ_{3m} 的大小,以判断土体是否发生了剪切破坏。

【例题 2.4】设砂土地基中一点的最大主应力 $\sigma_1 = 400$ kPa,最小主应力 $\sigma_3 = 200$ kPa,砂土的内摩擦角 $\varphi = 25°$,黏聚力 $c = 0$,试判断该点是否破坏。

【解】为加深对本节内容的理解,以下用多种方法解题。

(1)按某一平面上的剪应力 τ 和抗剪强度 τ_f 的对比判断

根据式(2.42)可知,破坏时土单元体中可能出现的破裂面与最大主应力 σ_1 作用面的夹角 $\alpha = 45° + \varphi/2$。因此,作用在与 σ_1 作用面成 $\alpha = 45° + \varphi/2$ 平面上的法向应力 σ 和剪应力 τ,可按式(2.36)计算;抗剪强度 τ_f 可按式(2.33)计算。

$$\sigma = \frac{1}{2}(\sigma_1 + \sigma_3) + \frac{1}{2}(\sigma_1 - \sigma_3)\cos 2\left(45° + \frac{\varphi}{2}\right)$$
$$= \frac{1}{2}(400 + 200) + \frac{1}{2}(400 - 200)\cos 2\left(45° + \frac{25°}{2}\right) = 257.7(kPa)$$

$$\tau = \frac{1}{2}(\sigma_1 - \sigma_3)\sin 2\left(45° + \frac{\varphi}{2}\right)$$
$$= \frac{1}{2}(400 - 200)\sin 2\left(45° + \frac{25°}{2}\right) = 90.6(kPa)$$

$$\tau_f = \sigma\tan\varphi = 257.7 \times \tan 25° = 120.2(kPa) > \tau = 90.6 \text{ kPa}$$

故可判断该点未发生剪切破坏。

(2)按式(2.37)判断

$$\sigma_{1f} = \sigma_{3m}\tan^2\left(45° + \frac{\varphi}{2}\right) = 200 \times \tan^2\left(45° + \frac{25°}{2}\right) = 492.8 \text{ (kPa)}$$

由于 $\sigma_{1f} = 492.8\ \text{kPa} > \sigma_{1m} = 400\ \text{kPa}$，故该点未发生剪切破坏。

（3）按式（2.38）判断

$$\sigma_{3f} = \sigma_{1m}\tan^2\left(45° - \frac{\varphi}{2}\right) = 400 \times \tan^2\left(45° - \frac{25°}{2}\right) = 162.8\ (\text{kPa})$$

由于 $\sigma_{3f} = 162.8\ \text{kPa} < \sigma_{3m} = 200\ \text{kPa}$，故该点未发生剪切破坏。

另外，还可以用图解法，比较莫尔应力圆与抗剪切强度包线的相对位置关系来判断，可以得出同样的结论。

2.4.2.2　直接剪切试验

1. 试验仪器与基本原理

直接剪切试验简称直剪试验。直剪试验所使用的仪器称为直剪仪，按加荷方式的不同，直剪仪可分为应变控制式和应力控制式两种。目前我国常用的是应变控制式直剪仪，如图 2.45 所示。该仪器的主要部件是由固定的上盒和活动的下盒组成，试样放在上下盒内两块透水石之间。

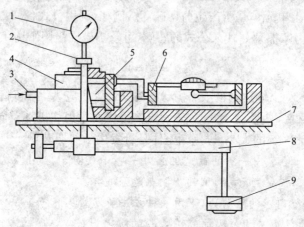

图 2.45　应变控制式直剪仪

1—轮轴；2—底座；3—透水石；4—测微表；5—活塞；6—上盒；7—土样；8—测微表；9—量力环；10—下盒

试验时，垂直压力由杠杆系统通过加压活塞和透水石传给土样，水平剪应力则由轮轴推动活动的下盒加给土样。土体的抗剪强度可由量力环测定，剪切变形由百分表测定。在施加每一级法向应力后，匀速增加剪切面上的剪应力，直至试件剪切破坏。

对同一种土取 3～4 个试样，分别施加大小不同的法向应力 σ，测出相应的抗剪强度 τ_f。将试验结果绘制在 σ-τ_f 图坐标上，如图 2.37 所示。对于黏性土 σ-τ_f 基本上呈直线关系，该直线与横轴的夹角为内摩擦角 φ，在纵轴上的截距为黏聚力 c。

2. 试验方法分类及适用范围

为了在直剪试验中能尽量考虑实际工程中存在的不同固结排水条件，通常采用不同加荷速率的试验方法来近似模拟土体在受剪时的不同排水条件，由此产生了 3 种不同的直剪试验方法，即快剪、固结快剪和慢剪。

（1）快剪。快剪试验是在土样上下两面均贴以滤纸，在施加法向压力后即施加水平力，使土样在 3～5 min 内剪坏，剪切速率较快，得到的抗剪强度指标用 c_q、φ_q 表示。

（2）固结快剪。固结快剪是在法向压力作用下使土样完全固结。然后很快施加水平力，使土样在剪切过程中来不及排水,得到的抗剪强度指标用 c_{cq}、φ_{cq} 表示。

（3）慢剪。慢剪试样是先让土样在竖向压力下充分固结,然后再慢慢施加水平力,直至土样发生剪切破坏。使试样在受剪过程中一直充分排水和产生体积变形,得到的抗剪强度指标用 c_s、φ_s 表示。

3. 试验优缺点

直接剪切试验是测定土的抗剪强度指标常用的一种试验方法。它的优点是仪器设备简单、操作方便等。

它的缺点主要有：

（1）剪切面限定在上下盒之间的平面,而不是沿土样最薄弱的面剪切破坏；

（2）剪切面上剪应力分布不均匀；

（3）在剪切过程中,土样剪切面逐渐缩小,而在计算抗剪强度时仍按土样的原截面积计算；

（4）试验时不能严格控制排水条件,并且不能量测孔隙水压力。

2.4.2.3　影响土的抗剪强度的主要因素

土的抗剪强度受到多种因素的影响,归纳起来,主要是土的颗粒组成、天然密度、黏性土的触变性等方面。

1. 土的矿物成分、颗粒形状和级配的影响

就黏性土而言,主要是矿物成分的影响。不同的黏土矿物具有不同的晶格构造,它们的稳定性、亲水性和胶体特性也各不相同,因而对黏土的抗剪强度（主要是对黏聚力）产生显著的影响。一般来说,黏性土的抗剪强度随着黏粒和黏土矿物含量的增加而增大,或者说随着胶体活动的增强而增大。

就砂土而言,主要是颗粒的形状、大小及级配的影响。一般来说,在土的颗粒级配中,粗颗粒越多、形状越不规则、表面越粗糙,则其内摩擦角越大,因而其抗剪强度也越高。

2. 含水率的影响

含水率的增高一般将使土的抗剪强度降低。这种影响主要表现在两个方面,一是水份在较粗颗粒之间起着润滑作用,使摩阻力降低；二是黏土颗粒表面结合水膜的增厚使原始黏聚力减小。但试验研究表明,砂土在干燥状态时的内摩擦角 φ 值与饱和状态时的内摩擦角 φ 值差别很小（仅 1°～2°）,即含水率对砂土的抗剪强度的影响是很小的。而对黏性土来说,含水率则对抗剪强度有重大影响。

3. 天然密度的影响

一般来说,土的天然密度越大,其抗剪强度就越高。对于粗颗粒土（如砂土）来说,密度越大则颗粒之间的咬合作用越强,因而摩阻力就越大；对于细颗粒土（如黏性土）来说,含水率越大意味着颗粒之间的距离越小,水膜越薄,因而原始黏聚力也就越大。

试验结果表明,当其他条件相同时,黏性土的抗剪强度是随着密度的增大而增大的,密砂的剪应力随着剪应变的增加而很快增大到某个峰值,而后逐渐减小一些,最后趋于某一稳定的终值,其体积变化开始时稍有减小,随后不断增加；而松砂的剪应力随着剪应变的增加则较缓慢地逐渐增大并趋于某一最大值,不出现峰值,其体积在受剪时相应减小。所以,在实际允许较小剪应变的条件下,密砂的抗剪强度显然大于松砂。

4. 黏性土触变性的影响

黏性土的强度会因受扰动而削弱,但经过静置又可得到一定程度的恢复,黏性土的这一特

性称为触变性。由于黏性土具有触变性,故在黏性土地基中进行钻探取样时,若土样受到明显的扰动,则试样就不能反映其天然强度,土的灵敏度越大,这种影响就越显著;又如在灵敏度较高的黏性土地基中开挖基坑,地基土也会因施工扰动而发生强度削弱。黏性土的触变性对强度的影响是值得注意的。另一方面,当扰动停止后,黏性土的强度又会随时间而逐渐增长。如在黏性土中进行打桩时,桩侧土因受到扰动而导致强度降低,但在停止打桩以后,土的强度则逐渐恢复,桩的承载力也随之逐渐增加,这种现象就是受到土的触变性的影响的结果。

2.4.2.4　地基承载力

1. 概述

地基承载力是指地基承受荷载的能力。工程实践中通常可分为两种:一是地基的极限承载力,是指地基即将丧失稳定时的承载力(即所对应的基底压力);二是地基的容许承载力,是指有足够的安全度保证地基稳定而且建筑物基础的沉降量不超过容许值的承载力(即所对应的最大基底压力)。

2. 地基变形的三个阶段

发生整体剪切破坏的地基,从开始承受荷载到破坏,经历了一个变形发展的过程。这个过程可以明显地区分为三个阶段。

(1)直线变形阶段。相应于图 2.46(a)中 p-S 曲线上的 oa 段,接近于直线关系。此阶段地基中各点的剪应力小于地基土的抗剪强度,地基处于稳定状态。地基仅有小量的压缩变形[图 2.46(b)],主要是土颗粒互相挤紧、土体压缩的结果。所以此变形阶段又称压密阶段。

(2)局部塑性变形阶段。相应于图 2.46(a)中曲线上的 abc 段。在此阶段中,变形的速率随荷载的增加而增大,p-S 关系线是下弯的曲线。其原因是在地基的局部区域内,发生了剪切破坏[图 2.46(c)]。这样的区域称塑性变形区。随着荷载的增加,地基中塑性变形区的范围逐渐向整体剪切破坏扩展。所以这一阶段是地基由稳定状态向不稳定状态发展的过渡性阶段。

(3)破坏阶段。相应于图 2.46(a)中 p-S 曲线上的 c 点以后段。当荷载增加到某一极限值时,地基变形突然增大。说明地基中的塑性变形区,已经发展到形成与地面贯通的连续滑动面。地基土向基础的一侧或两侧挤出,地面隆起,地基整体失稳,基础也随之突然下陷[图 2.46(d)]。

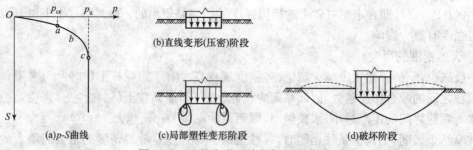

(a)p-S曲线　　(b)直线变形(压密)阶段　　(c)局部塑性变形阶段　　(d)破坏阶段

图 2.46　地基变形三阶段与 p-S 曲线

在地基变形过程中,作用在它上面的荷载有两个特征值:一是地基中开始出现塑性变形区的荷载,称临塑荷载 p_{cr};另一个是使地基剪切破坏,失去整体稳定的荷载,称极限荷载 p_u。

3. 地基破坏的三种形式

地基土差异很大,施加荷载的条件又不尽相同,因而地基破坏的形式亦不同。工程经验和试验都表明,地基破坏有整体剪切破坏、局部剪切破坏和冲剪破坏等几种形式(图 2.47)。

地基整体剪切破坏时［图 2.47(a)］,出现与地面贯通的滑动面,地基土沿此滑动面向两侧挤出。基础下沉,基础两侧地面显著隆起。对应于这种破坏形式,荷载与下沉量关系线即 p-S 关系线的开始段接近于直线,当荷载强度增加至接近极限值时,沉降量急剧增加,并有明显的破坏点。

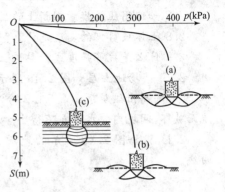

图 2.47　载荷试验地基破坏形式
(a)整体剪切破坏;(b)局部剪切破坏;(c)冲剪破坏

局部剪切破坏如图 2.47(b)所示,破坏面只在地基中的局部区域出现,其余为压缩变形区。基础两侧地面稍有隆起。p-S 关系线的开始段为直线,随着荷载增大,沉降量亦明显增加。

冲剪破坏时［图 2.47(c)］地基土发生较大的压缩变形,但没有明显的滑动面,基础两侧亦无隆起现象。相应的 p-S 曲线,多具非线性关系,而且无明显破坏点。

地基发生何种形式的破坏,既取决于地基土的类型和性质,又与基础的特性和埋深以及受荷条件等有关。

整体破坏一般发生在较硬的土层中,一般土层中发生局部剪切破坏的情况较多,而软土中常常发生冲剪破坏。

4. 确定地基承载力应考虑的因素

地基承载力不仅决定于地基的性质,还受到以下影响因素的制约。

(1)基础形状的影响。在用极限荷载理论公式计算地基承载力时是按条形基础考虑的,对于非条形基础应考虑形状不同对地基承载力的影响。

(2)荷载倾斜与偏心的影响。在用理论公式计算地基承载力时,均是按中心受荷载考虑的,但荷载的倾斜偏心对地基承载力是有影响的。

(3)覆盖层抗剪强度的影响。基底以上覆盖层抗剪强度越高,地基承载力显然越高,因而基坑开挖的大小和施工回填质量的好坏对地基承载力有影响。

(4)地下水的影响。地下水水位上升会降低土的承载力。

(5)下卧层的影响。确定地基持力层的承载力设计值,应对下卧层的影响作具体的分析和验算。

(6)此外还有基底倾斜和地面倾斜的影响。地基土压缩性和试验底板与实际基础尺寸比例的影响,相邻基础的影响,加荷速率的影响和地基与上部结构共同作用的影响等。

复习思考题

2.1 解释渗透性和渗透定律,比较砂土和黏性土的渗透性。

2.2 如何判断土体是否处于流砂状态?

2.3 土的渗透性对工程有哪些不利影响?

2.4 土体的压缩如何形成?

2.5 什么是渗透固结?

2.6 如何根据压缩曲线比较两种土的压缩性?

2.7 如何用压缩模量判断土的压缩性?

2.8 土体被剪坏的实质是什么? 同一种土的抗剪强度是不是一个定值?

2.9 什么是抗剪强度线? 黏性土和无黏性土的抗剪强度规律有什么不同?

2.10 某场地土层如图 2.48 所示,其中黏性土的饱和重度为 20.0 kN/m³;砂土层含承压水,其水头高出该层顶面 7.5 m。今在黏性土层内挖一深 6.0 m 的基坑,为使坑底土不致因渗流而破坏,问坑内的水深 h 不得小于多少?

2.11 根据图 2.49 所示的地质剖面图,请绘 A-A 截面以上土层的有效自重压力分布曲线。

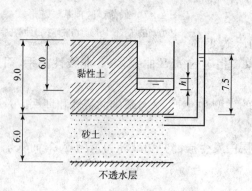

图 2.48　复习思考题 2.10 图(单位:m)

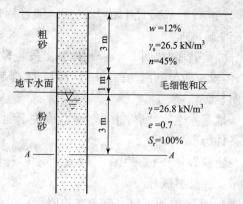

图 2.49　复习思考题 2.11 图

2.12 有一 U 形基础,如图 2.50 所示,设在其 $x—x$ 轴线上作用一单轴偏心垂直荷载 $P=6000$ kN,作用在离基边 2 m 的点上,试求基底左端压力 p_1 和右端压力 p_2。如把荷载由 A 点向右移动 B 点,则右端基底压力将等于原来左端压力 p_1,试问 AB 间距为多少?

2.13 有一填土路基,其断面尺寸如图 2.51 所示。设路基填土的平均重度为 21 kN/m³,试问,在路基填土压力下在地面下 2.5 m、路基中线右侧 2.0 m 的 A 点处竖向附加应力是多少?

2.14 有一矩形基础 4 m×8 m,埋深为 2 m,受 4 000 kN 中心荷载(包括基础自重)的作用。地基为细砂层,其 $\gamma=19$ kN/m³,压缩曲线资料示于表 2.11。试用分层总和法计算地基的总沉降。

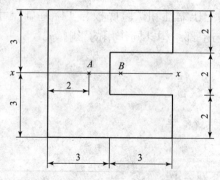

图 2.50　复习思考题 2.12 图(单位:m)

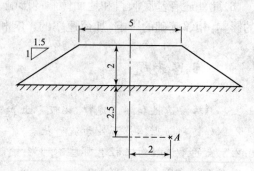

图 2.51　复习思考题 2.13 图(单位:m)

表 2.11　细砂的压缩曲线资料

p/kPa	50	100	150	200
e	0.680	0.654	0.635	0.620

2.15　设有一干砂样置入剪切盒中进行直剪试验,剪切盒断面积为 60 cm²,在砂样上作用一垂直荷载 900 N,然后作水平剪切,当水平推力达 300 N 时,砂样开始被剪破。试求当垂直荷载为 1 800 N 时,应使用多大的水平推力砂样才能被剪坏? 该砂样的内摩擦角为多大? 并求此时的大小主应力和方向。

2.16　设砂土地基中一点的大小主应力分别为 500 kPa 和 180 kPa,其内摩擦角 $\varphi =$ 36°。求:

(a)该点最大剪应力为多大? 最大剪应力作用面上的法向应力为多大?

(b)哪一个截面上的总剪应力偏角最大? 其最大偏角值为多大?

(c)此点是否已达极限平衡? 为什么?

(d)如果此点未达极限平衡,若大主应力不变,而改变小主应力,使达到极限平衡,这时的小主应力应为多大?

项目 3　浅基础施工

项目描述

  浅基础一般指基础埋深小于 5 m,或者基础埋深小于基础宽度的基础。天然地基上浅基础一般造价低廉、施工简便,所以在工程建设中应优先考虑采用。通过本项目学习,掌握浅基础施工的工艺流程及常见问题的处理方法,增强学生分析与解决相关实际工程问题的能力。

学习目标

  1. 能力目标
  (1)具备浅基础的设计计算及掌握施工工艺流程的能力;
  (2)具备进行相关质量检测及编制相关施工方案的能力。
  2. 知识目标
  (1)熟悉浅基础的类型与构造;
  (2)熟悉刚性扩大基础的设计与计算;
  (3)掌握刚性扩大基础施工工艺流程。

任务 3.1　浅基础的类型与构造

3.1.1　工作任务

  通过对浅基础的类型与构造的学习,能够完成以下工作任务:
  (1)熟悉浅基础的常用类型及适用条件;
  (2)掌握浅基础的构造类型及特点。

3.1.2　相关配套知识

  1. 浅基础常用类型及适用条件
  (1)天然地基浅基础的分类(根据受力条件及构造)
  ①刚性基础:基础在外力(包括基础自重)作用下,基底的地基反力为 σ,此时基础的悬出部分[图 3.1(b)中 a-a 断面左端],相当于承受着强度为 σ 的均布荷载的悬臂梁,a-a 断面将产生弯曲拉应力和剪应力。当基础圬工具有足够的截面使材料的容许应力大于由地基反力产生的弯曲拉应力和剪应力时,a-a 断面不会出现裂缝,这时,基础内不需配置受力钢筋,这种基础称为刚性基础[图 3.1(b)]。它是桥梁、涵洞和房屋等建筑物常用的基础类型。其形式有:刚性扩大基础[图 3.1(b)及图 3.2]、单独柱下刚性基础[图 3.3(a)、(d)]、条形基础(图 3.4)等。

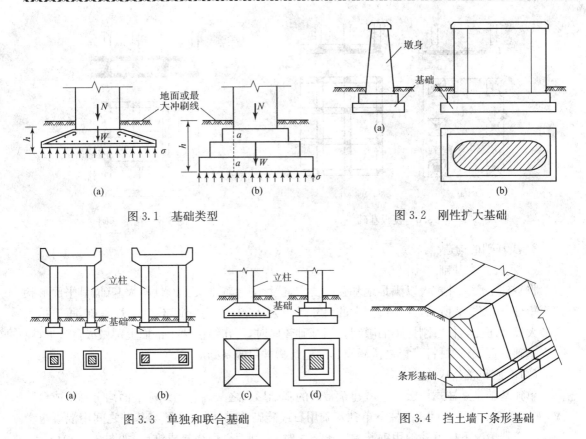

图 3.1　基础类型

图 3.2　刚性扩大基础

图 3.3　单独和联合基础

图 3.4　挡土墙下条形基础

刚性基础常用的材料主要有混凝土、粗料石和片石。混凝土是修筑基础最常用的材料,它的优点是强度高、耐久性好,可浇筑成任意形状的砌体,混凝土强度等级一般不宜小于 C15。对于大体积混凝土基础,为了节约水泥用量,可掺入不多于砌体体积 25% 的片石(称片石混凝土)。

刚性基础的特点是稳定性好,施工简便,能承受较大的荷载。它的主要缺点是自重大,并且当持力层为软弱土时,由于扩大基础面积有一定限制,需要对地基进行处理或加固后才能采用,否则会因所受的荷载压力超过地基强度而影响建筑物的正常使用。所以对于荷载大或上部结构对沉降差较敏感的建筑物,当持力层的土质较差又较厚时,刚性基础作为浅基础是不适宜的。

②柔性基础:基础在基底反力作用下,若 a-a 断面的弯曲拉应力和剪应力超过了基础圬工的强度极限值,为了防止基础在 a-a 断面开裂甚至断裂,可将刚性基础尺寸重新设计,并在基础中配置足够数量的钢筋,这种基础称为柔性基础[图 3.1(a)]。柔性基础主要是用钢筋混凝土浇筑,常见的形式有柱下扩展基础、条形(图 3.5)和十字形基础、筏板及箱形基础(图 3.6、图 3.7),其整体性能较好,抗弯刚度较大。

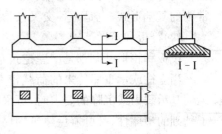

图 3.5　柱下条形基础

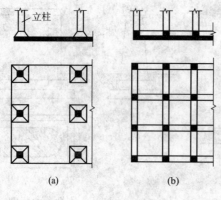

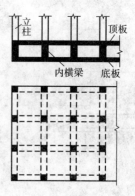

图 3.6 筏板基础　　　　　　　　　图 3.7 箱形基础

2. 浅基础的构造

(1)刚性扩大基础

将基础平面尺寸扩大以满足地基强度要求,这种刚性基础又称刚性扩大基础,其平面形状常为矩形,如图 3.2 所示,其每边扩大的尺寸最小为 0.20~0.50 m。作为刚性基础,每边扩大的最大尺寸还受到材料刚性角的限制。当基础较厚时,可在纵横两个剖面上都做成台阶形,以减少基础自重,节省材料。它是桥涵及其他建筑物常用的基础形式。

(2)单独和联合基础

单独基础是立柱式桥墩和房屋建筑常用的基础形式之一。它的纵横剖面均可砌筑成台阶式,如图 3.3(a)、(b)所示,但柱下单独基础用石或砖砌筑时,则在柱子与基础之间用混凝土墩连接。个别情况下柱下基础用钢筋混凝土浇注时,其剖面也可浇筑成锥形,如图 3.3(c)所示。

(3)条形基础

条形基础分为墙下和柱下条形基础,墙下条形基础是挡土墙下或涵洞下常用的基础形式,如图 3.4 所示。其横剖面可以是矩形或将一侧筑成台阶形。如挡土墙很长,为了避免在沿墙长方向因沉降不匀而开裂,可根据土质和地形条件予以分段,设置沉降缝。有时为了增强桥柱下基础的承载能力,可将同一排若干个柱子的基础联合起来,形成柱下条形基础(图 3.5)。其构造与倒置的 T 形截面梁相类似,在沿柱子排列方向的剖面可以是等截面的,也可以如图 3.5 那样在柱位处加腋。在桥梁基础中,一般是做成刚性基础,个别的也可做成柔性基础。

如地基土很软,基础在宽度方向需进一步扩大面积,同时又要求基础具有空间的刚度来调整不均匀沉降时,可在柱下纵、横两个方向均设置条形基础,成为十字形基础。这是房屋建筑常用的基础形式,也是一种交叉条形基础。

(4)筏板和箱形基础

筏板和箱形基础都是房屋建筑常用的基础形式。

当立柱或承重墙传来的荷载较大,地基土质软弱又不均匀,采用单独或条形基础均不能满足地基承载力或沉降的要求时,可采用筏板式钢筋混凝土基础,这样既扩大了基底面积又增加了基础的整体性,又可避免建筑物局部发生不均匀沉降。

筏板基础在构造上类似于倒置的钢筋混凝土楼盖,它可以分为平板式[图 3.6(a)]和梁板式[图 3.6(b)]。平板式常用于柱荷载较小而且柱子排列较均匀和间距也较小的情况。

为增大基础刚度,可将基础做成由钢筋混凝土顶板、底板及纵横隔墙组成的箱形基础,图 3.7

所示,它的刚度远大于筏板基础,而且基础顶板和底板间的空间常可用来作地下室。它适用于地基较软弱,土层厚,建筑物对不均匀沉降较敏感或荷载较大而基础建筑面积不太大的高层建筑。

任务 3.2　刚性扩大基础的设计与计算

3.2.1　工作任务

通过对刚性扩大基础的设计与计算的学习,能够完成以下工作任务:
(1)熟悉刚性扩大基础的设计内容;
(2)掌握刚性扩大基础的相关验算方法。

3.2.2　相关配套知识

1. 基础埋置深度的确定

在确定基础埋置深度时,必须考虑把基础设置在变形较小,而强度又比较大的持力层上,以保证地基强度满足要求,而且不致产生过大的沉降或沉降差。此外还要使基础有足够的埋置深度,以保证基础的稳定性,确保基础的安全。确定基础的埋置深度时,必须综合考虑以下各种因素的作用。

(1)地基的地质条件

覆盖土层较薄(包括风化岩层)的岩石地基,一般应清除覆盖土和风化层后,将基础直接修建在新鲜岩面上;如岩石的风化层很厚,难以全部清除时,基础放在风化层中的埋置深度应根据其风化程度、冲刷深度及相应的容许承载力来确定。如岩层表面倾斜时,不得将基础的一部分置于岩层上,而另一部分则置于土层上,以防基础因不均匀沉降而发生倾斜甚至断裂。在陡峭山坡上修建桥台时,还应注意岩体的稳定性。

当基础埋置在非岩石地基上,如受压层范围内为均质土时,基础埋置深度除满足冲刷、冻胀等要求外,可根据荷载大小,由地基土的承载能力和沉降特性来确定(同时考虑基础需要的最小埋深)。当地质条件较复杂,如地层为多层土组成或地层为特殊地层时,应通过详细计算或方案比较后确定。

(2)河流的冲刷深度

在有水流的河床上修建基础时,要考虑流水对基础的冲刷作用。水流越急,流量越大,冲刷越大。流水对整个河床面的冲刷,称为一般冲刷,被冲下去的深度称一般冲刷深度。由于桥墩的阻水作用,使流水在桥墩四周冲出一个深坑,这一过程称为局部冲刷。

因此,在有冲刷的河流中,为了防止桥梁墩台基础四周和基底下土层被水流掏空冲走以致倒塌,基础必须埋置在设计流量的最大冲刷线以下一定的深度。特别是山区和丘陵地区的河流,更应注意考虑季节性洪水的冲刷作用。

(3)当地的冻结深度

在寒冷地区,应考虑由于季节性的冰冻和融化对地基土引起的冻胀影响。对于冻胀性土,如土温在较长时间内保持在冻结温度以下,水分能从未冻结土层不断向冻结区迁移,引起地基的冻胀和隆起,这些都可能使基础遭受损坏。为了保证建筑物不受地基土季节性冻胀的影响,除地基为非冻胀性土外,基础底面均应埋置在天然最大冻结线以下一定深度。

(4)上部结构形式

上部结构的形式不同,对基础产生的位移要求也不同。对中、小跨度简支梁桥来说,这项因素对确定基础的埋置深度影响不大。但对超静定结构,即使基础发生较小的不均匀沉降也会使内力产生一定变化。例如对拱桥桥台,为了减少可能产生的水平位移和沉降差值,有时需将基础设置在埋藏较深的坚实土层上。

(5)当地的地形条件

当墩台、挡土墙等结构位于较陡的土坡上,在确定基础埋深时,还应考虑土坡连同结构物基础一起滑动的稳定性问题。由于在确定地基容许承载力时,一般是按地面为水平的情况下确定的,因而当地基为倾斜土坡时,应结合实际情况,确定基础埋深。若基础位于较陡的岩体上,可将基础做成台阶形,但要注意岩体的稳定性。

(6)保证持力层稳定所需的最小埋置深度

地表土在温度和湿度的影响下,会产生一定的风化作用,其性质是不稳定的。加上人类和动物的活动以及植物的生长作用,也会破坏地表土层的结构,影响其强度和稳定,所以一般地表土不宜作为持力层。为了保证地基和基础的稳定性,基础的埋置深度(除岩石地基外)应在天然地面或无冲刷河底以下不小于 1 m。

除此以外,在确定基础埋置深度时,还应考虑相邻建筑物的影响,如新建筑物基础比原有建筑物基础深,则施工挖土有可能影响原有基础的稳定;不同的施工技术条件(施工设备、排水条件、支撑要求等)也对基础埋深也有一定影响,这些因素也应考虑。

上述影响基础埋深的因素不仅适用于天然地基上的浅基础,有些因素也适用于其他类型的基础(如沉井基础)。

2. 刚性扩大基础尺寸的拟定

所拟定的基础尺寸,应在可能的最不利荷载组合下,能保证基础本身有足够的结构强度,并能使地基与基础的承载力和稳定性均能满足规定要求,并且是经济合理的。

(1)基础厚度

应根据墩台身结构形式,荷载大小,选用的基础材料等因素来确定。基底高程应按基础埋深的要求确定。水中基础顶面一般不高于最低水位,在季节性流水的河流或旱地上的桥梁墩台基础,则不宜高出地面,以防碰损。这样,基础厚度可按上述要求所确定的基础底面和顶面高程求得。在一般情况下,大、中桥墩台混凝土基础厚度在 1.0~2.0 m。

(2)基础平面尺寸

基础平面形式一般由墩台身底面的形状而确定,基础平面形状常用矩形。基础底面长宽尺寸与高度有如下的关系式:

$$长度(横桥向) \quad a=l+2H\tan\alpha$$
$$宽度(顺桥向) \quad b=d+2H\tan\alpha$$

式中　l——墩台身底截面长度(m);

　　　d——墩台身底截面宽度(m);

　　　H——基础高度(m);

　　　α——墩台身底截面边缘至基础边缘线与铅垂线间的夹角(°)。

(3)基础剖面尺寸

刚性扩大基础的剖面形式一般做成矩形或台阶形,如图 3.8 所示。自墩台身底边缘至基顶边缘距离 c_1 称为襟边,其作用一方面是扩大基底面积增加基础承载力,同时也便于调整基础施工时在平面尺寸上可能发生的误差,也为了支立墩台身模板的需要。其值应视基底面积的要求、基础厚度及施工方法而定。桥梁墩台基础襟边最小值为 20~30 cm。

基础较厚(超过 1 m 以上)时,可将基础的剖面浇砌成台阶形,如图 3.8 所示。

基础悬出总长度(包括襟边与台阶宽度之和),应使悬出部分在基底反力作用下,在 $a-a$ 截面[图 3.8(b)]所产生的弯曲拉力和剪应力不超过基础圬工的强度限值。所以满足上述要求时,就可得到自墩台身边缘处的铅垂线与基底边缘的连线间的最大夹角 α_{max},称为刚性角。在设计时,应使每个台阶宽度 c_i 与厚度 t_i 保持在一定比例内,使其夹角 $\alpha_i \leqslant \alpha_{max}$,这时可认为基础属刚性基础,不必对基础进行弯曲拉应力和剪应力的强度验算,在基础中也可不设置受力钢筋。刚性角 α_{max} 的数值与基础所用的圬工材料强度有关。

基础每层台阶高度 t_i,通常为 0.50~1.00 m,在一般情况下各层台阶宜采用相同厚度。

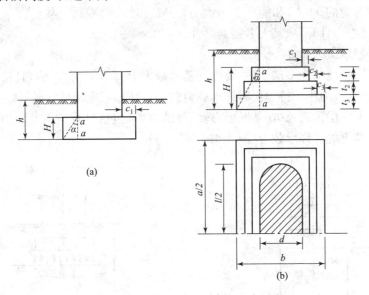

(a)

(b)

图 3.8　刚性扩大基础剖面、平面图

3. 地基承载力验算

地基承载力验算包括持力层强度验算、软弱下卧层验算和地基容许承载力的确定。

1)持力层强度验算

持力层是指直接与基底相接触的土层,持力层承载力验算要求荷载在基底产生的地基应力不超过持力层的地基容许承载力。其计算式为:

$$\sigma \frac{max}{min} = \frac{N}{A} \pm \frac{M}{W} \leqslant [\sigma] \qquad (3.1)$$

式中　σ——基底应力(kPa);

　　　N——基底以上竖向荷载(kN);

　　　A——基底面积(m^2);

　　　M——作用于墩台上各外力对基底形心轴之力矩(kN·m),$M = \sum T_i h_i + \sum P_i e_i = N \cdot e_0$,其中 T_i 为水平力,h_i 为水平作用点至基底的距离,P_i 为竖向力,e_i 为竖向力 P_i 作用点至基底形心的偏心距,e_0 为合力偏心距;

　　　W——基底截面模量(m^3),对矩形基础,$W = ah^2/6 = \rho A$,ρ 为基底核心半径;

　　　$[\sigma]$——基底处持力层地基容许承载力(kPa)。

在曲线上的桥梁,除顺桥向引起的力矩 M_x 外,尚有离心力(横桥向水平力)在横桥向产生

的力矩 M_y；若桥面上活载考虑横向分布的偏心作用时，则偏心竖向力对基底两个方向中心轴均有偏心距（图 3.9），并产生偏心距 $M_x=N \cdot e_x$，$M_y=N \cdot e_y$。故对于曲线桥，计算基底应力时，应按下式计算：

$$\sigma_{\min}^{\max} = \frac{N}{A} \pm \frac{M_x}{W_x} \pm \frac{M_y}{W_y} \leqslant [\sigma] \tag{3.2}$$

式中　　M_x，M_y——外力对基底顺桥向中心轴和横桥向中心轴之力矩；

　　　　W_x，W_y——基底对 x、y 轴之截面模量。

对式（3.1）和式（3.2）中的 N 值及 M（或 M_x、M_y）值，应按能产生最大竖向 $N_{\max}$ 的最不利荷载组合与此相对应的 M 值，和能产生最大力矩 $M_{\max}$ 时的最不利荷载组合与此相对应的 N 值，分别进行基底应力计算，取其大者控制设计。

2）软弱下卧层承载力验算

当受压层范围内地基为多层土（主要指地基承载力有差异而言）组成，且持力层以下有软弱下卧层（指容许承载力小于持力层容许承载力的土层）时，还应验算软弱下卧层的承载力，验算时先计算软弱下卧层顶面 A（在基底形心轴下）的应力（包括自重应力及附加力），此处应力不得大于该处地基土的容许承载力（图 3.10），即

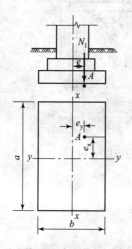

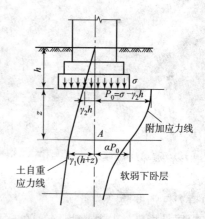

图 3.9　偏心竖直力作用在任意点　　　　　图 3.10　软弱下卧层承载力验算

$$\sigma_{h+z} = \gamma_1(h+z) + \alpha(\sigma - \gamma_2 h) \leqslant [\sigma]_{h+z} \tag{3.3}$$

式中　　γ_1——相应于深度 $(h+z)$ 以内土的换算重度（kN/m³）；

　　　　γ_2——深度 h 范围内土层的换算重度（kN/m³）；

　　　　h——基底埋深（m）；

　　　　z——从基底到软弱土层顶面的距离（m）；

　　　　α——基底中心下土中附加应力系数，可按土力学教材或规范提供系数表查用；

　　　　σ——由计算荷载产生的基底压应力（kPa），当基底压应力为不均匀分布且 z/b（或 z/d）>1 时，σ 为基底平均压应力，当 z/b（或 z/d）$\leqslant$1 时，σ 按基底应力图形采用距最大应力边 $b/3 \sim b/4$ 处的压应力（其中 b 为矩形基础的短边宽度，d 为圆形基础直径）；

　　　　$[\sigma]_{h+z}$——软下卧层顶面处的容许承载力（kPa）。

当软弱下卧层为压缩性高而且较厚的软黏土,或当上部结构对基础沉降有一定要求时,除承载力应满足上述要求外,还应验算包括软弱下卧层的基础沉降量。

3)地基容许承载力的确定

(1)地基容许承载力的确定一般有以下四种方法:

①在土质基本相同的条件下,可参照邻近建筑物地基容许承载力;

②根据现场荷载试验的 p-s 曲线;

③按地基承载力理论公式计算;

④按现行规范提供的经验公式计算。

(2)按照我国《铁路桥涵地基与基础设计规范》(TB 10093—2017)提供的经验公式和数据来确定地基容许承载力的步骤和方法如下:

①确定土的分类名称;

②确定土的状态;

③确定土的容许承载力:

当基础的宽度 b 大于 2 m 或基础底部的埋置深度 h 大于 3 m,且 $h/b \leqslant 4$ 时,地基的容许承载力可按下式计算:

$$[\sigma] = \sigma_0 + K_1 \gamma_1 (b-2) + K_2 \gamma_2 (h-3) \tag{3.4}$$

式中　$[\sigma]$——地基的容许承载力(kPa)。

σ_0——地基的基本承载力(kPa)。

b——基础的短边宽度(m),大于 10 m 时,按 10 m 计算。

h——基础底面的埋置深度(m)。对于受水流冲刷的墩台,由一般冲刷线算起;不受水流冲刷者,由天然地面算起;位于挖方内的基础,由开挖后地面算起。

γ_1——基底以下持力层土的天然重度(kN/m³),如持力层在水面以下,且为透水者,应采用浮重度。

γ_2——基底以上土的天然重度的平均值(kN/m³)。如持力层在水面以下,且为透水性者,水中部分采用浮重度;如为不透水者,不论基底以上水中部分土的透水性质如何,应采用饱和重度。

K_1、K_2——宽度、深度修正系数,按持力层确定。

墩台建在水中,基底土为不透水层,常水位高出一般冲刷线每高 1 m,容许承载力可增加 10 kPa;主力加附加力时,地基容许承载力 $[\sigma]$ 可提高 20%。主力加特殊荷载(地震力除外)时,地基容许承载力 $[\sigma]$ 可按《铁路桥涵地基与基础设计规范》相关规定提高;既有桥墩台的地基土因多年运营被压密,其基本承载力可予以提高,但提高值不应超过 25%。

4. 基底合力偏心距验算

控制基底合力偏心距的目的是尽可能使基底应力分布比较均匀,以免基底两侧应力相差过大,使基础产生较大的不均匀沉降,使墩台发生倾斜,影响正常使用。若使合力必须通过基底中心,虽然可得均匀的应力,但确不经济,往往也是不可能的,所以在设计时,应根据有关设计规范的规定灵活掌握。

(1)对于非岩石地基。以不出现拉应力为原则:当墩台仅受恒载作用时,基底合力偏心距 e_0 应分别不大于基底核心半径 ρ 的 0.1 倍(桥墩)和 0.75 倍(桥台);当墩台受荷载组合Ⅱ、Ⅲ、Ⅳ时,由于一般是短时的,因此对基底偏心距的要求可以放宽,一般只要求基底偏心距 e_0 不超

过核心半径 ρ 即可。

(2)对于修建在岩石地基上的基础。可以允许出现拉应力,根据岩石的强度,合力偏心距 e_0 最大可为基底核心半径的 $1.2\sim1.5$ 倍,以保证必要的安全储备(具体规定可参阅有关桥涵设计规范)。

当外力合力作用点不在基底二个对称轴中任一对称轴上,或当基底截面为不对称时,可直接按下式求 e_0 与 ρ 的比值,使其满足规定的要求:

$$\frac{e_0}{\rho} = 1 - \frac{\sigma_{\min}}{\dfrac{N}{A}} \tag{3.5}$$

式中符号意义同前,但要注意 N 和 $\sigma_{\min}$ 应在同一种荷载组合情况下求得。

在验算基底偏心距时,应采用计算基底应力相同的最不利荷载组合。

5. 基础稳定性和地基稳定性验算

基础稳定性验算包括基础倾覆稳定性验算和基础滑动稳定性验算。此外,对某些土质条件下的桥台、挡土墙还要验算地基的稳定性,以防桥台、挡土墙下地基的滑动。

1)基础稳定性验算

(1)基础倾覆稳定性验算

基础倾覆或倾斜除了地基的强度和变形原因外,往往发生在承受较大的单向水平推力而其合力作用点又离基础底面的距离较高的结构物上,如挡土墙或高桥台受侧向土压力作用,大跨度拱桥在施工中墩台受到不平衡的推力,以及在多孔拱桥中一孔被毁等,此时在单向恒载推力作用下,均可能引起墩台连同基础的倾覆和倾斜。

理论和实践证明,基础倾覆稳定性与合力的偏心距有关。合力偏心距愈大,则基础抗倾覆的安全储备愈小。因此,在设计时,可以用限制合力偏心距 e_0 来保证基础的倾覆稳定性。

设基底截面重心至压力最大一边的边缘的距离为 y(荷载作用在重心轴上的矩形基础 $y=b/2$),如图 3.11 所示,外力合力偏心距为 e_0,则两者的比值 K_0 可反映基础倾覆稳定性的安全度,K_0 称为抗倾覆稳定系数,即

$$K_0 = \frac{y}{e_0} \tag{3.6}$$

$$e_0 = \frac{\sum P_i e_i + \sum T_i h_i}{\sum P_i}$$

式中　P_i——各竖直分力;

　　　e_i——相应于各竖直分力 P_i 作用点至基础底面形心轴的距离;

　　　T_i——各水平分力;

　　　h_i——相应于各水平分力作用点至基底的距离。

如外力合力不作用在形心轴上[图 3.11(b)]或基底截面有一个方向为不对称,而合力又不作用在形心轴上[图 3.11(c)],基底压力最大一边的边缘线应是外包线,如图 3.11(b)、(c)中的I-I线,y 值应是通过形心与合力作用点的连线并延长与外包线相交点至形心的距离。

不同的荷载组合,在不同的设计规范中,对抗倾覆稳定系数 K_0 的容许值均有不同要求,一般对主要荷载组合 $K_0 \geqslant 1.5$,在各种附加荷载组合时,$K_0 \geqslant 1.1\sim1.3$。

（2）基础滑动稳定性验算

基础在水平推力作用下沿基础底面滑动的可能性即基础抗滑动安全度的大小，可用基底与土之间的摩擦阻力和水平推力的比值 K_c 来表示，K_c 称为抗滑动稳定系数，即

$$K_c = \frac{\mu \sum P_i}{\sum T_i} \qquad (3.7)$$

式中　μ——基础底面（圬工材料）与地基之间的摩擦系数；

P_i,T_i 符号意义同前。

验算桥台基础的滑动稳定性时，如台前填土保证不受冲刷，可考虑计入台前土压力，其数值可按主动或静止土压力进行计算。

按式（3.7）求得的抗滑动稳定系数 K_c 值，必须大于规范规定的设计容许值，一般根据荷载性质，$K_c \geq 1.2 \sim 1.3$。

修建在非岩石地基上的拱桥桥台基础，在拱的水平推力和力矩作用下，基础可能向路堤方向滑移或转动，此项水平位移和转动还与台后土抗力的大小有关。

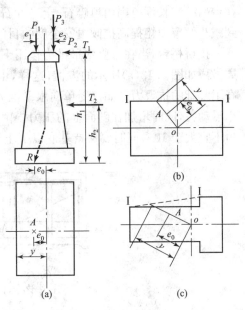

图 3.11　基础倾覆稳定性计算

2）地基稳定性验算

位于软土地基上较高的桥台需验算桥台沿滑裂曲面滑动的稳定性，基底下地基如在不深处有软弱夹层时，在台后土推力作用下，基础也有可能沿软弱夹层土Ⅱ的层面滑动，如图 3.12（a）所示；在较陡的土质斜坡上的桥台、挡土墙也有滑动的可能，如图 3.12（b）所示。

这种地基稳定性验算方法可按土坡稳定分析方法，即用圆弧滑动面法来进行验算。在验算时一般假定滑动面通过填土一侧基础剖面角点 A（图 3.12），但在计算滑动力矩时，应计入桥台上作用的外荷载（包括上部结构自重和活载等）以及桥台和基础的自重的影响，然后求出稳定系数满足规定的要求值。

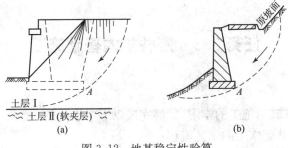

图 3.12　地基稳定性验算

以上对地基与基础的验算，均应满足设计规定的要求，达不到要求时，必须采取设计措施，如梁桥桥台后土压力引起的倾覆力矩比较大，基础的抗倾覆稳定性不能满足要求时，可将台身做成不对称的形式，这样可以增加台身自重所产生的抗倾覆力矩，达到提高抗倾覆的安全度。如采用这种外形，则在砌筑台身时，应及时在台后填土并夯实，以防台身向后倾覆和转动；也可

在台后一定长度范围内填碎石、干砌片石或填石灰土,以增大填料的内摩擦角减小土压力,达到减小倾覆力矩提高抗倾覆安全度的目的。

拱桥桥台,当在拱脚水平推力作用下,基础的滑动稳定性不能满足要求时,可以在基底四周做成如图 3.13(a)所示的齿槛,这样,由基底与土间的摩擦滑动变为土的剪切破坏,从而提高了基础的抗滑力。如仅受单向水平推力时,也可将基底设计成如图 3.13(b)的倾斜形,以减小滑动力,同时增加在斜面上的压力。由图可见滑动力随 α 角的增大而减小,从安全考虑,α 角不宜大于 $10°$,同时要保持基底以下土层在施工时不受扰动。

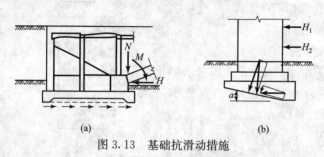

(a)　　　　　　　　　　　　　　　(b)

图 3.13　基础抗滑动措施

当高填土的桥台基础或土坡上的挡墙地基可能出现滑动或在土坡上出现裂缝时,可以增加基础的埋置深度或改用桩基础,以提高墩台基础下地基的稳定性;或者在土坡上设置地面排水系统,拦截和引走滑坡体以外的地表水,以减少因渗水而引起土坡滑动的不稳定因素。

6. 基础沉降验算

桥涵基础的沉降应按恒载计算。对于静定结构,其墩台总沉降量与墩台施工完成时的沉降量之差不得大于下列容许值:

对于有砟桥面桥梁:墩台均匀沉降量　　　　　　　　　　　80 mm

相邻墩台均匀沉降量之差　　　　　　　　40 mm

对于明桥面桥梁:　墩台均匀沉降量　　　　　　　　　　　40 mm

相邻墩台均匀沉降量之差　　　　　　　　20 mm

对于涵洞:　　　　涵身沉降量　　　　　　　　　　　　　100 mm

对于超静定结构,其相邻墩台均匀沉降量之差的容许值,应根据沉降对结构产生的附加应力的影响而定。

任务 3.3　刚性扩大基础施工

3.3.1　工作任务

通过对刚性扩大基础的施工的学习,能够完成以下工作任务:

(1)掌握刚性扩大基础施工的工艺流程;

(2)根据所学的知识解决刚性扩大基础施工中的相关问题。

3.3.2　相关配套知识

刚性扩大基础的施工常采取明挖法,其施工顺序和主要工作包括:基础定位放样、基坑开挖、坑壁支撑、基坑排水、基坑检验和基底土处理、基础砌筑及基坑回填。现分别按旱地上和水

中浅基础施工两方面叙述。

1. 旱地上浅基础施工

1）基础定位放样

基础的定位放样，就是将设计图纸上的墩台位置和尺寸标定到实际工地上去。这主要是测量问题。定位工作可分为垂直定位和水平定位两个方面。垂直定位是定出墩台基础各部分的高程，可借助施工现场的水准基点进行；水平定位是定出基础在平面上的位置。

2）基坑的开挖

为建造基础而开挖的基坑，其形状和开挖面的大小可视墩台基础及下部结构的形式，考虑施工条件的要求，挖成方形、矩形或长条形的坑槽。基坑的深度视基础埋置深度而定。基坑开挖的断面是否设置坑壁围护结构，可视土的类别性质、基坑暴露时间长短、地下水位的高低以及施工场地大小等因素而定。开挖基坑时常采用机械与人工相结合的施工方法，它不需要复杂的机具，技术条件较简单，易操作，常用的机具多为位于坑顶由起吊机操纵的挖土斗和抓土斗；大挖方量的特大基坑，也可用铲式挖土机、铲运机和自卸车等。基坑采用机械挖土时，挖至距设计高程 0.3 m 时，应采用人工补挖修整，以保证地基土结构不被扰动破坏。

（1）不设围护的基坑

适用于基坑较浅、地下水位较低或渗水量较少的情况。若坑壁稳定时，可将坑壁挖成竖直或斜坡形，如图 3.14 所示。竖直坑壁只适宜在岩石地基或基坑较浅又无地下水的硬黏土中采用。在一般土质条件下开挖基坑时，应采用放坡开挖的方法，基坑坡率见表 3.1。

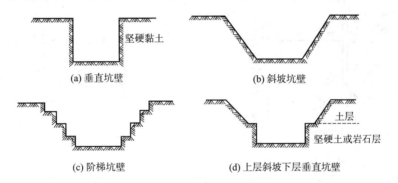

图 3.14　无支撑基坑开挖

表 3.1　基坑坑壁坡率表

坑壁土类别	坑壁坡率		
	基坑顶缘无荷载	基坑顶缘有静载	基坑顶缘有动载
砂类土	1∶1	1∶1.25	1∶1.5
碎卵石类土	1∶0.75	1∶1	1∶1.25
亚砂土	1∶0.67	1∶0.75	1∶1
亚黏土、黏土	1∶0.33	1∶0.5	1∶0.75
软质岩	1∶0	1∶0.1	1∶0.25
硬质岩	1∶0	1∶0	1∶0

注：挖基经过不同土层时，边坡可分层决定，并酌情设置平台。

基坑地面应满足基础施工的要求,对渗水的土质基坑,一般按基底的平面尺寸,每边增宽0.5~1.0 m,以便在基底外设置排水沟、集水坑和基础模板。为了保证坑壁边坡稳定,当基坑深度较大时,应在边坡中段加设宽为0.5~1.0 m的平台。坑顶周围必要时应挖排水沟,以免地面水流入坑内。当基坑顶缘有动载时,顶缘与动载之间至少应留1 m宽的护道。

(2)坑壁有围护的基坑

当坑壁土质松软,边坡不易稳定,或放坡开挖受到现场条件的限制,或放坡开挖造成土方量过大时,宜采用加设围护结构的竖直坑壁基坑,这样既保证了施工的安全,同时又可大量减少土方量。

①挡板支撑

挡板支撑一般分为横挡板支撑和竖挡板支撑。横挡板支撑由横挡板、立木及横撑组成,如图3.15所示,适于较深和较宽的黏性土质基坑。根据土质和坑深情况,可一次挖成后支撑或随挖随支撑。

竖挡板支撑由竖挡板、横木、横撑等组成,如图3.16所示,适用于较浅和较窄的砂类土质基坑。一般是边开挖边打入竖挡板。近年来还有锚桩式支撑(图3.17)和短柱横隔支撑(图3.18)。锚桩式支撑不干扰开挖工作,但造价高。

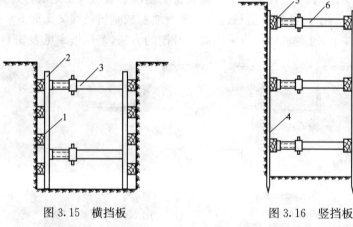

图 3.15　横挡板　　　　　　　　　图 3.16　竖挡板

1—水平挡土板;2—立柱;3、6—工具式横撑;4—垂直挡土板;5—横楞木

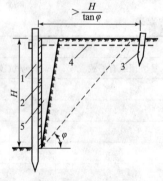

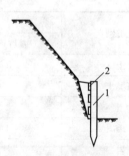

图 3.17　锚桩式支撑　　　　　　图 3.18　短柱横隔支撑

1—柱桩;2—挡土板;3—锚桩;4—拉杆;　　　　　1—短桩;2—横隔板

5—回填土;φ—土的内摩擦角

②板桩墙支护

在基坑开挖前先将板桩垂直打入土中至坑底以下一定深度,然后边挖边设支撑,开挖基坑过程中始终是在板桩支护下进行。

板桩墙分无支撑式[图 3.19(a)]、支撑式和锚撑式[图 3.19(d)]。支撑式板桩墙按设置支撑的层数可分为单支撑板桩墙[图 3.19(b)]和多支撑板桩墙[图 3.19(c)]。由于板桩墙多应用于较深基坑的开挖,故多支撑板桩墙应用较多。

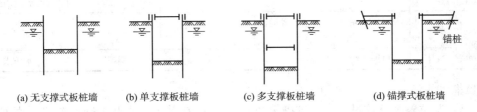

(a) 无支撑式板桩墙　　(b) 单支撑板桩墙　　(c) 多支撑板桩墙　　(d) 锚撑式板桩墙

图 3.19　板桩墙支护

③喷射混凝土护壁

喷射混凝土护壁宜用于土质较稳定,渗水量不大,深度小于 10 m,直径为 6~12 m 的圆形基坑。对于有流砂或淤泥夹层的土质,也有使用成功的实例。

喷射混凝土护壁的基本原理是以高压空气为动力,将搅拌均匀的砂、石、水泥和速凝剂干料,由喷射机经输料管吹送到喷枪,在通过喷枪的瞬间,加入高压水进行混合,自喷嘴射出,喷射在坑壁,形成环形混凝土护壁结构,以承受土压力。

④混凝土围圈护壁

采用混凝土围圈护壁时,基坑自上而下分层垂直开挖,开挖一层后随即灌注一层混凝土壁。为防止已浇筑的围圈混凝土施工时因失去支承而下坠,顶层混凝土应一次整体浇筑,以下各层均间隔开挖和浇筑,并将上下层混凝土纵向接缝错开。开挖面应均匀分布对称施工,及时浇筑混凝土壁支护,每层坑壁无混凝土壁支护总长度应不大于周长的一半。分层高度以垂直开挖面不坍塌为原则,一般顶层高 2 m 左右,以下每层高 1~1.5 m。混凝土围圈护壁也是用混凝土环形结构承受土压力,但其混凝土壁是现场浇筑的普通混凝土,壁厚较喷射混凝土大,一般为 15~30 cm,也可按土压力作用下的环形结构计算。

喷射混凝土护壁要求有熟练的技术工人和专门设备,对混凝土用料的要求也较严,用于超过 10 m 的深基坑尚无成熟经验,因而有其局限性。混凝土围圈护壁则适应性较强,可以按一般混凝土施工,基坑深度可达 15~20 m,除流砂及呈流塑状态黏土外,可适用于其他各种土类。

3)基坑排水

基坑如在地下水位以下,随着基坑的下挖,渗水将不断涌集基坑,因此施工过程中必须不断地排水,以保持基坑的干燥,便于基坑挖土和基础的砌筑与养护。目前常用的基坑排水方法有集水井降水和井点降水两种方法。可根据土层情况、渗透性、降水深度、支护结构种类按表 3.2 选用。

表3.2　工程降水方法的选用

降水方法		适用地层	渗透系数(m/d)	降水深度(m)	地下水类型
集水明排		黏性土、砂土	—	<2	潜水地表水
轻型井点	一级 二级 三级	砂土,粉土,含薄层粉砂的淤泥质(粉质)黏土	0.1~20	3~6 6~9 9~12	潜水
	喷射井点			<20	潜水、承压水
管井	疏干	砂性土,粉土,含薄层粉砂的淤泥质(粉质)黏土	0.02~0.1	不限	潜水
	减压	砂性土,粉土	>0.1	不限	承压水

(1)集水井降水法

它是在基坑整个开挖过程及基础砌筑和养护期间,在基坑四周开挖排水沟,汇集坑壁及基底的渗水,并引向一个或数个比集水沟挖得更深一些的集水井,如图 3.20 所示,排水沟和集水井应设在基础范围以外,在基坑每次下挖以前,必须先挖沟和井,集水井的深度应大于抽水机吸水龙头的高度,在吸水龙头上套围护设备,以防土石堵塞龙头。

这种排水方法设备简单,费用低,一般土质条件下均可采用。但当地基土为饱和粉细砂土等黏聚力较小的细粒土层时,由于抽水会引起流砂现象,造成基坑的破坏和坍塌,因此当基坑为这类土时,应避免采用集水井降水法。

(2)井点法降低地下水位

对粉质土、粉砂类土等如采用表面排水极易引起流砂现象,影响基坑稳定时,可采用井点法降低地下水位。根据使用设备的不同,主要有轻型井点、喷射井点、电渗井点和深井泵井点等多种类型,可根据土的渗透系数、要求降低水位的深度及工程特点选用。

轻型井点降水是在基坑开挖前预先在基坑四周打入(或沉入)若干根井管,井管下端1.5 m左右为滤管,上面钻有若干直径约2 mm的滤孔,外面用过滤层包扎起来,各个井管用集水管连接并抽水。由于使井管两侧一定范围内的水位逐渐下降,各井管相互影响形成了一个连续的疏干区,如图 3.21 所示。在整个施工过程中保持不断抽水,可保证基坑开挖和基础砌筑的整个过程处于无水状态。该法可以避免发生流砂和边坡坍塌现象,并且流水压力对土层还有一定的压密作用。

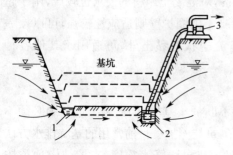

图 3.20　集水井降水
1—排水沟;2—集水井;3—水泵

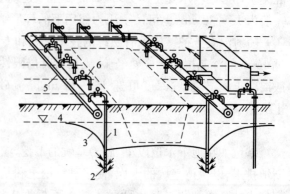

图 3.21　轻型井点法降低地下水位全貌图
1—井点管;2—滤管;3—总管;4—弯联管;
5—水泵房;6—原有地下水位线;7—降低后地下水位线

轻型井点布置应根据基坑平面形状与大小、地质与水文情况、工程性质、降水深度而定。当基坑宽度小于6 m且降水深度不超过6 m时,可采用单排井点,布置在地下水上游一侧;当基坑宽度大于6 m或土质不良,渗透系数较大时,宜采用双排井点,布置在基坑的两侧;当基坑面积较大时,宜采用环形井点。

4)基坑的检验与处理

挖好基坑,在基础浇筑前应进行验坑,检查是否符合设计要求,其内容包括:

(1)基坑底面高程和平面位置及平面尺寸是否与设计相符。

(2)检查基底土质与设计资料是否相符,如有出入,应取样做土质分析试验,同时由施工单位及时会同有关部门共同研究处理方法。

(3)当坑底暴露的地质特别复杂,属于下列情况之一时,应变更基础设计方案(变更基础埋深或基础类型):

①强烈风化的岩层;

②松砂地基;

③软黏性土;

④$e>0.7$的亚砂土、$e>1.0$的亚黏土及$e>1.1$的黏土;

⑤含有大量有机质的砂土、黏土;

⑥出现较发育的溶岩。

基底检验合格后,还应按不同地质情况,作如下处理:

①对黏性土层上的基础,在修整承重面时,应按其天然状态铲平而不得用回填土夯实的办法处理。必要时可在基底夯入10 cm以上的碎石层,碎石层顶面应低于基底高程。修整妥善后应在短时间内浇筑基础,不得暴露过久。

②对碎石土或砂土,其承重面经过修理平整后,在基础施工前应先铺一层2 cm后的水泥砂浆。

③对未风化的岩层,应先将岩层面上的松散石块、淤泥、苔藓等清除干净。若岩层倾斜,应将岩面凿平。为防止基础滑动,可采取必要的锚固措施,以加强基础与岩层之间的连接。

④对软硬不均匀的地层,应将软质土层挖除,使基础全部支承在硬土上,以避免基础发生不均匀下沉或倾斜。

⑤坑底如发现有泉眼涌水,应立即堵塞(如用木棒塞住泉眼)或排水加以处理,不得任其浸泡基坑。

5)基础的浇筑及基坑的回填

基础的浇筑一般都在干燥无水的情况下进行,只有当渗水量很大,排水很困难时,才采用水下灌注混凝土的方法。排水浇筑时,应防止渗水浸泡圬工,以免降低混凝土强度。此外,还应注意,石砌基础在砌筑中应使石块大面朝下,外圈块石必须坐浆,且要求丁顺相间,以加强石块之间的连接;混凝土基础的浇筑,应在终凝后才允许浸水,不浸水部分仍需养生。

基础浇筑完成后,应检验质量和各部位尺寸是否符合设计要求,如无问题,即可选用好土回填基坑,并分层夯实,回填层厚不大于30 cm。

2. 水中浅基础施工

桥梁墩台基础往往位于地表水位以下,有的河流水的流速还较大,而施工时常常希望在无水或静水条件下进行。为了解决这一矛盾,可变水中施工为旱地施工。其办法是,首先在基坑外设置一道封闭的临时性挡水结构物即围堰。围堰修筑好后,即排水开挖基坑,或在静水条件下进行水下开挖基坑,并继续下步工序,这些施工内容与旱地上浅基础施工基本相同。

1)围堰的基本要求

围堰的种类有土围堰、草(麻)袋围堰、钢板桩围堰、双壁钢围堰等。围堰所用的材料和形式根据当地水文地质条件、材料来源及基础形式而定,基本要求如下:

(1)围堰顶面高程应高出施工期间中可能出现的最高水位 0.5 m 以上,有风浪时应适当加高。

(2)修筑围堰将压缩河道断面,使水流流速增大引起冲刷,或堵塞河道影响通航,因此要求河道断面压缩一般不超过流水断面积的 30%。对两边河岸河堤或下游建筑物有可能造成危害时,必须征得有关单位同意并采取有效防护措施。

(3)围堰内尺寸应满足基础施工要求,并留有适当工作面积,由基坑边缘至堰脚距离一般不少于 1 m。

(4)围堰结构应能承受施工期间产生的土压力、水压力以及其他可能发生的荷载,满足强度和稳定要求。围堰应具有良好的防渗性能。

2)常见的几种围堰类型

(1)土围堰和草袋围堰

①土围堰

水深在 2 m 以内,流速缓慢,无冲刷作用,且河床土质渗水较小时宜采用土围堰,如图 3.22 所示。土围堰的厚度及边坡应根据采用的土质、围堰高度等确定,通常堰顶宽不应小于 1.5 m,外侧边坡坡度不陡于 1∶2,内侧边坡坡度不陡于 1∶1,内侧坡脚距基坑顶边缘的距离不小于 1.0 m。

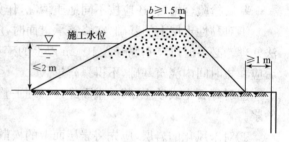

图 3.22　土围堰

土围堰宜用黏性土填筑。当流速增大时,临水面边坡可用片石草袋盛土、柴捆、竹笼等加以防护。

②土袋围堰

土袋围堰是明挖基础中最常用的一种围堰,不仅施工简便,取材较易,其适用范围亦比土围堰更广。通常用于水深不大于 3 m、流速不大于 1.5 m/s 且河床为渗水性较小的土质,在特殊情况下也可用于更深的水中,但围堰需要加强。

土袋围堰构造如图 3.23 所示。一般都采用双层土袋围堰,内外层土袋之间夹填黏性土。其厚度约为 0.5~1.0 m,以便更好地起隔水作用。土袋堰顶宽度可为 1~2 m,需存放机械时还要适当加宽。围堰的内外两侧都要设一定坡度,使围堰保持稳定,其内侧底部距基坑边缘应不少于 1.0 m。

(2)钢板桩围堰

当水较深时,可采用钢板桩围堰。修建水中桥梁基础常使用单层钢板桩围堰,其支撑(一般为万能杆件构架,可采用浮箱拼装)和导向(由槽钢组成内外导环)系统的框架结构称为"围图"或"围笼",如图 3.24 所示。

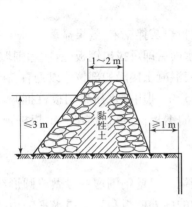

图 3.23　土袋围堰图

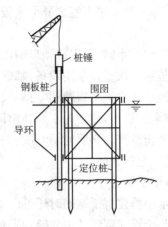

图 3.24　围囹法打钢板桩

钢板桩本身强度大,防水性能好,打入土层时穿透能力强。因此,钢板桩围堰的适用范围相当广。从我国桥梁基础施工的实践来看,10~20 m 深的围堰,用钢板桩是合适的。在特殊情况下,30 m 深的围堰也曾使用过钢板桩。钢板桩不但能穿过砾石、卵石层,也能切入软岩层内。

钢板桩是辗压成型的。断面形式是多种多样的。我国常用的是拉森式槽型钢板桩。其断面如图 3.25 所示。钢板桩的成品长度,为了适应围堰深度,一般都有几种规格,最大为 20 m,还可根据需要接长。钢板桩之间的连接采用锁口形式。这种锁口既能加强连接,又能防渗,还可以作适当的转动,以适应弧形围堰的需要。矩形钢板桩围堰的转角处要使用一块特制的角桩,其构造如图 3.26 所示。

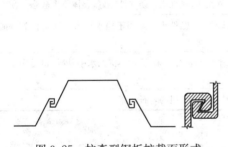

图 3.25　拉森型钢板桩截面形式

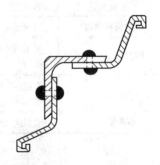

图 3.26　矩形围堰之角桩

插打钢板桩的次序,对圆形围堰,应自上游开始,经两侧至下游合拢。对矩形围堰,从上游一角开始,至下游合拢。这样不仅可以使围堰内避免淤积泥砂,而且还可以利用水流冲走一部分泥砂,以减少开挖工作量,更重要的是保证围堰施工的安全。某特大桥的钢板桩围堰因为特殊条件限制,不得已而在上游合龙,结果,临近合拢之前,已插好的整个右半圈的板桩墙在瞬息之间被急流冲倒到一边,大多数板桩被撕裂和扭歪,造成重大事故。

板桩下插以前,应以黄油填充锁口。沿前进方向的底端应以木楔封闭锁口,以防止泥砂堵塞锁口。

钢板桩围堰在合拢处往往形成上窄下宽的状态,这就使得最后一组板桩很难插下。常用的纠正办法是将邻近一段钢板桩墙的上端向外推开,以使上下宽度接近。必要时,可根据实测宽度尺寸,作一块上窄下宽之异形钢板桩。合龙时,先将异形钢板桩插下,再插最后一块标准钢板桩。

从围堰内排水时,若发现锁口漏水,可在堰外抛投煤灰拌锯末,效果显著。

钢板桩系多次重复使用设备,基础或墩身筑出水面后即可拔出钢板桩,撤除围堰。为了使拔出钢板桩的工作进行得顺利,可将板桩与水下封底混凝土接触的部位涂以沥青;在拔除钢板桩前,向围堰内灌水,使堰内水面高出河水面 1~1.5 m,利用静水压将钢板桩推开,使其与水下封底混凝土脱离。必要时,可用打桩锤击打待拔的钢板桩,再行拔出。钢板桩顶应制备圆孔,便于连接起吊卡环。

(3)双壁钢围堰

在深水中修建桥梁基础时还可以采用双壁钢围堰。双壁钢围堰一般做成圆形结构,它本身实际上是个浮式钢沉井。井壁钢壳是由有加劲肋的内外壁板和若干层水平钢桁架组成,中空的井壁提供的浮力可使围堰在水中自浮,使双壁钢围堰可在漂浮状态下分层接高下沉。在两壁之间设数道竖向隔舱板将圆形井壁等分为若干个互不连通的密封隔舱,利用向隔舱不等高灌水来控制双壁围堰下沉及调整下沉时的倾斜。井壁底部设置刃脚以利切土下沉。如需将围堰穿过覆盖层下沉到岩层而岩面高差又较大时,可做成高低刃脚以密贴岩面。双壁围堰内外壁板间距一般为 1.2~1.4 m,这就使围堰刚度很大,围堰内无需设支撑系统。

各类围堰适用范围如表 3.3 所示。

表 3.3　围堰类型及适用条件

围堰类型		适用条件
土石围堰	土围堰	水深≤1.5 m,流速≤0.5 m/s,河边浅滩,河床渗水性较小
	土袋围堰	水深≤3.0 m,流速≤1.5 m/s,河床渗水性较小或淤泥较浅
板桩围堰	钢板桩围堰	深水或深基坑,流速较大的砂类土、黏性土。防水性能好,整体刚度较强
	钢筋混凝土板桩围堰	深水或深基坑,流速较大的砂类土、黏性土。除用于挡水防水外还可作为基础结构的一部分
钢套筒围堰		流速≤2 m/s,覆盖层较薄,平坦的岩石河床,埋置不深的水中基础,也可用于修建桩基承台
双壁围堰		大型河流的深水基础,覆盖层较薄,平坦的岩石河床

 复习思考题

3.1 基坑支护结构的选型应满足哪些要求?

3.2 简述钢板桩施工工艺。

3.3 流砂是怎么形成的?流砂可采取哪些防治措施?

3.4 井点降水的原理是怎样的?轻型井点降水如何设计?

3.5 轻型井点降水如何施工?对周围环境的不利影响及防治措施有哪些?

3.6 土方工程施工机械的种类有哪些?并试述其作业特点和适用范围?

3.7 试述基坑土方开挖过程应注意的问题。

3.8 何谓明挖基础?何谓刚性基础?何谓柔性基础?

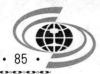

3.9 基坑开挖前应做哪些准备工作?

3.10 坑壁支护的形式有哪几种? 支护开挖的使用范围是什么?

3.11 无支护基坑开挖的施工要点有哪些?

3.12 基坑中的渗水量如何估算?

3.13 何谓汇水井排水? 汇水井如何设置? 抽水机械的数量如何确定?

3.14 何谓围堰? 围堰工程应符合哪些基本要求? 常见的围堰类型有哪几种?

3.15 基底检验的主要内容有哪些? 如何对基底进行处理?

3.16 基坑施工前的测量工作包括哪些内容? 如何做好这些工作? 试用 Word 做一个技术交底书,并用全站仪放出一个基坑开挖的位置。(用坐标法)

3.17 请描述一下水中明挖基础施工的整个过程和步骤,并用 PPT 汇报。

3.18 根据桥梁模板、混凝土、钢筋施工作业指导书,归纳总结明挖基础施工作业要点。

项目4　桩基础施工

项目描述

桩基础是一种常用而古老的深基础形式。由于桩基础具有承载力高、稳定性好、沉降稳定快和沉降变形小、抗震能力强，以及能适应各种复杂地质条件等特点，在工程中得到了广泛应用。通过本项目学习，掌握桩基础施工工艺流程及常见问题的处理方法，增强学生分析与解决相关实际工程问题的能力。

学习目标

1. 能力目标

（1）具备掌握钻孔桩、挖孔桩及预制桩的施工工艺流程的能力；

（2）具备进行相关质量检测，及编制桩基础施工方案的能力。

2. 知识目标

（1）掌握钻孔灌注桩的施工工艺；

（2）掌握挖孔桩的施工工艺；

（3）熟悉预制桩施工工艺流程。

任务 4.1　钻孔灌注桩施工

4.1.1　工作任务

通过对钻孔灌注桩施工的学习，能够完成以下工作任务：

（1）掌握钻孔灌注桩施工工艺流程；

（2）根据所学的知识分析解决钻孔灌注桩施工中的问题。

4.1.2　相关配套知识

4.1.2.1　桩基础基本知识认知

随着交通需求的增长、桥梁跨度的增大以及基础入水深度的增加，尤其是近年来海湾、海峡、跨江大桥不断建设，深水基础的形式不断创新，由最初的沉箱、沉井基础，发展到管柱基础、各种组合基础，再到各类桩基础、钟形基础、双承台管柱基础、多柱基础、地下连续墙基础等形式，以适应纷繁复杂的建设条件。许多国家在桥梁建设中多采用直径 $2\sim4$ m 的大直径钻孔灌注桩，而且往往采用扩孔方法，直径可达 $3\sim4$ m，这标志着桥梁基础工程技术已取得了很大的发展。我国桩基础应用在世界居于首位，探索先进的深水基础施工技术更具有重要意义。

桩基础是由桩和承台构成的深基础,如图 4.1 所示。

1. 桩基础特点

(1)桩支承于坚硬的(基岩、密实的卵砾石层)或较硬的(硬塑黏性土、中密砂等)持力层上,具有很高的竖向单桩承载力或群桩承载力,足以承担结构物的全部竖向荷载(包括偏心荷载)。

(2)桩基具有很大的竖向单桩刚度(端承桩)或群刚度(摩擦桩),在自重或相邻荷载影响下,不产生过大的不均匀沉降,并确保结构物的倾斜不超过允许范围。

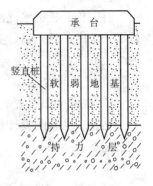

图 4.1 桩基础

(3)凭借巨大的单桩侧向刚度(大直径桩)或群桩基础的侧向刚度及其整体抗倾覆能力,抵御由于风和地震引起的水平荷载与力矩荷载,保证结构物的抗倾覆稳定性。

(4)桩身穿过可液化土层而支承于稳定的坚实土层或嵌固于基岩上,在地震造成浅部土层液化与震陷的情况下,桩基凭靠深部稳固土层仍具有足够的抗压与抗拔承载力,从而确保结构物的稳定,且不产生过大的沉陷与倾斜。

2. 桩基础的类型

(1)按承台底面所处的位置分有高承台桩和低承台桩

高承台桩是指承台座板底面位于地面或局部冲刷线以上的桩基础。低承台桩是指承台座板底面位于地面或局部冲刷线以下的桩基础。

(2)按桩的承载性状分有摩擦桩和端承桩

摩擦桩是指桩端置于较软的土层中,其轴向荷载主要由桩侧摩擦阻力承担,桩底土的反力起较小的作用,如图 4.2(a)所示。端承桩是指桩端支承在坚硬土层(岩石)上,其轴向荷载可以认为是全部由桩底土的反力承担,如图 4.2(b)所示。

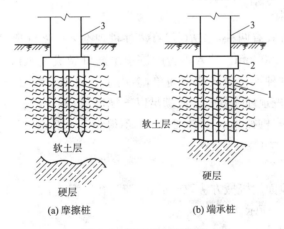

(a) 摩擦桩   (b) 端承桩

图 4.2 端承桩与摩擦桩

1—桩;2—承台;3—上部结构

(3)按桩身的材料不同分有钢筋混凝土桩、预应力混凝土桩、钢桩和组合材料桩等。桥梁工程中的桩基础多采用钢筋混凝土桩和预应力混凝土桩。

(4)按桩的施工方法分有打入桩和就地钻(挖)孔灌注桩。

打入桩是指钢筋混凝土预制桩在工厂或施工现场预制,用锤击打入、振动沉入等方法,使桩沉入土中。就地钻(挖)孔灌注桩是在现场就地钻(挖)孔,在孔内放置钢筋笼,后在孔内灌筑混凝土而成桩。

3. 桩基础构造

(1)桩的平面布置

钻孔灌注桩的设计桩径宜采用 0.8 m、1.0 m、1.2 m、1.5 m 和 2.0 m;挖孔灌注桩的直径或边宽不宜小于 1.25 m。桩在承台中的平面布置多采用行列式,以利于施工;如果承台底面布置不下时,可采用梅花式排列。

打入桩的桩尖中心距不应小于 3 倍桩径;振动下沉于砂土内的桩,其桩尖中心距不应小于 4 倍桩径;各类桩在承台板底面处桩的中心距不应小于 1.5 倍桩径。钻(挖)孔灌注桩摩擦桩的中心距不应小于 2.5 倍成孔桩径,钻(挖)孔灌注柱桩的中心距不应小于 2 倍成孔桩径。

各类桩的承台板边缘至最外一排桩的净距,当桩径 $d \leqslant 1$ m 时,不得小于 $0.5d$,且不得小于 0.25 m;当桩径 $d > 1$ m 时,不得小于 $0.3d$,且不得小于 0.5 m。对于钻孔灌注桩,d 为设计桩径。

成孔桩径是指成孔后的平均直径。设计桩径是指钻头直径。挖孔桩的成孔桩径等于设计桩径。

(2)承台板的构造

承台板为钢筋混凝土结构,其平面形式和尺寸应根据上部结构(墩台身)底部尺寸和形状以及基桩的平面布置而定。一般采用矩形。桥梁墩台的承台的厚度不宜小于 1.5 m。混凝土的强度等级采用 C15~C25。承台板的底部应布置一层钢筋网,当桩顶主筋伸入承台板联结时,此钢筋网在越过桩顶处不得截断。

(3)桩与承台的连接

桩和承台的连接方式有两种:①钻(挖)孔灌注桩现都采取将桩顶主筋伸入承台,桩身伸入承台长度一般为 150~200 mm。伸入承台的桩顶主筋可做成喇叭形或竖直形。②基桩桩顶直接埋入承台板内。这种连接方式比较简单,多用于普通钢筋混凝土桩及预应力混凝土桩。为了保证连接可靠,其桩顶埋入的长度应满足以下规定:当桩径(或边长)小于 0.6 m 时,不得小于 2 倍桩径或边长;当桩径为 0.6~1.2 m 时,不得小于 1.2 m;当桩径大于 1.2 m 时,不得小于桩径。

4.1.2.2　钻孔桩施工

钻孔灌注桩是在地面用机械方法取土成孔,清除孔底沉渣,放置钢筋笼浇注混凝土而成的桩,其施工程序如图 4.3 所示。

1. 钻孔灌注桩的特点

(1)与沉入桩施工中的锤击法相比,施工噪声和震动要小的多;

(2)能建造比预制桩的直径大的多的桩;

(3)在各种地基上均可使用;

(4)施工质量的好坏对桩的承载力影响很大;

(5)因混凝土是在泥水中灌注的,因此混凝土质量较难控制。

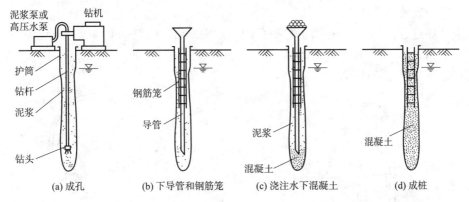

(a) 成孔　　　(b) 下导管和钢筋笼　　　(c) 浇注水下混凝土　　　(d) 成桩

图 4.3　钻孔灌注桩施工程序

2. 钻孔灌注桩的施工方法

1)施工方法及程序

造孔方法有:冲击造孔、冲抓造孔、旋转造孔、旋挖造孔和螺旋钻机造孔等一些造孔方法。

(1)冲击造孔

冲击法造孔是用冲击式钻机或卷扬机带动冲击钻头,上下往复冲击而造成桩孔。

它由钻机和钻头两大部分组成,并配有抽渣筒,冲击钻头如图 4.4 所示。

图 4.4　冲击钻钻头

适用于各类土层,在岩层、卵石等地层中较为常用。

(2)冲抓钻孔

冲抓钻机由钻架、卷扬机、滑轮、钢丝绳、转向装置和冲抓钻头等组成,配合出土设备,冲抓孔内土层,将孔内钻渣抓出运走。

冲抓钻机适用于黏性土、砂性土、粉质黏土夹碎石及粒径 50~100 mm 含量在 40% 以内的卵石层。

(3)旋转造孔

①正循环旋转钻孔

泥浆循环过程:泥浆池→钻杆内腔→钻头→孔内,泥浆挟带钻渣沿钻孔上升→护筒上口→沉淀池→泥浆池,如图 4.5 所示。

②反循环旋转钻孔

泥浆循环过程:泥浆池→护筒上口→孔内→钻头→钻杆内腔→泥浆管→沉淀池→泥浆池,如图 4.6 所示。

旋转钻头如图 4.7 所示。

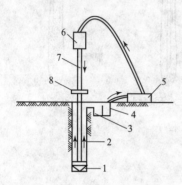

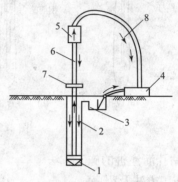

图 4.5　正循环工艺原理

1—钻头;2—泥浆循环方向;3—沉淀池;4—泥浆池;
5—泥浆泵;6—水龙头;7—钻杆;8—回转装置

图 4.6　反循环工艺原理

1—钻头;2—新泥浆流向;3—沉淀池;4—沙石泵;
5—水龙头;6—钻杆;7—回转装置;8—混合液流向

(4)旋挖造孔

适用于各种黏土、粉土质层和砂类土、碎(卵)石土或中等硬度以下基岩的桥墩桩基施工。施工前应根据不同的地质条件采用不等的钻头。旋挖钻头如图 4.8 所示。

图 4.7　旋转钻钻头

图 4.8　旋挖钻钻头

钻孔灌注桩施工工艺流程如图 4.9 所示。

2)钻孔准备工作

钻孔的准备工作主要有桩位测量及放样、平整施工场地、布设道路、设置供水、供电系统、制作和埋设护筒;制作钻架(钻机未配备钻架时),泥浆备料与调制、沉淀出渣及准备钻孔机具等。

(1)钻机和其他设备准备

国产正循环回转钻机主要部件为转盘、动力机、卷扬机、钻架、泥浆泵、钻杆和水龙头,另根据土质情况配备适用的钻头。

反循环回转钻机的主要部件大部分与正循环回转钻机相同,但一般不需要泥浆泵。按照

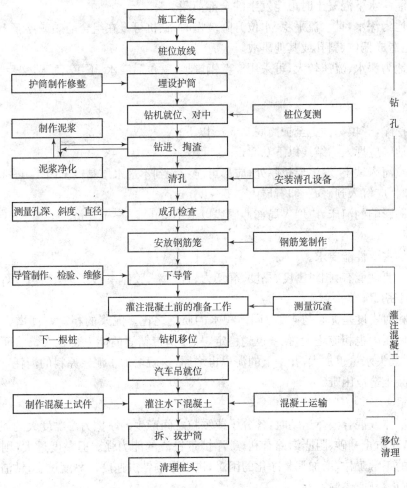

图 4.9　钻孔灌注桩施工工艺流程

吸升泥浆和钻渣混合物方法的不同,另配置泥石泵(吸泥泵)与真空泵,或空气吸泥机(又称气举法)、水力吸泥机(又称水力喷射法)等。

冲击钻机主要由钻架、卷扬机、钻头、泥浆泵组成。

(2)场地准备

钻孔场地的平面尺寸应按桩基设计的平面尺寸、钻机数量和钻机底座平面尺寸、钻机移位要求、施工方法以及其他配合施工机具设施布置等情况决定。

施工场地或工作平台的高度应考虑施工期内可能出现的高水位或潮水位,并高出其 0.5~1.0 m。

施工场地应按以下不同情况进行整理:

①场地为旱地时,应平整场地,清除杂物,换除软土,夯打密实。钻机底座不宜直接置于不坚实的填土上,以免产生不均匀沉陷。

②场地为陡坡时,可用枕木或木架搭设坚固稳定的工作平台。

③场地为浅水时,宜采用筑岛法。

④场地为深水或淤泥层较厚时,可搭水上工作平台。平台能支撑钻孔机械、护筒加压、钻

机操作以及灌注水下混凝土时可能发生的全部荷载。

⑤如场地为深水,且水流平稳、水位升降缓慢时,钻机可设在组合船舶或浮箱上,但必须锚固稳定,以免造成偏位、斜孔或其他事故。

⑥当场地为深水、流速较大,可采用双壁钢围堰,就位后灌水、下沉、落床,然后在其顶面搭设工作平台。

(3)护筒

①围土挖除,夯填黏性土至护筒底 0.5 m 以下;

②冰冻地区应埋入冻结线以下 0.5 m;

③深水及河床软土、淤泥层较厚处,应尽可能深入到不透水层黏性土内 1.0~1.5 m;河床下无黏性土时,应沉入到砾石、卵石层内 0.5~1.0 m;

④有冲刷影响的河床,应埋入局部冲刷线以下不少于 1.0~1.5 m。

(4)泥浆

①泥浆的主要性能要求。

泥浆的主要性能有:相对密度、黏度、静切力、含砂率、胶体率、失水率、酸碱度(pH 值)。

Ⅰ.相对密度

泥浆的相对密度是泥浆与 4℃时同体积水的质量之比。泥浆的相对密度增大时,在钻孔中对孔壁的侧压力也相应增大,孔壁也越稳定,悬浮携带钻渣的能力也越大。然而,相对密度过大的泥浆,其失水量也加大,孔壁上的泥皮也增厚,这就增加了泥浆原料的消耗,而且会给清孔和灌注混凝土造成困难。

Ⅱ.黏度

黏度是液体或混合液体运动时,各分子或颗粒之间产生的摩擦力。黏度大的泥浆,产生的孔壁泥皮厚,对防止翻砂、阻隔渗漏有利,悬浮携带钻渣的能力强。但黏度过大,则易"糊钻",影响泥浆泵的正常工作,增加泥浆净化的困难,进而影响钻进速度。黏度过小,钻渣不易悬浮,泥皮薄,对防止翻砂、渗漏不利。

Ⅲ.静切力

静切力是静止的泥浆受外力后开始流动所需的最小的力。泥浆静切力要适当,太大则流动阻力大,流往沉淀池的泥浆中的钻渣不易沉淀,影响净化速度,使泥浆相对密度过大,钻进速度降低,太小则悬浮携带钻渣效果不好,钻进速度也会降低。

Ⅳ.含砂率

含砂率是泥浆内所含的砂和黏土颗粒的体积比。泥浆含砂率大时,会降低黏度,增加沉淀,容易磨损泥浆泵。

Ⅴ.胶体率

胶体率是泥浆静止后,其中呈悬浮状态的黏土颗粒与水分离的程度,以百分比表示。胶体率高的泥浆,黏土颗粒不易沉淀,悬浮钻渣的能力高,否则反之。

Ⅵ.失水率

失水率又称为失水量或渗透量,是泥浆在钻孔内受内外水头压力差的作用下在一定时间内渗入地层的水量,以 mL/30 min 为单位。

Ⅶ.酸、碱度

以 pH 表示,pH 等于 7 为中性泥浆,小于 7 为酸性,大于 7 为碱性。

根据钻孔方法和土层情况,调制的钻孔泥浆及经过循环净化的泥浆性能指标可参照表4.1。

表 4.1　泥浆性能指标选择

钻孔方法	地层情况	泥浆性能指标						
		相对密度	黏度(s)	含砂率(%)	胶体率(%)	静切力(Pa)	pH	失水率(mL/30 min)
正循环	一般地层	1.05～1.20	16～22	≤4	≥96	1.0～2.5	8～10	≤25
	易坍地层	1.20～1.45	19～28	≤4	≥96	3～5	8～10	≤15
反循环	一般地层	1.02～1.06	16～20	≤4	≥95	1～2.5	8～10	≤20
	易坍地层	1.06～1.10	18～28	≤4	≥95	1～2.5	8～10	≤20
	卵石层	1.10～1.15	20～35	≤4	≥95	1～2.5	8～10	≤20
冲击钻	一般地层	1.10～1.20	18～24	≤4	≥95	1～2.5	8～11	≤20
	易坍地层	1.20～1.40	22～30		≥95	3～5	8～11	≤20
	卵石、浮石、岩石	1.4～1.5	25～28		≥90	3～5	8～11	≤20

注:(1)地下水位高或其流速大时,指标取高限,反之取低限。
　　(2)地质较好,孔径或孔深较小时,指标取低限,反之取高限。

②泥浆的制备

Ⅰ. 黏土的选择及普通泥浆

黏土以水化快、造浆能力强、黏度大的膨润土或接近地表经过冻融的黏土为好,但应尽量就地取材。经过野外鉴定,具有下列特征的土,可符合上述要求作为调制泥浆的原料。

a. 自然风干后,用手不易掰开捏碎;

b. 用刀切开时,切面光滑,颜色较深;

c. 水浸湿后有黏滑感,加水和成泥膏后,容易搓成 1 mm 的细长泥条,用手指搓捻,感觉砂粒不多。浸水后能大量膨胀。一般可选塑性指数大于 25,粒径小于 0.005 mm 颗粒含量多于总量 50% 的黏土制浆。当缺少适宜的黏土时,可用略差的黏土,并掺入 30% 的塑性指数大于 25 的黏土;若采用黏性土时,其塑性指数不宜小于 15,大于 0.1 mm 的颗粒不宜超过 6%。所选黏土中不应含有石膏、石灰或钙盐类化合物。

Ⅱ. 优质泥浆的调制

优质泥浆(稳定液)的固壁和悬浮钻渣效能高,在用正、反循环回转钻进直径 1.2 m 以上、孔深 30 m 以上的井孔且地层松散易坍孔时,一般采用优质泥浆,优质泥浆性能表见表4.2。

表 4.2　优质泥浆性能表

项目	相对密度	黏度(s)	静切力(Pa)	含砂率(%)	pH 值	胶体率(%)	失水率(mL/30 min)	稳定性
数值	1.03～1.10	18～22	2～5	<2%	8～10	>98	14～20	<0.03

Ⅲ. 泥浆的调制

制浆前,应先把黏土块尽量打碎,使其搅拌时易于成浆,缩短搅拌时间,提高泥浆质量。

制浆有机械搅拌、人工搅拌和钻头搅拌三种方法。

用正、反循环回转钻钻进时,由于要求的泥浆质量高,最好在井孔外以泥浆搅拌机制成泥浆后使用。

钻头搅拌是冲击成孔时,将黏土原料投入孔底,利用冲击钻头上下冲击,搅拌成泥浆。

人工搅拌是先将黏土加水放入制浆池内浸透,然后用人工搅拌。

Ⅳ. 泥浆的循环和净化处理

a. 冲击正循环钻孔

泥浆循环系统主要由泥浆池、高压泥浆泵、出浆管和进浆管四大部分组成。

泥浆从孔口经由出浆管进入泥浆池,经过沉淀池,再由泥浆泵将泥浆经由进浆管送回孔底。进浆管的下管口是一节长约 0.6 m 的特制钢管,钢管上焊接一个圆环,套在钻头顶部钢丝主绳上,上下用卡环夹住,使钢管不致上下移动,又能绕钢丝主绳转动,避免在钻孔过程中进浆管与钢丝主绳缠结在一起。含渣泥浆再从孔底上翻至孔口,经出浆管进入泥浆池。通过泥浆循环,孔底的钻渣即可在泥浆池中沉淀下来,再人工将钻渣清除,达到清渣的目的。

b. 用正、反循环回转钻钻孔并在旱地施工

可设置制浆池、储浆池、沉淀池并用循环槽连接。

c. 机械净化法(泥浆分离器净化)

机械净化泥浆法是把井孔内排除的混有钻渣的泥浆送到二级或三级高频振动泥浆筛上,首先把 0.5 mm 以上的大颗粒筛出,通过皮带运输机装入汽车运走,混有 0.5 mm 以下的砂粒的泥浆用泥浆泵压入旋流除渣器,净化后返回井孔。

泥浆循环如下:新制泥浆→泥浆池→桩孔→泥浆分离器净化→泥浆池→桩孔。

d. 深水处泥浆的循环和净化

有两种方法:一种是在岸上设黏土库、制浆池、沉淀池,净化泥浆。另配备 2~3 只船,船上均设储浆池和存泥浆槽的贮渣浆池,分别补充净化泥浆和接受钻孔流出的含渣泥浆。

另一种方法是除黏土库和制浆池设在岸上,其余泥浆槽、沉淀池、储浆池等均设在船上,用泥浆泵压送泥浆,储浆池和沉淀池隔开。

3)成孔工艺

(1)正循环回转钻成孔工艺

① 钻机就位

立好钻架并调整和安设好起吊系统,将钻头吊起,徐徐放进护筒内。启动卷扬机把转盘吊起,垫方木于转盘底座下面,将钻机调平并对准钻孔。然后装上转盘,要求转盘中心同钻架上的起吊滑轮在同一铅垂线上,钻杆位置偏差不得大于 2 cm。在钻进过程中要经常检查转盘,如果有倾斜或位移,应及时纠正。

②初钻

先启动泥浆泵和转盘,使之空转一段时间,待泥浆输入钻孔中一定数量后,方可开始钻进。

钻进时操作要点

a. 开始钻进时,进尺要适当控制,在护筒刃脚处,应低挡慢速钻进,使刃脚处有坚固的泥皮护壁。钻至刃脚下 1 m 后,可按土质情况以正常速度钻进。如护筒外侧土质松软发现漏浆时,可提起钻头,向孔中倒入黏土,再放下钻头倒转,使胶泥挤入孔壁堵住漏浆空隙,稳住泥浆继续钻进。

b. 在黏性土中钻进时,由于泥浆黏性大,钻头所受阻力也大,易糊钻。宜选用中等转速、大泵量、稀泥浆钻进。

　　c. 在砂类土或软土层钻进时,易坍孔,宜选用低转速、大泵量、稠泥浆钻进。

　　d. 在卵石、砾石类土层中钻进时,因土层较硬,会引起钻头跳动、钻杆摆动加大和钻头偏斜等现象,易使钻机因超负荷而损坏。宜采用低挡慢速、优质泥浆、大泵量、两级钻进的方法钻进。

　　e. 减压钻进。为保证钻孔的垂直度和减小扩孔率,须采用重锤导向减压钻进。钻头、配重、钻杆总重的一半左右作为钻压,其余由钻架承担,使钻杆始终处于受控状态,配重应根据不同的地质情况恰当选取。

　　f. 泥浆补充与净化

　　开钻前应调制足够数量的泥浆,钻进过程中如泥浆有损耗、漏失应予补充。每钻进 2 m或地层变化处,应在泥浆槽中捞取钻渣样品,查明土类并记录,以便与设计资料核对。

　　g. 钻探测量:钻进过程中应经常测量孔深,并对照地质柱状图随时调整钻进技术参数。达到设计孔深后及时清孔提钻,清孔时以所换新鲜泥浆达到孔内泥浆含砂量逐渐减少至稳定不沉淀为度。

　　h. 成孔质量检查:成孔后应对孔径、钻深、孔深、孔底沉渣厚度、孔斜等逐项检查并记入钻孔记录和检查证中。孔位偏差:群桩:≤100 mm;单排桩:≤50 mm。斜度不得超过 1%。

　　(2)反循环回转法成孔

　　反循环方式有泵吸式和气举式两种反循环。

　　①泵吸式反循环回转钻成孔工艺

　　Ⅰ. 钻机就位(同正循环)

　　Ⅱ. 开钻

　　为防止堵塞钻头的吸渣口,应将钻头提高距孔底约 20~30 cm,将真空泵加足清水(为便于真空启动,不得用脏水),关紧出水控制阀和沉淀室放水阀使管路封闭,打开真空管路阀门使其畅通,然后启动真空泵,抽出管路内的气体,产生负压,把水引到泥石泵,通过沉淀室的观察窗看到泥石泵充满水时关闭真空泵,立即启动泥石泵。当泥石泵出口真空压力达到 0.2MPa以上时,打开出水控制阀,把管路中的泥水混合物排到沉淀池,形成反循环后,启动钻机慢速开始钻进。

　　Ⅲ. 接长钻杆

　　当一节钻杆钻完后,先停止转盘转动,并使反循环系统延续工作至孔底沉渣基本排净,然后关闭泥石泵接长钻杆,在接头法兰盘之间垫 3~5 mm 厚的橡皮圈,并拧紧螺栓,以防漏气、漏水;一切正常后继续钻进。

　　Ⅳ. 控制钻速

　　在硬黏土中钻进时,用一挡转速,放松起吊钢丝绳,自由进尺。在高液限黏土、含砂低液限黏土中钻进时,可用二、三挡转速,自由进尺。在砂类土或含少量卵石的砂土中钻进时,宜用一、二挡转速,并控制进尺,以免陷没钻头或抽吸钻渣的速度跟不上。遇地下水丰富且易坍孔的粉质土时,宜用低挡慢速钻进,减少钻头对粉质土的搅动,同时应加大泥浆相对密度和提高水头,以加强护壁,防止坍孔。

　　成孔质量检查项目同正循环钻孔工艺。

　　②气举式反循环回转钻成孔工艺

　　当吸程小于 10 m 时不宜使用气举式反循环,应先用正循环开孔至吸程达 10 m 后,再改为气举式反循环。

Ⅰ. 钻机就位

钻机安装的平面位置与水平要求与泵吸式的相同,因单侧出渣管较大较重,要消除偏心荷载对提引水龙头密封结构的不利影响,可在水龙头出口端加一布点,向上提吊,以保证钻杆的竖直。要仔细检查电动机的电源线,防止错接。此外,还应对供浆、供风系统等逐一检查,完善后,方可开钻。

Ⅱ. 操作要点与注意事项

气举式反循环回转钻进正常工作状态下的操作要点基本上与泵吸式的相同,须注意的是空压机送风须与钻头回转同时进行。接钻杆时,须将钻杆稍提升 30 cm 左右,先停止钻头回转,再送风数分钟,将孔底钻渣吸尽,再放下钻头,进行拆装钻杆工作,以免钻渣沉淀而发生埋钻头事故。另外须随时注意护筒口泥浆面高程,如果逐渐往下降落时,须立即补浆入护筒,以免因水头不够而发生坍孔事故。

(3)冲击(正循环)钻机成孔工艺

采用冲击正循环钻孔,具体方法是将泥浆泵接高压管至孔口,即用高压软管顺钢丝绳直至钻头以上约 1 m 左右,管头装接,并固定在钢丝绳上,通过泥浆泵将泥浆压入孔底,将悬浮钻渣从护筒口排出进入滤浆池,滤浆槽过滤的泥浆流入储浆池重新使用。整个泥浆系统由泥浆泵、泥浆高压管路、滤浆池、滤浆槽、储浆池组成,钻孔过程中应适量补充泥浆。

①机具布置。机具布置随所用钻机类型而异。在埋好的护筒和备足护壁泥浆黏土后,将钻机对位,安装好钻架,对准桩孔中心,就可以冲击钻进。

②开孔。开钻时应先在孔内灌注泥浆,泥浆相对密度等指标根据土层情况而定。如孔中有水,可直接投入黏土,用冲击锥以小冲程反复冲击造浆。

开孔及整个钻进过程中,应始终保持孔内水位高出地下水位(河中水位)1.5～2.0 m,并低于护筒顶面 0.3 m 以防溢出。特别是护筒底口以下 3 m 以内,须反复投入小片石(粒径不大于 15 cm)与黏土的混合物,采用小冲程冲砸密实,防止缩孔或坍孔。

一般细粒土层可采用浓泥浆、小冲程、高频率反复冲砸,使孔壁坚实不坍不漏。

在砂及卵石类土等松散层开孔或钻进时,可按 1∶1 投入黏土和小片石的混合物,以冲击锥反复冲击,使泥膏、片石挤入孔壁,必要时应采取回填反复冲击 2～3 次。

③正常钻进时,应注意以下事项:

a. 冲程大小和泥浆稠度应按通过的土层情况掌握,当通过砂、砂砾石或含砂量较大的卵石层时,应采用 1～2 m 的中、小冲程,并加大泥浆稠度,反复冲击使孔壁坚实,防止坍孔。

b. 当通过含砂低液限黏土等黏土质土层时,因土层本身可造浆,应降低输入的泥浆稠度,并采用 1～1.5 m 的小冲程,防止卡钻、埋钻。

c. 当通过坚硬密实卵石层及漂石、基岩之类土层时,可采用 4～5 m 的大冲程,将卵石、漂石或基岩破碎。

d. 在任何情况下,最大冲程不宜超过 6 m,防止卡钻,冲坏孔壁或使孔壁不圆。

e. 为正确提升钻头的冲程,宜在钢丝绳上作标志。

f. 钻头直径磨损超过 1.5 cm 时,应及时更换、修补。

g. 需将钻头提起时应关闭泥浆泵避免出现浆嘴喷射砂卵石孔壁造成塌孔。

④检孔:

钻孔达到设计高程后,应对孔位、孔径、孔深和孔形等进行检查,孔位偏差:群桩:≤100 mm;单排桩:≤50 mm,斜度不得大于1%。设计图上未注明时,孔深容许偏差:摩擦桩:不小于设计规定;柱桩:比设计深度超深不小于50 mm。

(4)岩溶地区冲击钻孔桩施工

①钻前准备

岩溶地区钻孔桩的钻前准备工作要足够充分。它包括以下内容:

a. 掌握详尽的桩位处地质、水文地质资料,进行分析研究,制订最适当的施工方案和施工技术保障措施,在多层溶洞地质条件非常复杂的情况下,每孔都要提出地质钻孔资料。

b. 备足成孔用水、黏土、片石、碎石等必备材料,确保意外情况出现时,不致发生停工待料及其他严重的事故发生。

c. 钻头的选择可根据钻孔直径、钻孔类型及地质条件等比较决定,一般选用3.5~5.9t、底部带球弧面十字形铸钢实体钻头为宜,钻头直径宜较设计孔径小2~3 cm,焊ϕ32 mm钢筋环4个,并用ϕ28 mm钢丝绳绕2~3圈,以备掉钻头后易于打捞。由于钻具磨损最大,应有备用钻头和修理钻头的设备。

d. 对钻机钢丝绳的要求

应选用ϕ28 mm(6×37)的钢丝绳,注意要有出厂合格证,检查钢丝绳的质量,要求优质、柔韧,无死弯和断丝。钢丝绳要有足够的长度,即从卷扬机滚筒算到设计最深的桩底高程,滚筒上要留有7圈以上的富余量,绳尾必须锚固在滚筒上。

e. 钢丝绳与钻头连接应采取钨金套,捞与钨金套上钢丝绳应同直径,连接卡子不得少于8个,间距为180~200 mm,安装时先对称拧紧每个卡子,然后再逐个复拧,使每个卡子受力均匀。

②岩溶地区钻孔桩成孔工艺

开孔前应在护筒内多加一些黏土块,如土质疏松,还要混入一定数量的小片石,借钻头冲击力把泥膏、石块挤向孔壁,以加固护筒刃脚。

开始造孔时,宜采用小冲程,使成孔坚实、竖直、圆顺,对继续钻孔起导向作用,钻进深度超过钻头全高加冲程后,方可进行正常冲击,冲程以2.0~3.0 m为宜。但在下列情况下,应采用2.0 m以下的中低冲程:

a. 在斜面开孔及在护筒内和护筒刃脚以下2.0~3.0 m范围内钻进时;

b. 在停钻投泥重新开钻时;

c. 当遇到局部砂层或溶洞时;

d. 在抛石回填重钻以及在处理特殊情况时。

钻进时落钻头速度要均匀,不得过猛或骤然变速,以免碰撞孔壁或护筒,或因提速过快而造成负压引起坍孔。

钻进过程中,必须勤松绳,但每次少松一点,防止打空锤。

钻孔应一次成孔,不得中途停顿,如因故障停顿时,钻头应提出孔外,孔口加盖防护。

在岩溶地区由于地层情况复杂,钻孔时应对不同的地层采用不同的冲击方法,以保证钻孔质量和钻进的顺利进行。

钻孔过程中,应经常对已钻成的孔进行检查。检孔器用圆钢筋制作,高度为钻孔直径的4~6倍,直径与钻孔桩直径相同。每钻孔进2 m,应用检孔器检查测量一次孔径。如果检孔器不能通过,即表明钻孔不合要求,可能发生弯孔、斜孔、十字槽或探头石等问题。因此,应抛片石、黏土坯至直径开始变小处以上 0.3～0.5 m 再行钻孔。禁止未投片石、黏土,单纯使用钻头修孔,以防卡钻事故。

在卵石层中,泥浆相对密度应在 1.4 左右,以加强护壁和防止渗漏。冲程可以较大,以便破碎卵石。

在溶洞中钻进,由于桩孔进入溶洞范围内,溶洞不是整齐的,顶板和底板犬牙交错,高低不平,钻进溶洞顶板及底板都存在一个斜面开孔问题。因此必须采取相应措施。根据地质柱状图掌握钻进高程或根据冲击声判断,钻进接近顶板 0.3～0.5 m 时应控制冲程在 1.0 m 以内,空洞内钻进须分层填黏土坯和石块(边长 10～15 cm),经反复冲砸已形成的泥壁,堵塞原洞内填充物的活动通道,防止孔壁坍塌和泥浆流失。钻头在洞内冲击高低不平的岩面时,或一面有岩,一面悬空时,容易造成卡钻或斜孔事故。纠偏方法仍然是抛填片石和黏土坯,用低冲程打密,反复循环多次,保证冲孔质量。

采用长护筒时,护筒与岩石面接触处的造壁处理,如打入岩面的钢护筒刃脚只有一点或几点接触岩面,在护筒刃脚下,用 10～15 cm 边长的片石和黏土(体积比 1:1)分层抛填,顶面应注意平整。以低冲程(1.0～1.5 m)反复冲砸,挤压泥石堵塞溶洞,形成坚实的泥石壁,保证施工过程不坍不漏。

为防止掉钻头,要求每班检查 1～2 次钢丝绳、卡子、滑车、钻头卷扬机等机具设备,若发现钢丝绳在同一旋距内断丝超过 2 根,则应予以更换,其他机具发现问题应及时处理或更换。

③岩溶地区钻孔施工的处理方法

在钻孔进入岩溶地层时,投入大量潮湿的黏土块和片石并立即补水,利用钻头冲击黏土块和片石挤入溶洞及其裂缝中,堵住溶洞和岩溶裂隙,形成一个封闭的环形壁,完成钻孔桩施工成桩,处理方法为:

a. 钻至离溶洞顶部 1 m 左右时,准备足够的小片石(粒径为 10～20 cm)和黏土,黏土要做成泥球(15～20 cm 大小),对于半充填和无充填物的溶洞要组织足够的水源。

b. 钻至离溶洞顶部 1 m 左右时,在 1～1.5 m 范围内变换冲程,逐渐将洞顶击穿,防止卡钻。

c. 对于空溶洞或半充填的溶洞,在击穿洞顶之前,更需有专人密切注意护筒内泥浆面的变化,一旦泥浆面下降,应迅速补水,然后根据溶洞的大小按 1:1 的比例回填黏土和片石,进行冲砸堵漏,只有当泥浆漏失现象全部消失后才转入正常钻进。如此反复使钻孔顺利穿越溶洞。

d. 对于特大型空溶洞或半充填的溶洞,为了防止孔壁坍塌,采取用套筒(小护筒)隔离上部松软地层的方法进行处理。

e. 对于溶洞内填充物为软弱黏性土或淤泥的溶洞,进入溶洞后也应向孔内投入黏土、片石混合物(比例 1:1),冲砸固壁。

f. 钻头穿越溶洞时要密切注意大绳的情况,以便判断是否歪钻。若歪钻,应按 1:1 的比例回填黏土和片石至弯孔处 0.5 m 以上,重新冲砸。

(5)冲击连续反循环钻机的钻孔施工

① 冲击连续反循环钻进的原理

冲击钻头由带有提引平衡机构的冲击反循环的钻机上的两根钢丝绳提引。两根提引钢绳在任何状态下的拉力和提升速度必须保持一致,钻头带有中心孔,排渣管由钻头中心孔到孔底。排渣管道通过胶管与砂石泵相连。钻头冲击破碎的岩渣通过排渣和经砂石泵排到泥浆分离器,经泥浆池沉淀的泥浆再泵回井孔。其主要优点有两条:冲击钻进与排渣连续进行,彻底摆脱了冲击钻进不能排渣,或排渣不能冲击钻进的落后局面。其一般工效是原同功率机型的2～3倍,另外还具有清孔比较干净,沉渣量少,故能明显提高施工质量等。

②钻孔前的准备工作

熟悉各桩位处的地质情况,选用正确的施工方案。

泥浆池设置在墩位附近,以便泥浆循环,泥浆池的设置以泥浆出渣能力大、满足钻孔要求为原则。泥浆池包括沉淀池和泥浆池。

③安装泥浆处理系统

泥浆处理系统由砂石泵和泥浆分离器组成。桩孔内含渣泥浆通过砂石泵抽入泥浆分离器,泥浆流入泥浆池沉淀后流回孔内,分离出的钻渣及时清理并运至弃土场。

④冲击连续反循环成孔工艺同冲击正循环的成孔工艺。

4)钻孔事故的预防及处理

(1)坍孔

各种钻孔方法都可能发生坍孔事故,坍孔的表征是孔内水位突然下降,孔口冒细密的水泡,出渣量显著增加而不见进尺,钻机负荷明显增加等。

①坍孔的原因

a. 泥浆相对密度不够及其他泥浆性能指标不符合要求,使孔壁未形成坚实泥皮。

b. 未及时补浆或河水、潮水上涨,或孔内出现承压水或钻孔通过砾砂等强透水层,孔内水流失等而造成孔内水头高度不够。

c. 护筒埋置太浅,下端孔口漏水、坍塌或孔口附近地面受水浸湿泡软,或钻机直接接触在护筒上,由于振动使孔口坍塌,扩展成较大坍孔。

d. 在松软砂层中钻进进尺太快。

e. 吊入钢筋骨架时碰撞孔壁。

②坍孔的预防和处理

a. 在松散粉砂土和流砂中钻进时,应控制进尺速度,选用较大相对密度、黏度、胶体率的泥浆或优质泥浆。

b. 汛期或潮汐地区水位变化过大时,应采取升高护筒,增高水头措施。

c. 发生孔口坍塌时,可立即拆除护筒并回填钻孔,重新埋设护筒后再钻。

d. 如发生孔内坍塌,判明坍塌位置,回填砂(或黏土)混合物到坍孔处以上 1～2 m,如坍孔严重时应全部回填,待回填物沉积密实后再行钻进。

e. 吊入钢筋笼时应对准孔中心竖直插入,严防触及孔壁。

(2)斜孔

①斜孔原因

a. 钻孔中遇有较大的孤石或探头石。

b. 在有倾斜的软硬地层交界处,岩面倾斜处钻进;或者粒径大小悬殊的砂卵石层中钻进,钻头受力不均。

c. 钻机底座未安置水平或产生不均匀沉陷、位移。

d. 钻杆弯曲、接头不正。

②斜孔的预防和处理

a. 安装钻机时要使转盘、底座水平,起重滑轮缘、固定钻杆的卡孔和护筒中心三者应在一条竖直线上,并经常检查校正。

b. 钻杆接头应逐个检查,及时调整,当钻杆弯曲时,要用千斤顶及时调直。

c. 在有倾斜的软、硬地层钻进时,应吊着钻杆控制进尺,低速钻进,或回填片石冲平后再钻进。

(3)扩孔和偏孔

扩孔比较多见,一般表现为局部的孔径过大。在地下水呈运动状态时,土质松散地层处或钻头摆动过大,易于出现扩孔。扩孔发生原因同坍孔相同,轻则为扩孔,重则为坍孔。若只在孔内局部发生坍塌而扩孔,钻孔仍能达到设计深度则不必处理。若因扩孔后继续坍塌影响钻进,应按坍孔事故处理。

缩孔即孔径超常缩小,一般表现为钻机钻进时发生卡钻,提不出钻头或者提钻异常困难的迹象。

缩孔原因有两种:一种是钻头焊补不及时,严重磨耗的钻头往往钻出较设计桩径稍小的孔;另一种是由于地层中有软塑土(俗称橡皮土),遇水膨胀后使孔径缩小。

为防止缩孔,前者要及时修补磨损的钻头,后者要使用失水率小的优质泥浆护壁并须快速钻进,并复钻二、三次;或者使用卷扬机吊住钻头上下、左右反复扫孔以扩大孔径,直至使缩孔部位达到设计孔径要求为止。

(4)梅花孔(或十字孔)

常发生在冲击钻钻进时,冲成的孔不圆,称为梅花孔或十字孔。

①形成的原因

a. 锥顶转向装置失灵,以致冲锥不转动,总在一个方向上下冲击。

b. 泥浆相对密度和黏度过高,冲击转动阻力太大,钻头转动困难。

c. 操作时钢丝绳太松或冲程太小,钻头刚提起又落下,钻头转动时间不充分或转动很小,改换不了冲击位置。

d. 在非匀质地层,如漂卵石层、堆积层等易出现探头石,造成局部孔壁凸进,成孔不圆。

②预防办法

a. 应经常检查转动装置的灵活性,及时修理或更换失灵的转向装置。

b. 选用适当黏度和相对密度的泥浆。

c. 用低冲程时,每冲击一段换用高一些的冲程冲击,交替冲击修整孔形。

d. 出现梅花孔后,可用片、卵石混合黏土回填重钻。

(5)卡钻

卡钻常发生在小冲击钻钻进时,冲锥头卡在孔内提不起来,发生卡钻。

①产生卡钻的原因

a. 钻孔形成梅花形,钻头被狭窄部位卡住。

b. 未及时焊补钻头,钻孔直径逐渐变小,而焊补后的钻头大了,又用高冲程猛击,极易发生卡钻。

c. 伸入孔内不大的探头石未被打碎,卡住锥脚或锥顶。

d. 孔口掉下石块或其他物件,卡住钻头。

e. 在黏土层中冲击的冲程太高,泥浆太稠,致使钻头被吸住。

f. 大绳松放太多,钻头倾倒,顶住孔壁。

②处理方法

处理卡钻应先弄清情况,针对卡钻原因进行处理。宜待钻头有松动后方可用力上提,不可盲动,以免造成越卡越紧。

a. 当为梅花卡钻时,若钻头向下有活动余地,可使钻头向下活动至孔径较大方向提起钻头,也可松一下钢丝绳,使钻头转动一个角度,有可能将钻头提出。

b. 卡钻不宜强提以防坍孔、埋钻。宜用由下向上顶撞的办法,轻打卡点的石头,有时使钻头上下活动,也能脱离卡点或使掉入的石块落下。

c. 用较粗的钢丝绳带打捞钩或打捞绳放进孔内,将钻头勾住后,与大绳同时提动,或交替提动,并多次上下、左右摆动试探,有时能将钻头提出。

d. 在打捞过程中,要继续循环泥浆,防止沉淀埋钻。

e. 将压缩空气管或高压水管下入孔内,对准钻头一侧或吸锥处适当冲射,使卡点松动后强行提出。

f. 使用专门加工的工具将顶住孔壁的钻头拨正。

g. 用以上方法提升卡钻无效时,可试用水下爆破提钻方法。将防水炸药(少于 1kg)放入孔内,沿锥的溜槽放到锥底,而后引爆,震松卡钻钻头,再用卷扬机和链滑车同时提拉,一般是能提出的。

(6)掉钻落物

各种钻孔方法均可能发生掉钻落物事故。

① 掉钻落物的原因

a. 卡钻时强提强扭,操作不当,使钻杆或钢丝绳超负荷或疲劳断裂。

b. 钻杆接头不良和滑丝。

c. 电动机接线错误,钻机反向旋转,钻杆松脱。

d. 冲击钻头合金套灌注质量差致使钢丝绳拔出。

e. 钢丝绳、转向套等焊接处断开。

f. 钢丝绳与钻头连接处上的绳卡数量不足或松弛。

g. 钢丝绳过度陈旧,断丝太多,未及时更换。

h. 操作不慎,落入扳手、撬棍等物。

②预防措施

a. 开钻前应清除孔内落物,零星铁件可用电磁铁吸取,较大落物和钻具也可用冲抓锥打捞,然后在护筒口加盖。

b. 经常检查钻具、钻杆、钢丝绳和联结装置。

c. 为便于打捞落锥,可在冲击锥或其他类型的钻头上预先焊打捞环、打捞杆,或在锥身上围捆几圈钢丝绳。

(7)糊钻和埋钻

糊钻和埋钻常出现于正、反循环回转钻进和冲击钻钻进。正反循环回转钻进中,糊钻的表征是在细粒土层中钻进时进尺缓慢,甚至不进尺出现憋泵现象;在黏土层冲击成孔时,由于冲程太大,泥浆黏度过高,钻渣量大,以至钻头被糊住或被埋住。

预防和处理办法:对正反循环回转钻,可清除泥包,调节泥浆的相对密度和黏度,适当增大泵量和向孔内投入适量砂石解决泥包糊钻,选用刮板齿小、出浆口大的钻头;对于冲击钻,除上述方法外,还应减小冲程适当控制进尺,若已严重糊钻,应停钻,清除钻渣。

5)清孔

(1)清孔的目的

清孔的目的是抽、换原钻孔内泥浆,降低泥浆的相对密度、黏度、含砂率等指标,清除钻渣,减少孔底沉淀厚度,防止桩底存留沉淀土过厚而降低桩的承载力。

清孔还为灌注水下混凝土创造良好条件,使测深正确,灌注顺利,确保混凝土质量,避免出现断桩之类重大质量事故。

(2)清孔的方法

①抽浆法清孔

抽浆清孔比较彻底,适用于各种钻孔方法的摩擦桩、柱桩和嵌岩桩。但孔壁易坍塌的钻孔使用抽浆法清孔时,操作要注意,防止坍孔。

a. 用反循环回转钻机钻孔时,可在终孔后停止进尺,利用钻机的反循环系统的泥石泵持续吸渣 5~15 min 左右,使孔底钻渣清除干净。

b. 空气吸泥机第二次清孔是以灌注水下混凝土的导管作为吸泥管,高压风管可设在导管内,也可设在导管外。

②换浆法清孔

当使用正循环回转钻钻进时,终孔后,停止进尺,稍提钻头离孔底 10~20 cm 空转,并保持泥浆正常循环,以中速将相对密度 1.03~1.10 的较纯泥浆压入,把钻孔内悬浮钻渣较多的泥浆换出。

当使用冲击钻时,也可采用换浆法清孔,清孔分两次进行。第一次,钻孔深度距设计孔底高程 1 m 左右时,将泥浆池中的泥浆全部放掉,向孔中投入约 10 m³ 黏土重新造浆替换原来的泥浆;孔深达到设计孔底高程后,钻头在孔底 1.5 m 范围内上下缓慢活动,泥浆继续循环约 2 h,并适当加入清水降低泥浆比重。泥浆指标满足要求,相对密度 1.05~1.1,黏度 17~20 s,含砂率<2%之后,再将钻头提出,下检孔器,检查合格后,即可下钢筋笼和混凝土灌注导管,然后进行第二次清孔。第二次清孔时,先将混凝土灌注导管插入孔底,然后盖上闷头,接上泥浆管,开动泥浆泵,让泥浆循环,直到孔底检测沉淀厚度满足规范要求。

(3)清孔的质量要求

①孔底沉淀土的厚度不大于设计规定。

②清孔后的泥浆性能指标:含砂率不大于 2%,相对密度为 1.03~1.10,黏度为 17~20 s,胶体率≥98%,各项指标在钻孔的顶、中、底部分别取样检验,以其平均值为准。

6)钻孔桩灌注水下混凝土

水下混凝土工程一般采用垂直导管法施工。用垂直导管法灌注水下混凝土时,混凝土拌和物是通过导管下口,进入到初期灌注的混凝土(作为隔水层)下面,顶托着初期灌注的混凝土及其上面的泥浆或水上升。为使灌注工作顺利进行,应尽量缩短灌注时间,坚持连续作业,使灌注工作在首批混凝土初凝以前的时间内完成。

(1)灌注机具设备的准备

①导管：导管是灌注水下混凝土的重要工具，用钢板卷制焊成或采用无缝钢管制成。其直径按桩长、桩径和每小时通过的混凝土数量决定，可按表 4.3 选用。

导管在使用前和使用一个时期后，除应对其规格、质量和拼接构造进行认真地检查外，还需做拼接、承压、水密和接头抗拉试验。水

表 4.3　导管直径表

导管直径(mm)	通过混凝土数量(m³/h)	桩径(m)
200	10	0.6～1.2
250	17	1.0～2.2
300	25	1.5～3.0
350	35	大于 3.0

密试验时水的压力不小于井孔内水深 1.3 倍的压力，进行承压试验时的水压力不应小于导管管壁可能承受的最大内压力 P_{max}。试验方法是把拼装好的导管先注满水，两端封闭，一端焊风管接头，输入计算的风压力，经过 15 min 不漏水即为合格。

导管可在钻孔旁预先分段拼装，在吊放时再逐段拼装。分段拼装时应仔细检查，变形和磨损严重的不得使用，导管内壁和法兰盘表面如粘附有灰浆和泥砂应擦拭干净。

②漏斗、溜槽、储料斗

漏斗：导管顶部应设置漏斗，其上设溜槽，储料斗和工作平台。

储料斗：它的作用是储放灌注首批混凝土必需的储量。

漏斗和储料斗的容量（即首批混凝土储备量）应使首批灌注下去的混凝土能满足导管初次 h_2 埋置深度的需要。钻孔灌注桩漏斗和储料斗最小容量可用下式计算：

$$V \geqslant \frac{1}{4}\pi d^2 h_1 + \frac{\pi D^2}{4} H_c \tag{4.1}$$

式中　h_1 ——井孔内混凝土高度达到 H_c 时，导管内混凝土抗平衡导管外水（或泥浆）压所需要的高度，即 $h_1 \geqslant H_w \gamma_w / \gamma_c$；

H_c ——灌注首批混凝土时所需井孔内混凝土面至孔底高度，$H_c = h_1 + h_2$ (m)；

H_w ——井孔内混凝土面以上水或泥浆深度(m)；

D ——井孔直径(m)；

d ——导管直径(m)；

γ_c ——混凝土拌和物重度，取 24 kN/m³；

γ_w ——井孔内水或泥浆重度(kN/m³)。

③混凝土的运输、提升和导管的升降

a. 混凝土的运输

混凝土的运输时间和距离应尽量缩短，以迅速不间断为原则，防止在运输中产生离析，在岸滩上运输时，混凝土可利用机动车或人力车，也可用混凝土输送泵或泵车输送，在水上运输时，搅拌厂宜设在钻孔附近，运输船输送原材料。

b. 混凝土的提升

在岸滩上可用汽车吊机配合提升，在水上时可用吊船配合提升。

c. 导管的提升

导管的吊挂和升降，可用倒链、钻机的起吊设备或汽车吊机或吊船，需保证导管升降高度准确。起重能力应与导管全部混凝土时的重力相适应。

④隔水栓、阀门

首批混凝土灌注数量较大，需在漏斗下口设置栓、阀，以储存混凝土拌和物，待漏斗和储料

斗内储量够了，才开启栓、阀使首批混凝土在很短时间内一次降落到导管底。

a. 球栓

球栓可用混凝土、木料等制成，球面要光滑。采用剪球法时球的直径宜比导管内径小2～2.5 cm；采用拔球法，球的直径可大于导管直径1～1.5 cm。

拔球法是指灌注混凝土前将球置于漏斗颈口处，球下设一层塑料布或若干层水泥袋纸垫层，用细钢丝绳引出。当达到混凝土储存量后，迅速将球向上拔出，混凝土压着塑料布垫层呈与水隔绝的状态，排走导管内的水而至孔底。

b. 阀门

在漏斗下孔口以下两节导管间安设阀门。在漏斗颈口用一层塑料布覆盖好，关闭阀门后向漏斗上料，使注入的混凝土盛到阀门以上，当有足够数量的混凝土时打开阀门，混凝土迅速下落到孔底，阀门设备由厂家制作。

（2）水下混凝土的配制

水下混凝土的强度、等级和材料除应符合设计要求外，并应符合下列要求：

①水泥可选用矿渣水泥、火山灰水泥、粉煤灰水泥、普通水泥或硅酸盐水泥，水泥的初凝时间不宜早于2.5 h；水泥的等级不宜低于32.5级，每方混凝土水泥用量一般不应少于350 kg，掺有适宜数量的减水剂或粉煤灰时，不可少于300 kg。

②粗骨料宜优先选用卵石，如选用碎石，宜适当增加含砂率，骨料最大粒径不应大于导管内径1/8～1/6和钢筋最小净距的1/4，同时不应大于40 mm。

③细骨料宜采用级配良好的中砂，为使混凝土有较好的和易性，混凝土的含砂率宜采用40%～50%，水灰比宜采用0.5～0.6。有试验根据时，含砂率和水灰比可酌情加大或减小。

④混凝土拌和物从拌和机卸出到进入导管时的坍落度为18～25 cm。为提高和易性，混凝土中宜掺用外加剂、粉煤灰等材料。首批灌注的混凝土初凝时间不得早于灌注桩全部混凝土灌注完毕时间，当混凝土数量较大，灌注需要时间较长时，可通过试验，在首批混凝土中掺入缓凝剂，以延迟其初凝时间。

⑤在受海水侵蚀地区或对混凝土有特殊要求的地区，应按有关规定或试验选用合适的水泥或掺入防腐蚀剂。

（3）水下混凝土的灌注

①灌注混凝土表面测深和导管埋深控制

灌注水下混凝土时，应探测水面或泥浆面以下的孔深和所灌注的混凝土面高度，以控制沉淀层厚度、导管埋深和桩顶高程。如探测不准，将造成沉淀过厚，导管提漏，埋管过深，因而发生夹层断桩，短桩或导管拔不出事故。

测深目前多采用吊锤法，就是用绳系重锤吊入孔中，使之通过泥浆沉淀层而停留在混凝土表面，根据测绳所示锤的沉入深度作为混凝土的灌注深度。

测砣一般制成圆锥形，锤重不宜小于400 kg，测绳用质轻、挂力强，遇水不伸缩，标有尺度之测绳以尼龙皮尺为宜。测绳应经常用钢尺校核，每根桩应在灌注前至少校核一次。

探测时应仔细，并与灌入的混凝土数量校对，防止错误。

②导管埋深控制

开始灌注水下混凝土时，导管底部距孔底的距离宜为300～500 mm；导管首次埋入混凝土灌注面以下不应少于1.0 m；在灌注过程中，导管埋入深度一般宜控制在2～6 m，当拌和物

内掺有缓凝剂、灌注速度较快、导管坚固并有足够的起重能力时,可适当加大埋深,但最好也不要超过 6 m,拔管前需仔细探测混凝土面深度。

③水下混凝土的灌注

a. 灌注前,对孔底沉淀层厚度应再进行一次测定,如厚度超过规定,可用喷射法向孔底喷射 3~5 min,使沉渣悬浮,然后立即灌注首批水下混凝土。

b. 拔球或开阀后,将首批混凝土灌入孔底后,立即探测孔内混凝土面高度,计算出导管埋置深度,如符合要求,即可正常灌注。

c. 灌注开始后,应紧凑、连续地进行,严禁中途停工。要防止混凝土拌和物从漏斗溢出或从漏斗处掉入孔内使泥浆内含有水泥而变稠,致使测深不准,灌注过程中,应注意观察管内混凝土下降和孔内水位上升情况,及时测量孔内混凝土面高度,正确指挥导管的提升和拆除。

导管提升时应保持轴线竖直和位置居中,逐步提升。如导管法兰盘卡住钢筋骨架,可转动导管,使其脱开钢筋骨架后,移到钻孔中心。

当导管提升到法兰接头露孔口以上有一定高度时,可拆除 1 节或 2 节导管(视每节导管长度和工作平台距孔口高度而定)。拆除导管动作要快,时间一般不宜超过 15 min。要防止螺栓、橡胶垫和工具掉入孔中,要注意安全。已拆下的导管要立即清洗干净,堆放整齐。

d. 在灌注过程中,当导管内混凝土不满,含有空气时,后续混凝土要徐徐灌入,不可整斗地灌入漏斗和导管,以免在导管内形成高压气囊,挤出管节间的橡皮垫而使导管漏水。

e. 当混凝土面升到钢筋骨架下端时,为防止钢筋骨架被混凝土顶托上升,可采取以下措施:

尽量缩短混凝土总的灌注时间,防止顶层混凝土进入钢筋骨架时混凝土的流动性过小,使用缓凝剂、粉煤灰等增大其流动性。

当混凝土面接近和初进入钢筋骨架时,应使导管底口处于钢筋笼底口 3 m 以下和 1 m 以上处,并徐徐灌注混凝土,以减小混凝土从导管底口出来后向上的冲击力。

当孔内混凝土进入钢筋骨架 4~5 m 以后,适当提升导管,减小导管埋置长度。

f. 为确保桩顶质量,在桩顶设计高程以上应加灌一定高度,以便灌注结束后将此段混凝土清除。一般不宜小于 0.5 m,长桩不宜小于 1.0 m。

g. 有关混凝土的灌注情况,各灌注时间、混凝土面的深度、导管埋深、导管拆除以及发生的异常现象,应指定专人进行记录。

(4)灌注事故的预防及处理

①导管进水(俗称混凝土洗澡)

Ⅰ. 主要原因

a. 首批混凝土储量不足,或虽然混凝土储量已够,但导管底口距孔底的间距太大,混凝土下落后不能埋没导管底口,以至泥水从底口进入。

b. 导管提升过猛或测深出错,导管底口超出原混凝土面,底口涌入泥水。

c. 导管接头不严,接头间橡皮垫被导管内高压气囊挤开,或焊缝破裂,水从接头或焊缝流入。

Ⅱ. 预防和处理方法

为避免发生导管进水,事前要采取相应措施加以预防,万一发生导管进水,要立即查明事故原因,采取以下处理方法:

若是上述第一种原因引起的,应立即将导管提出,将散落在孔底的混凝土拌和物通过泥石泵吸出或者用空气吸泥机吸出。不得已时需将钢筋笼提出采取复钻清除。然后重新下放钢筋骨架、导管并储够足量的首批混凝土,重新灌注。

②堵管

在灌注过程中,混凝土在导管中下不去,称为堵管,堵管有以下两种情况:

第一是初灌时隔水栓堵管。由于混凝土本身的原因,如坍落度过小,流动性差,夹有大卵石,拌和不均匀,以及运输途中产生离析,导管漏水,雨天运送混凝土未加遮盖等,使混凝土中的水泥浆被冲走,粗骨料集中而造成堵管。

处理办法可用长杆冲捣管内混凝土,用吊绳抖动导管,或在导管上安装附着式振动器等使隔水栓下落。如仍不能下落时,则应将导管连同其内的混凝土提出孔外,进行清理修整,然后重新布装导管,重新灌注。

第二是机械发生故障或其他原因使混凝土在导管内停留时间过久,或灌注时间持续过长,最初灌注的混凝土已经初凝,增大了导管内混凝土下落的阻力,混凝土堵在导管内。其预防方法是灌注前应仔细检修灌注机械,并有备用机械,发生故障时立即调换备用机械,同时采取措施,加快灌注速度,必要时,可在首批混凝土中掺入缓凝剂,以延缓混凝土的初凝时间。

当灌注时间较长,孔内首批混凝土已初凝,导管内又堵塞有混凝土,此时应将导管拔出,重新安设钻机钻孔。

③埋管

导管无法拔出称为埋管。其原因是导管埋入混凝土过深,或导管内外混凝土已初凝使导管与混凝土间摩阻力过大,或因提管过猛将导管拉断。

预防办法:严格控制导管埋深,一般不得超过 6~8 m,在导管上端安装附着式振捣器,拔管前或停灌时间较长时,均应适当振捣,使导管周围的混凝土不致过早初凝。

④钢筋笼上浮

克服钢筋笼上浮,除了主要改善混凝土流动性能、初凝时间及灌注工艺等方面考虑外,还应从钢筋笼自身的结构及定位方式上加以考虑,具体措施:

a. 适当减少钢筋笼下端的箍筋数量,可以减少混凝土向上的顶托力。

b. 钢筋笼上端焊固在护筒上,可以承受部分顶托力。

c. 在孔底设置直径不小于主筋的 1~2 道加强环形筋,并以适当数量的牵引筋牢固地焊接于钢筋笼底部。

 实训练习

××沿海大桥,其主墩基础有 40 根桩径为 1.55 m 的钻孔灌注桩,实际成孔深度达 50 m。桥位区地质条件为:表层为 5 m 的砾石,以下为 37 m 的卵、漂石层,再往下为软岩层。承包商采用下列施工方法进行施工。

场地平整,桩位放样,埋设护筒之后,采用冲击钻进行钻孔。然后设立钢筋骨架,在钢筋笼制作时,采用搭接焊接,当钢筋笼下放后,发现孔底沉淀量超标,但超标量较小,施工人员采用空压机风管进行扰动,使孔底残留沉渣处于悬浮状态。之后,安装导管,导管底口距孔底的距离为 35 cm,且导管口处于沉淀的淤泥渣之上,对导管进行接头抗拉试验,并用 1.5 倍的孔内水深压力的水压进行水密承压试验,试验合格后,进行混凝土灌注,混凝土坍落度 18 cm,混凝土灌注在整个过程中均连续均匀进行。

施工单位考虑到灌注时间较长,在混凝土中加入缓凝剂。首批混凝土灌注后埋置导管的深度为 1.2 m,在随后的灌注过程中,导管的埋置深度为 3 m。当灌注混凝土进行到 10 m 时,出现塌孔,此时,施工人员立即用吸泥机进行清理;当灌注混凝土进行到 23 m 时,发现导管埋管,但堵塞长度较短,施工人员采取用型钢插入导管的方法疏通导管;当灌注到 27 m 时,导管挂在钢筋骨架上,施工人员采取了强制提升的方法;进行到 32 m 时,又一次堵塞导管,施工人员在导管中始终处于有混凝土中的状态下,拔抽抖动导管,之后继续灌注混凝土,直到顺利完成。养生一段时间后发现有断桩事故。

【实训任务】结合背景材料回答问题:

(1)断桩可能发生在何处,原因是什么?

(2)在灌注水下混凝土时,导管可能出现的问题有哪些?

(3)钻孔灌注桩的施工的主要工序是?

(4)塞管处理的方法有哪些?

(5)钻孔的方法有哪些?

任务 4.2 挖孔灌注桩施工

4.2.1 工作任务

通过对挖孔灌注桩施工知识的学习,主要能够完成以下工作任务:

(1)掌握挖孔灌注桩施工工艺流程;

(2)根据所学的知识分析解决挖孔灌注桩施工中的相关问题。

4.2.2 相关配套知识

1. 人工挖孔桩的特点

人工挖孔桩施工方便、速度较快、不需要大型机械设备,挖孔桩要比木桩、混凝土打入桩抗震能力强,造价比冲击锥冲孔、冲击钻机冲孔、回旋钻机钻孔、沉井基础等节省。从而在铁路、公路、民用建筑中得到广泛应用。但挖孔桩井下作业条件差、环境恶劣、劳动强度大,安全和质量显得尤为重要。场地内打降水井抽水,当确因施工需要采取小范围抽水时,应注意对周围地层及结构物进行观察,发现异常情况应及时通知有关单位进行处理。

人工挖孔桩施工工艺流程如图 4.10 所示。

2. 施工准备

1)灌注桩施工应具备下列资料:

(1)结构物场地工程地质资料和必要的水文地质资料;

(2)桩基工程施工图(包括同一单位工程中所有的桩基础)及图纸会审纪要;

(3)建筑场地和邻近区域内的地下管线(管道、电缆)、地下构筑物、危房、精密仪器车间等的调查资料;

(4)主要施工机械及其配套设备的技术性能资料;

(5)桩基工程的施工组织设计或施工方案;

(6)水泥、砂、石、钢筋等原材料及其制品的质检报告;

(7)有关荷载、施工工艺试验参考资料。

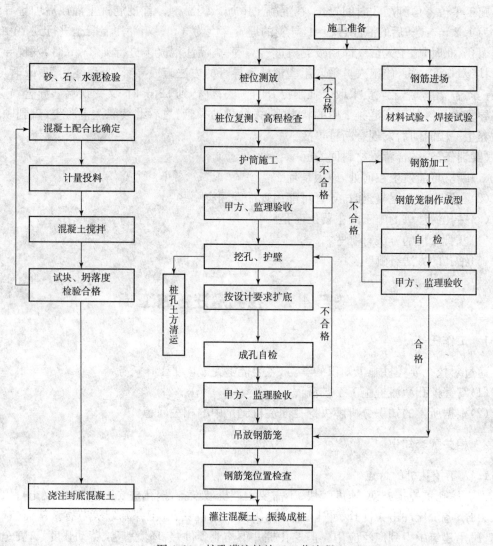

图 4.10　挖孔灌注桩施工工艺流程

2)施工组织设计应结合工程特点、有针对性地制定相应质量管理措施,主要包括下列内容:

(1)施工平面图、标明桩位、编号、施工顺序、水电线路和临时设施的位置;

(2)确定成孔机械、配套设备以及合理施工工艺的有关资料;

(3)施工作业计划和劳动力组织计划;

(4)机械设备、备(配)件、工具(包括质量检查工具)、材料供应计划;

(5)桩基施工时,对安全、劳动保护、防火、防雨、防台风、爆破作业、文物和环境保护等方面应按有关规定执行;

(6)保证工程质量、安全生产和季节性(冬、雨季)施工的技术措施。

3)成桩机械必须经鉴定合格,不合格机械不得使用。

4)施工前应组织图纸会审,会审纪要连同施工图等作为施工依据并列入工程档案。

5)桩基施工用的临时设施,如供水、供电、道路、排水、临设房屋等,必须在开工前准备就

绪,施工场地应进行平整处理,以保证施工机械正常作业。

6)基桩轴线的控制点和水准基点应设在不受施工影响的地方,开工前,经复核后应妥善保护,施工中应经常复测。

3. 桩基施工

桩基施工时应按现行有关规范、规程并结合该工程的实际情况采取有效的安全措施,确保桩基施工安全有序进行,深度大于 10 m 的桩孔应有送风装置,每次开工前送风 5 min。

桩孔挖掘前要认真研究地质资料,分析地质情况中可能出现的流砂、流泥及有害气体等现象,应制定有针对性的安全措施。

(1)开孔前,桩位应定位放样准确,在桩位外设置定位龙门桩,安装护壁模板,必须用桩中心点校正模板位置,并由专人负责。

(2)第一节井圈护壁应符合下列规定:

①井圈中心线与设计轴线的偏差不得大于 20 mm;

②井圈顶面应比场地高出 150～200 mm,护壁厚度比下面各节井壁厚度增加 100～150 mm。

(3)修筑井圈护壁应遵守下列规定:

①护壁的厚度、拉结钢筋、配筋、混凝土强度均应符合设计要求;

②上下节护壁的搭接长度不得小于 50 mm;

③每节护壁均应在当日连续施工完毕;

④护壁混凝土必须保证密实,根据土层渗水情况使用速凝剂;

⑤护壁模板的拆除宜在 24 h 之后进行;

⑥发现护壁有蜂窝、漏水现象时,应及时补强以防造成事故;

⑦同一水平面上的井圈任意直径极差不得大于 50 mm。

(4)遇有局部或厚度不大于 1.5 m 的流动性淤泥和可能出现涌土涌砂时,护壁施工宜按下列方法处理:

①每节护壁的高度可减小到 300～500 mm,并随挖、随验、随浇注混凝土;

②采用钢护筒或有效的降水措施。

(5)挖至设计高程时,孔底不应积水,终孔后应清理好护壁上的淤泥和孔底残渣、积水,然后进行隐藏工程验收,验收合格后,应立即封底和浇注桩身混凝土。

(6)浇筑桩身混凝土时,混凝土必须通过溜槽;当高度超过 3 m 时,应用串筒,串筒末端离孔底高度不宜大于 2 m,混凝土宜采用插入式振捣器振实。

(7)当渗水量过大(影响混凝土浇筑质量)时,应采取有效措施保证混凝土的浇筑质量。

4. 防护措施

桩护壁采用 C15～C20 混凝土,钢筋采用 HPB235。第一次挖深约 1 m,浇注混凝土护筒,往下施工时以每节作为一个施工循环(即挖好每节后浇注混凝土护壁)。为了便于井内组织排水,在透水层区段的护壁预留泄水孔(孔径与水管外径相同),以利于接管排水,并在浇注混凝土前予以堵塞,为保证桩的垂直度,要求每浇注完三节护壁须校核桩中心位置及垂直度一次。

除在地表墩台位置四周挖截水沟外,并应对孔内排出孔外的水妥善引流远离桩孔。在灌注桩基混凝土时,如数个桩孔均只有少量渗水时应采取措施同时灌注,以免将水集中到一孔为增加排水困难。如多个孔渗水量均大,影响灌注质量,则应于一孔中集中抽水,降低其他各孔水位,此孔最后用水下混凝土灌注施工。挖孔时如果遇到涌水量较大的潜水层承压水,可采用水泥砂浆压灌卵石环圈将潜水层进行封闭处理。挖孔达到设计高程后,应进行孔底处理,且必须做到平整,无松渣、污泥及沉淀等软层;未尽之处严格按现行国家规范规程施工。

遇到以下情况时,采取加强措施:

1)顶层护壁用直径 20 cm 圆钢加设 2~4 个吊耳,用钢丝绳固定在地面木桩上。

2)加密护壁竖向钢筋,并让钢筋伸出 20 cm 以上,与下一节护壁的竖向钢筋及箍筋连成整体,然后再浇注成形。如果有必要,可在挖孔桩中部护壁上预留直径 200 mm 左右的孔洞,但该部位的地质条件要选择比较坚硬的土壤,然后再将护壁与护壁外周的土锚在一起,用混凝土桩、竹木桩都可以。这样护壁就不会断裂脱落。

3)在已成形的护壁上钻孔至砂土薄弱层时,以充填、渗透和挤密的形式把灌浆材料充填到土体的孔隙中,以固结护壁外围土体,护保壁周泥砂不塌落,从而增加桩周摩擦力。压力灌浆材料可选择粉煤灰、早强型水泥混凝土、石灰黏土混合料等。

4)浇注混凝土前应检查孔底地质条件和孔径是否达到设计要求,并把孔底清理干净,同时把积水尽可能排干。为了减少地下水的积聚,任何一根挖孔桩封底时都要把邻近孔位的积水同时抽出,以减少邻孔的积水对工作孔的影响。孔深超过 6 m 时,还要注意防止混凝土离析,一般把搅拌好的混凝土装在容量为 1~2 m³ 左右坚固的帆布袋里,并用绳子打成活扣,混凝土送到井底时,拉开活扣就可将混凝土送到孔底,连续作业能迅速封好孔底,同时堵住孔底大部分甚至全部的地下水。如果地下水很多,而且挖孔桩较深,刚提起抽水泵,底部溢水高度就接近或超过 20 cm,这时用以上几种办法封底都会造成混凝土含水率太大,清理完孔底渣土后让水继续上升,等到孔中溢水基本上平静时,用导管伸入孔底,往导管里输送搅拌好的早强型混凝土,混凝土量超过底节护壁 30 cm 以上,再慢慢撤除导管,由于水压力的作用,封底混凝土基本上密实,混凝土终凝后再抽水,由于封底混凝土已超过底节护壁,已经没有地下涌水,待水抽干,再对剩余的水进行处理。将表面混凝土(这部分混凝土中的水泥浆会逸散到水中)松散部分清除运到孔外,再继续下一道工序。

5)施工时,为了保证孔位位置准确,每天都要在挖孔前校核一次挖孔桩位置是否歪斜、移位。尤其在浇注护壁前要检查模板,脱模后再检查护壁。个别壁周泥砂塌落,在浇注混凝土后护壁容易产生位移和歪斜,应注意检查和及时纠正。

5. 人工挖孔桩施工应注意的安全事项

现场管理人员应向施工人员仔细交代挖孔桩处的地质情况和地下水情况,提出可能出现的问题和应急处理措施。要有充分的思想准备和备有充足的应急措施所用的材料、机械。要制定安全措施,并要经常检查和落实。孔下作业不得超过 2 人,作业时应戴安全帽、穿雨衣、雨裤及长筒雨靴。孔下作业人员和孔上人员要有联络信号。孔口地面周围不得摆放铁锤、锄头、石头和铁棒等坠落伤人的物品。每工作 1 h,井下人员和地面人员进行交换。井下人员应注意观察孔壁变化情况,如发现塌落或护壁裂纹现象应及时采取支撑措施。如有险情,应及时发出联络信号,以便迅速撤离,并尽快采取有效措施排除险情。地面人员应注意孔下发出的联络信号,反应灵敏快捷。经常检查支架、滑轮、绳索是否牢固。下吊时要挂牢,提上来的土石要倒干净,卸在孔口 2 m 以外。施工中抽水、照明、通风等所配电气设备应一机一闸一漏电保护器,供电线路要用三芯橡皮线,电线要架空,不得拖拽在地上,并经常检查电线和漏电保护器是否完好。从孔中抽水时排水口应距孔口 5 m 以上,并保证施工现场排水畅通。当天挖孔,当

天浇注护壁。人离开施工现场,要把孔口盖好,必要时要设立明显警戒标志。由于土层中可能有腐殖质物或相邻腐殖质物产生的气体逸散到孔中,因此,要预防孔内有害气体的侵害。施工人员和检查人员下孔前 10 min 把孔盖打开,如有异常气味应及时报告有关部门,排除有害气体后方可作业。挖孔 6～10 m 深,每天至少向孔内通风 1 次,超过 10 m 每天至少通风 2 次,孔下作业人员如果感到呼吸不畅也要及时通风。

6. 人工挖孔桩施工中几个特殊问题的技术处理

地下水是深基础施工中最常见的问题,它给人工挖孔桩施工带来许多困难。含水层中的水在开挖时破坏了其平衡状态,使周围的静态水充入桩孔内,从而影响了人工挖孔桩的正常施工。如果遇到动态水压土层施工,不仅开挖困难、混凝土护壁难于施工成型,甚至被水压冲垮,发生桩身质量问题甚至施工安全问题。如遇到了细砂、粉砂土层,在压力水的作用下,易发生流砂和井漏现象。施工时应保证施工人员安全,及时检测有无毒害气体和缺氧情况,并采取有效措施予以防范。

1)地下水

(1)地下水量不大时

可选用潜水泵抽水,边抽水边开挖,成孔后及时浇筑相应段的混凝土护壁,然后继续下一段的施工。

(2)水量较大时

当用施工孔自身水泵抽水,也不易开挖时,应从施工顺序考虑,采取对周围桩孔同时抽水,以减少开挖孔内的涌水量,并采取交替循环施工的方法,如组织安排合理,能达到很好的效果。

(3)对不太深的挖孔桩水量较大时

可在场地四周合理布置统一的轻型管井降水分流,为基础平面占地较大时,也可增加降水管井的排数,一般可解决。

(4)抽水量大环境影响时

有时施工周围环境特殊,一是抽出地下水时对周围环境、基础设施等影响较多,不允许无限制抽水;二是周围有江河、湖泊、沼泽等,不可能无限制达到抽水目的。因此在抽水前均要采取可靠的措施。处理这类问题最有效的方法是截断水源,封闭水路。桩孔较浅时,可用板桩封闭;桩孔较深时,用钻孔压力灌浆形成帷幕挡水,以保证在正常抽水时,达到正常开挖。

2)流砂

人工挖孔在开挖时,如遇细砂,粉砂层等地质条件时,再加上地下水的作用,极易形成流砂,严重时会发生井漏,造成质量事故甚至施工安全事故。因此要采取有效可靠的措施予以防范。

(1)流砂情况较轻时

有效的方法是缩短这一循环的开挖深度,将正常的 1 m 左右一段缩短为 0.5 m,以减少挖层孔壁的暴露时间,及时进行护壁混凝土灌注。当孔壁塌落,有泥砂流入而不能形成桩孔时,可用纺织土袋逐渐堆堵,形成桩孔的外壁,并控制保证内壁满足设计要求。

(2)流砂情况较严重时

常用的办法是下钢套筒,钢套筒与护壁用的钢模板相似,以孔外径为直径,可分成 4～6 段圆弧,再加上适当的肋条,相互用螺栓或钢筋环扣连接,在开挖 0.5 m 左右时,即可分片将套筒装入,深入孔底不少于 0.2 m,插入上部混凝土护壁外侧不小于 0.5 m,装后即支模浇注护壁混凝土,若放入套筒后流砂仍上涌,可采取突击挖出后即用混凝土封闭孔底的方法,待混凝土凝结后,将孔心部位的混凝土清凿以形成桩孔。

(3)淤泥质土层

在遇到淤泥质土层等软弱土层时,一般可用方木、木板模板等支挡,并要缩短这一段的开挖深度,及时浇注混凝土护壁。支挡的木方模板要沿周边打入底部不少于 0.2 m 深,上部嵌入上段已浇好的混凝土护壁后面,可斜向放置,双排布置互相反向交叉,能达到很好的支挡效果。

(4)有毒有害气体

施工应选择经验丰富的专业施工队伍进行施工,必须确保安全施工,护壁高出自然地面150 mm,井口设围栏以防止杂物、土石块掉落井孔中伤及施工人员。施工时应及时检测有无毒害气体和缺氧情况,并采取有效措施。保证井口有人,坚持井下排水送风。施工人员的安全是设计、施工必须考虑的重要因素。

7. 桩身混凝土的浇筑

1)消除孔底积水的影响

浇筑桩身混凝土主要应保证其符合设计强度,要保证混凝土的均匀性、密实性,因此防止孔内积水影响混凝土的配合比和密实性。浇筑前要抽干孔内积水,抽水的潜水泵要装设逆流阀,保证提出水泵时不致使抽水管中残留水又流入桩孔内。如果孔内的水抽不干,提出水泵后,可用部分干拌混凝土混合料或干水泥铺入孔底,然后再浇注混凝土。如果孔底水量大,确实无法采取抽水的方法解决时,桩身混凝土的施工就应当采取水下浇筑混凝土施工工艺。

2)消除孔壁渗水的影响

对孔壁渗水,不容忽视,因桩身混凝土浇筑时间较长,如果渗水过多,将会影响混凝土质量,降低桩身混凝土强度,因此,可在桩身混凝土浇筑前采用防水材料封闭渗漏部位。对于出水量较大的孔可用木楔打入,周围再用防水材料封闭,或在集中漏水部分嵌入泄水管,装上阀门,在施工桩孔时打开阀门让水流出,浇筑完桩身混凝土后再关闭,这样也可解决渗水影响桩身混凝土质量的问题。

3)保证桩身混凝土的密实性

桩身混凝土的密实性,是保证混凝土达到设计强度的必要条件。为保证桩身混凝土浇筑的密实性,一般采用串筒下料及分层振捣浇筑的方法,其中的浇筑速度是关键,即力求在最短的时间内完成一个桩身混凝土浇筑,特别是在有地下压力水情况时,要求集中足够的混凝土短时间浇入,以便依靠混凝土自身重量压住水流的渗入。对于深度大于 10 m 的桩身,可依靠混凝土自身落差形成的冲击力及混凝土自身重量的压力使其密实,这部分混凝土即可不用振捣,经验证明,桩身混凝土能满足均匀性和密实性。

8. 合理安排施工顺序

合理安排人工挖孔桩的施工顺序,对减少施工难度起到重要作用。在施工方案中要认真统筹,根据实际情况合理安排。在可能的条件下,先施工比较浅的桩孔,后施工深一些的桩孔。因为桩孔愈深,施工难度相对愈大,较浅的桩孔施工后,对上部土层的稳定起到加固作用,也减少了深孔施工时的压力。在含水层或有动水压力的土层中施工,应先施工外围(或迎水部位)的桩孔,这部分桩孔混凝土护壁完成后,可保留少量桩孔先不浇筑桩身混凝土,而做为排水井,以方便其他孔位的施工。从而保证了桩孔的施工速度和成孔质量。

9. 人工挖孔桩验收及质量检查

1）基桩验收应包括下列资料：

（1）工程地质勘察报告、桩基施工图、图纸会审纪要、设计变更及材料代用通知单等。

（2）经审定的施工组织设计、施工方案及执行中的变更情况。

（3）桩位测量放线图，包括工程桩位线复核签证单。

（4）成桩质量检查报告（小应变）。

（5）单桩承载力检测报告（静载试验、抽芯等）。

（6）基坑挖至设计高程的基桩竣工平面图及桩顶高程图。

2）承台工程验收时应包括下列资料：

（1）承台钢筋、混凝土的施工与检查记录。

（2）桩头与承台的锚筋、边桩离承台边缘距离、承台钢筋保护层记录。

（3）承台厚度、长宽记录及外观情况描述等。

3）成桩质量检查

（1）灌注桩的成桩质量检查主要包括成孔及清孔、钢筋笼制作及安放、混凝土搅拌及灌注等三个工序过程的质量检查。

①混凝土拌制应对原材料质量与计量、混凝土配合比、坍落度、混凝土强度等级进行检查；

②钢筋笼制作应对钢筋规格、焊条规格、品种、焊口规格、焊缝长度、焊缝外观和质量、主筋和箍筋的制作偏差等进行检查；

③在灌注混凝土前，应严格按照有关施工质量要求对成孔的中心位置、孔深、孔径、垂直度、孔底沉渣厚度、钢筋笼安放的实际位置等进行认真检查，并填写相应的质量检查记录。

（2）对于一级桩基和地质条件复杂或成桩质量可靠性较低的桩基工程，应进行成桩质量检测。检测方法可采用动测法，对于大直径桩还可采取钻取岩芯、预埋管超声检测法。检测数量根据具体情况由设计确定。

（3）成桩桩位偏差应根据不同桩型按（相关）规定检查。

4）单桩承载力检测

为确保实际单桩竖向极限承载力标准值达到设计要求，应根据工程重要性、地质条件、设计要求及工程施工情况进行单桩静载荷试验或可靠的动力试验。

任务 4.3　预制桩施工

4.3.1　工作任务

通过学习预制桩施工知识，能够完成以下工作任务：

（1）掌握预制桩施工工艺流程；

（2）根据所学的知识分析解决预制桩施工中的相关问题。

4.3.2　相关配套知识

4.3.2.1　预制桩的类型

预制桩是在工厂或施工现场制成的各种材料、各种形式的桩（如木桩、混凝土方桩、预应力混凝土管桩、钢桩等），用沉桩设备将桩打入、压入或振入土中。中国建筑施工领域采用较多的预制桩主要是混凝土预制桩和钢桩两大类。

混凝土预制桩能承受较大的荷载、坚固耐久、施工速度快,是广泛应用的桩型之一,但其施工对周围环境影响较大,常用的有混凝土实心方桩和预应力混凝土空心管桩。钢桩主要是钢管桩和 H 型钢桩两种。

1. 混凝土实心方桩

钢筋混凝土实心桩的断面一般呈方形。桩身截面一般沿桩长不变。实心方桩截面尺寸一般为 200 mm×200 mm～600 mm×600 mm。钢筋混凝土实心桩桩身长度:限于桩架高度,现场预制桩的长度一般在 25～30 m 以内;限于运输条件,工厂预制桩桩长一般不超过 12 m,否则应分节预制,然后在打桩过程中予以接长,接头不宜超过 2 个。钢筋混凝土实心桩的优点:长度和截面可在一定范围内根据需要选择,由于在地面上预制,制作质量容易保证,承载能力高,耐久性好。因此,工程上应用较广。材料要求:钢筋混凝土实心桩所用混凝土的强度等级不宜低于 C30(30 N/mm²)。采用静压法沉桩时,可适当降低,但不宜低于 C20,预应力混凝土桩的混凝土的强度等级不宜低于 C40,主筋根据桩断面大小及吊装验算确定,一般为 4～8 根,直径 12～25 mm,不宜小于 φ14,箍筋直径为 6～8 mm,间距不大于 200 mm,打入桩桩顶(2～3d)长度范围内箍筋应加密,并设置钢筋网片。预制桩纵向钢筋的混凝土保护层厚度不宜小于 30 mm。桩尖处可将主筋合拢焊在桩尖辅助钢筋上,在密实砂和碎石类土中,可在桩尖处包以钢板桩靴,加强桩尖。

2. 混凝土管桩

混凝土管桩一般在预制厂用离心法生产。桩径有 φ300、φ400、φ500 mm 等,每节长度 8 m、10 m、12 m 不等,接桩时,接头数量不宜超过 4 个。管壁内设 φ12～22 mm 主筋 10～20 根,外面绕以 φ6 mm 螺旋箍筋,多以 C30 混凝土制造。混凝土管桩各节段之间的连接可以用角钢焊接或法兰螺栓连接。由于用离心法成型,混凝土中多余的水分由于离心力而甩出,故混凝土致密,强度高,抵抗地下水和其他腐蚀的性能好。混凝土管桩应达到设计强度的 100% 后方可运到现场打桩。堆放层数不超过三层,底层管桩边缘应用楔形木块塞紧,以防滚动。

1)制作

较短的桩一般在预制厂制作,较长的桩一般在施工现场附近露天预制。为节省场地,现场预制方桩多用叠浇法,重叠层数取决于地面允许荷载和施工条件,一般不宜超过 4 层。制桩场地应平整、坚实。不得产生不均匀沉降。桩与桩间应做好隔离层,桩与邻桩、底模间的接触面不得发生黏结。上层桩或邻桩的浇筑,必须在下层桩或邻桩的混凝土达到设计强度的 30% 以后方可进行。钢筋骨架及桩身尺寸偏差如超出规范允许的偏差,桩容易被打坏,桩的预制先后次序应与打桩次序对应,以缩短养护时间。预制桩的混凝土浇筑,应由桩顶向桩尖连续进行,严禁中断,并应防止另一端的砂浆积聚过多。

2)起吊

钢筋混凝土预制桩应在混凝土达到设计强度等级的 70% 方可起吊,达到设计强度等级的100% 才能运输和打桩。如提前吊运,必须采取措施并经过验算合格后才能进行。

起吊时,必须合理选择吊点,防止在起吊过程中弯矩过大而损坏。当吊点少于或等于 3 个时,其位置按正负弯矩相等的原则计算确定。当吊点多于 3 个时,其位置按反力相等的原则计算确定。长 20～30 m 的桩,一般采用 3 个吊点。

3)运输和堆放

打桩前,桩从制作处运到现场,并应根据打桩顺序随打随运。桩的运输方式,在运距不大时,可用起重机吊运;当运距较大时,可采用轻便轨道小平台车运输。严禁在场地上直接推拉桩体。堆放桩的地面必须平整、坚实,垫木间距应与吊点位置相同,各层垫木应位于同一垂直线上,堆放层数不宜超过 4 层。不同规格的桩,应分别堆放。预应力管桩达到设计强度后方可出厂,在达到设计强度及 14 天龄期后方可沉桩。预应力管桩在节长小于等于 20 m 时宜采用两点捆绑法,大于 20 m 时采用四吊点法。预应力管桩在运输过程中应满足两点起吊法的位置,并垫以楔形掩木防止滚动,严禁层间垫木出现错位。

4.3.2.2　预制桩沉桩施工方法

预制桩沉桩施工工艺流程如图 4.11 所示。

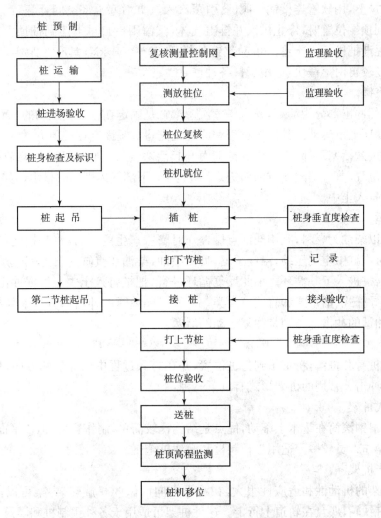

图 4.11　预制桩锤击沉桩法施工工艺流程

预制桩的沉桩方法有锤击法、静力压桩法、振动法及射水法等。

1. 锤击法

锤击法是利用桩锤的冲击克服土对桩的阻力,使桩沉到预定持力层。这是最常用的一种沉桩方法。打桩设备主要有桩锤、桩架和动力装置三部分。

1)桩锤

对桩施加冲击力,将桩打入土中。主要有落锤、单动汽锤、双动汽锤、柴油锤、液压锤。

(1)落锤

一般由生铁铸成,利用卷扬机提升,以脱钩装置或松开卷扬机刹车使其坠落到桩头上,逐渐将桩打入土中。落锤重量为5~20 kN,构造简单,使用方便,故障少。适用于普通黏性土和含砾石较多的土层中打桩。但打桩速度较慢,效率低。提高落锤的落距,可以增加冲击能,但落距太高又会击坏桩头,故落距一般以1~2 m为宜。

(2)单动汽锤

单动汽锤的冲击部分为汽缸,活塞是固定于桩顶上的,动力为蒸汽。其工作过程和原理是将锤固定于桩顶上,用软管连接锅炉阀门,引蒸汽入汽缸活塞上部空间,因蒸汽压力推动而升起汽缸,当升到顶端位置时,停止供汽并排出气体,汽锤则借自重下落到桩顶上击桩。如此反复循环进行,逐渐把桩打入土中。单动汽锤的锤重30~150 kN,具有落距小,冲击力大的优点,其打桩速度较自由落锤快,适用于打各种桩。

(3)双动汽锤

双动汽锤的冲击部分为活塞,动力是蒸汽。汽缸是固定在桩顶上不动的,而汽锤是在汽缸内,由蒸汽推动而上下运动。其工作过程和原理是先将桩锤固定在桩顶上,然后将蒸汽由汽锤的汽缸调节阀进入活塞下部,由蒸汽的推动而升起活塞,当升到最上部时,调节阀在压差的作用下自动改变位置,蒸汽即改变方向而进入活塞上部,下部气体则同时排出。如此反复循环进行而逐渐把桩打入土中。

(4)柴油锤

柴油锤是以柴油为燃料,利用柴油点燃爆炸时膨胀产生的压力,将锤抬起,然后自由落下冲击桩顶,同时汽缸中空气压缩,温度骤增,喷嘴喷油,柴油在汽缸内自行燃烧爆发,使汽缸上抛,落下时又击桩进入下一循环。如此反复循环进行,把桩打入土中。根据冲击部分的不同,柴油锤可分为导杆式、活塞式和管式三大类。导杆式柴油锤的冲击部分是沿导杆上下运动的汽缸,筒式柴油锤的冲击部分则是往复运动的活塞。

2)桩架

桩架支持桩身和桩锤,将桩吊到打桩位置,并在打入过程中引导桩的方向,保证桩锤沿着所要求的方向冲击。常用的桩架形式有以下三种:

(1)滚筒式桩架

行走靠两根钢滚筒在垫木上滚动,优点是结构比较简单,制作容易,但在平面转弯、调头方面不够灵活,操作人员较多。适用于预制桩和灌注桩施工。

(2)多功能桩架

多功能桩架的机动性和适应性很大,在水平方向可做360°旋转,导架可以伸缩和前后倾斜,底座下装有铁轮,底盘在轨道上行走。这种桩架可适用于各种预制桩和灌筑桩施工。

(3)履带式桩架

以履带起重机为底盘,增加导杆和斜撑组成,用以打桩。移动方便,比多功能桩架更灵活,可用于各种预制桩和灌筑桩施工。

3)打桩顺序

打桩时,由于桩对土体的挤密作用,先打入的桩被后打入的桩水平挤推而造成偏移和变位或被垂直挤拔造成浮桩;而后打入的桩难以达到设计高程或入土深度,造成土体隆起和挤压,

截桩过大。所以,群桩施工时,为了保证质量和进度,防止周围建筑物破坏,打桩前根据桩的密集程度、桩的规格、长短以及桩架移动是否方便等因素来选择正确的打桩顺序。在打桩前,应根据设计图纸确定桩基轴线,并将桩的准确位置测设到地面上。要综合考虑到桩的密集程度、基础的设计高程、现场地形条件、土质情况等,以确定打桩顺序。

常用的打桩顺序一般有下面几种:逐排打设,由中间向四周打设,由中间向两侧打设,如图4.12所示。

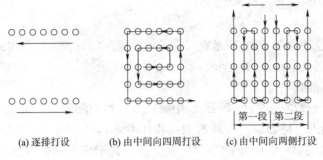

(a) 逐排打设　　　　(b) 由中间向四周打设　　　(c) 由中间向两侧打设

图 4.12　打桩顺序

一般基坑不大时,应从中间开始分头向两边或周边进行;当基坑较大时,应将基坑分成数段,而后在各段范围内分别进行。打桩应避免自外向内,或从周边向中间进行。

第一种打桩顺序,打桩推进方向宜逐排改变,以免土壤朝一个方向挤压,而导致土壤挤压不均匀,对于同一排桩,必要时还可采用间隔跳打的方式。对于大面积的桩群,宜采用后两种打桩顺序,以免土壤受到严重挤压,使桩难以打入,或使先打入的桩受挤压而倾斜。大面积的桩群,宜分成几个区域,由多台打桩机采用合理的顺序进行打设。打桩时对不同基础高程的桩,宜先深后浅;对不同规格的桩,宜先大后小,先长后短,以防止桩的位移或偏斜。

为减少挤土影响,确定沉桩顺序的原则应如下:

(1)从中间向四周沉设,由中及外;

(2)从靠近现有建筑物最近的桩位开始沉设,由近及远;

(3)先沉设入土深度深的桩,由深及浅;

(4)先沉设断面大的桩,由大及小;

(5)先沉设长度大的桩,由长及短。

4)打桩方法

打桩机就位后,将桩锤和桩帽吊起,然后吊桩并送至导杆内,垂直对准桩位缓缓送下插入土中,垂直偏差不得超过 0.3%,然后固定桩帽和桩锤,使桩、桩帽、桩锤在同一铅垂线上,确保桩能垂直下沉。在桩锤和桩帽之间应加弹性衬垫,桩帽和桩顶周围四边应有 5~10 mm 的间隙,以防损伤桩顶。

打桩开始时,应先采用小的落距(0.5~0.8 m)作轻的锤击,使桩正常沉入土中约 1~2 m后,经检查桩尖不发生偏移,再逐渐增大落距至规定高度,继续锤击,直至把桩打到设计要求的深度。最大落距不宜大于 1 m。用柴油锤时,应使锤跳动正常。在打桩过程中,遇有贯入度剧变、桩身突然发生倾斜、移位或有严重回弹、桩顶或桩身出现严重裂缝或破碎等异常情况时,应暂停打桩,及时研究处理。

打桩有"轻锤高击"和"重锤低击"两种方式。这两种方式,如果所做的功相同,而所得到的效果却不相同。轻锤高击,所得的动量小,而桩锤对桩头的冲击力大,因而回弹也大,桩头容易损坏,大部分能量均消耗在桩锤的回弹上,故桩难以入土。相反,重锤低击,所得的动量大,而桩锤对桩头的冲击力小,因而回弹也小,桩头不易被打碎,大部分能量都可以用来克服桩身与土壤的摩阻力和桩尖的阻力,故桩很快入土。此外,又由于重锤低击的落距小,因而可提高锤击频率,打桩效率也高,正因为桩锤频率较高,对于较密实的土层,如砂土或黏性土也能较容易地穿过,所以打桩宜采用"重锤低击"方式。

5)质量控制

打桩质量评定包括两个方面:一是能否满足设计规定的贯入度或高程的要求;二是桩打入后的偏差是否在施工规范允许的范围内。

(1)贯入度或高程必须符合设计要求

桩端达到坚硬、硬塑的黏性土、碎石土、中密以上的粉土和砂土或风化岩等土层时,应以贯入度控制为主,桩端进入持力层深度或桩尖高程作参考;若贯入度已达到而桩端高程未达到时,应继续锤击3阵,其每阵10击的平均贯入度不应大于规定的数值;桩端位于其他软土层时,以桩端设计高程控制为主,贯入度作参考。

上述所说的贯入度是指最后贯入度,即施工中最后10击内桩的平均入土深度。贯入度的大小应通过合格的试桩或试打数根桩后确定,它是打桩质量标准的重要控制指标。最后贯入度的测量应在下列正常条件下进行:桩顶没有破坏;锤击没有偏心;锤的落距符合规定;桩帽与弹性垫层正常。

打桩时如桩端达到设计高程而贯入度指标与要求相差较大;或者贯入度指标已满足,而高程与设计要求相差较大。遇到这两种情况时,说明地基的实际情况与原来的估计或判断有较大的出入,属于异常情况,都应会同设计单位研究处理,以调整其高程或贯入度控制的要求。

(2)平面位置或垂直度必须符合施工规范要求

桩打入后,桩位的允许偏差应符合相关规范的规定。

预制桩(钢桩)桩位的允许偏差是必须使桩在提升就位时要对准桩位,桩身要垂直;桩在施打时,必须使桩身、桩帽和桩锤三者的中心线在同一铅直轴线上,以保证桩的垂直入土;短桩接长时,上下节桩的端面要平整,中心要对齐,如发现断面有间隙,应用铁片垫平焊牢;打桩完毕基坑挖土时,应制定合理的挖土方案,以防挖土而引起桩的位移或倾斜。

2. 静力压桩法

在软土地基中,用液压千斤顶或桩头加重物以施加顶进力将桩压入土层中的施工方法。其特点为:施工时产生的噪声和振动较小;桩头不易损坏;桩在贯入时相当于给桩做静载试验,故可准确知道桩的承载力;压入法不仅可用于竖直桩,而且也可用于斜桩和水平桩;但机械的拼装移动等均需要较长的时间。

3. 振动法

振动法使用振动打桩机(振动桩锤)将桩打入土中的施工方法。其原理是由振动打桩机使桩产生上下方向的振动,在清除桩与周围土层间摩阻力的同时使桩尖地基松动,从而使桩贯入或拔出。

桥梁基础采用管柱基础时,直径大,重量也大,特别适宜用振动法沉桩。振动法沉桩的主要设备是振动打桩机,它是苏联40年代首创。1954年我国武汉长江大桥首次应用,在南京长

江大桥时已经发展到激振力为 500t 的振动打桩机。现在日本是世界上制造振动打桩机最多的国家。

振动法施工不仅可有效地用于打桩,也可用以拔桩;虽然振动下沉,但噪声较小;在砂性土中最有效,在硬地基中难以打进;施工速度快;不会损坏桩头;不用导向架也能打进;移位操作方便;需要的电源功率大。

振动桩锤的重量(或振动力)与桩打进能力的关系是:桩的断面大和桩身长者,桩锤重量应大;随地基的硬度加大,桩锤的重量也应增大;振动力大则桩的贯入速度快。

4. 射水法

射水法是利用小孔喷嘴以 300~500 kPa 的压力喷射水,使桩尖和桩周围土松动的同时,桩受自重作用而下沉的方法。它极少单独使用,常与锤击和振动法联合使用。当射水沉桩到距设计标高尚差 1~1.5 m 时,停止射水,用锤击或振动恢复其承载力。这种施工方法对黏性土、砂性土都可使用,在细砂土层中特别有效。

射水沉桩的特点是:对较小尺寸的桩不会损坏;施工时噪声和振动极小。

 ## 复习思考题

4.1 何谓桩基础? 桩基础如何进行分类?

4.2 什么是摩擦型桩和柱桩? 有什么区别?

4.3 简述桩与承台连接方式的构造特点。

4.4 简述正循环旋转钻机的工作原理。

4.5 简述钻孔灌注桩施工中泥浆的作用。

4.6 简述钻孔灌注桩清孔的方法。

4.7 简述挖孔桩的适用范围。

4.8 简述打入桩基础的打桩顺序及要考虑的问题。

4.9 叙述钻孔桩施工钻进过程中常见的事故类型、原因分析及预防措施。

4.10 简述水下混凝土灌注原理。

4.11 简述水下混凝土施工质量控制要点。

4.12 某桥梁主墩基础采用钻孔灌注桩(泥浆护壁),地层依次为 2 m 砾石、以下为软土。主要施工过程如下:平整场地,桩位放样,埋设护筒,采用正循环工艺成孔,成孔后立即吊装钢筋笼并固定好,对导管接头进行了抗拉试验,试验合格后,安装导管,导管底口距孔底 30 cm,混凝土坍落度 180 mm。施工单位考虑到灌注时间较长,经甲方同意,在混凝土中加入了缓凝剂。首批混凝土灌注后导管埋深为 1.2 m,随后的灌注连续均匀地进行。当灌注到 23 m 时,发现导管埋管,施工人员采取了强制提升的方法。灌注到 30 m 时,发生堵管现象,施工人员采用型钢插入法疏通。灌注完成,养生后检测发现断桩。

(1)护筒的作用是什么? 泥浆的作用是什么? 对泥浆有何要求?

(2)何为正循环工艺?

(3)指出施工过程中的错误之处。

(4)断桩可能发生在何处? 为什么?

项目 5　沉井施工

项目描述

为了满足结构物的使用要求,适应地基的特点,在土木工程结构的实践中,形成了各种类型的深基础,其中沉井基础在国内外已广泛应用。沉井基础是以沉井作为基础结构,将上部荷载传至地基的一种深基础。沉井基础埋深较大,整体性好,稳定性好,且具有较大的承载面积,能承受较大的垂直和水平荷载,其施工工艺简便,技术稳妥可靠,在深基础或地下结构中应用较为广泛。

学习目标

1. 能力目标
(1)具备掌握沉井类型、构造及施工工艺流程的能力;
(2)具备处理沉井施工中出现问题的能力。
2. 知识目标
(1)掌握沉井的类型和构造及沉井施工工艺流程;
(2)掌握沉井施工过程中常见问题的处理方法。

任务 5.1　沉井基础施工

5.1.1　工作任务

通过对沉井基础施工的学习,能够完成以下工作任务:
(1)熟悉沉井的类型和构造;
(2)掌握沉井施工工艺流程。

5.1.2　相关配套知识

5.1.2.1　沉井基础类型与构造认知

1. 沉井的作用及适用条件

沉井是一种带刃脚的井筒状构造物,如图 5.1(a)所示。它是利用人工或机械方法清除井内土石,借助自重克服井壁摩阻力逐节下沉至设计高程,再浇筑混凝土封底并填充井孔,成为结构物的基础,如图 5.1(b)所示。

沉井的特点是埋置深度较大,整体性强,稳定性好,具有较大的承载面积,能承受较大的垂直和水平荷载。此外,沉井既是基础,又是施工时的挡土和挡水结构物,施工工艺简便,技术稳

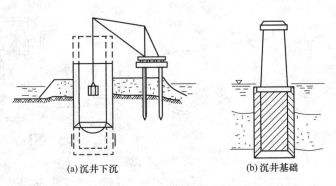

(a) 沉井下沉　　　　　　　　　　　(b) 沉井基础

图 5.1　沉井基础示意

妥可靠,无需特殊专业设备,并可做成补偿性基础,避免过大沉降,保证基础稳定性。因此在深基础或地下结构中应用较为广泛,如桥梁墩台基础、地下泵房、水池、油库、矿用竖井、大型设备基础、高层和超结构物物基础等。但沉井基础施工工期较长,对粉、细砂类土在井内抽水易发生流砂现象,造成沉井倾斜,沉井下沉过程中遇到的大孤石、树干或井底岩层表面倾斜过大,也会给施工带来一定的困难。

沉井最适合在不太透水的土层中下沉,其易于控制沉井下沉方向,避免倾斜。一般下列情况可考虑采用沉井基础:

(1)上部荷载较大,表层地基土承载力不足,而在一定深度下有较好的持力层,且与其他基础方案相比较为经济合理。

(2)在山区河流中,虽土质较好,但冲刷大,或河中有较大卵石不便桩基础施工。

(3)岩层表面较平坦且覆盖层薄,但河水较深,采用扩大基础施工围堰有困难。

2. 沉井的分类

(1)按施工的方法不同,沉井可分为一般沉井和浮运沉井。

一般沉井指直接在基础设计的位置上制造,然后挖土,依靠沉井自重下沉。若基础位于水中,则先人工筑岛,再在岛上筑井下沉。

浮运沉井是指先在岸边制造,再浮运就位下沉的沉井。通常在深水地区(如水深大于10 m),或水流流速大,有通航要求,人工筑岛困难或不经济时,可采用浮运沉井。

(2)按制造沉井的材料可分为混凝土沉井、钢筋混凝土沉井、竹筋混凝土沉井和钢沉井。

混凝土沉井因抗压强度高,抗拉强度低,多做成圆形,且仅适用于下沉深度不大(4~7 m)的松软土层。

钢筋混凝土沉井抗压抗拉强度高,下沉深度大(可达数十米以上),可做成重型或薄壁就地制造下沉的沉井,也可做成薄壁浮运沉井及钢丝网水泥沉井等,在工程中应用最广。

因为沉井承受拉力主要在下沉阶段,我国南方盛产竹材,因此可就地取材,采用耐久性差但抗拉力好的竹筋代替部分钢筋,做成竹筋混凝土沉井,如南昌赣江大桥、白沙沱长江大桥等。

钢沉井由钢材制作,其强度高、重量轻、易于拼装、适于制造空心浮运沉井,但用钢量大,国内较少采用。

此外,根据工程条件也可选用木沉井和砌石圬工沉井等。

(3)按沉井的平面形状可分为圆形、矩形和圆端形三种基本类型;根据井孔的布置方式,又可分为单孔、双孔及多孔沉井,如图 5.2 所示。

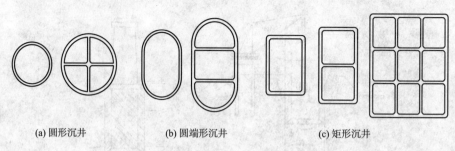

(a) 圆形沉井   (b) 圆端形沉井   (c) 矩形沉井

图 5.2　沉井常见截面形式

圆形沉井在下沉过程中易于控制方向,当采用抓泥斗挖土时,比其他沉井更能保证其刃脚均匀地支承在土层上,在侧压力作用下,井壁仅受轴向应力作用,即使侧压力分布不均匀,弯曲应力也不大,能充分利用混凝土抗压强度大的特点,多用于斜交桥或水流方向不定的桥墩基础。

矩形沉井制造方便,受力有利,能充分利用地基承载力,与矩形墩台相配合。沉井四角一般做成圆角,以减少井壁摩阻力和除土清孔的困难。矩形沉井在侧压力作用下,井壁受较大的挠曲力矩;在流水中阻水系数较大,冲刷较严重。

圆端形沉井控制下沉、受力条件、阻水冲刷均较矩形者有利,但施工较为复杂。

对平面尺寸较大的沉井,可在沉井中设隔墙,构成双孔或多孔沉井,以改善井壁受力条件及均匀取土下沉。

(4)按沉井的立面形状可分为柱形、阶梯形和锥形沉井(图 5.3)。

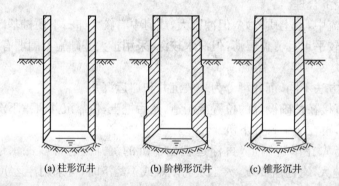

(a) 柱形沉井   (b) 阶梯形沉井   (c) 锥形沉井

图 5.3　沉井外壁立面形式

柱形沉井受周围土体约束较均衡,下沉过程中不易发生倾斜,井壁接长较简单,模板可重复利用,但井壁侧阻力较大,当土体密实,下沉深度较大时,易出现下部悬空,造成井壁拉裂,故一般用于入土不深或土质较松软的情况。

阶梯形沉井和锥形沉井可以减小土与井壁的摩阻力,井壁抗侧压力性能较为合理,但施工较复杂,消耗模板多,沉井下沉过程中易发生倾斜。多用于土质较密实,沉井下沉深度大,且要求沉井自重不太大的情况。通常锥形沉井井壁坡度为 $1/40 \sim 1/20$,阶梯形井壁的台阶宽约为 $100 \sim 200$ mm。

3. 沉井的构造

1)沉井的轮廓尺寸

沉井的平面形状常取决于结构物底部的形状。对于矩形沉井,为保证下沉的稳定性,沉井的长短边之比不宜大于 3。若结构物的长宽比较为接近,可采用方形或圆形沉井。沉井顶面尺寸为结构物底部尺寸加襟边宽度。襟边宽度不宜小于 0.2 m,且不大于沉井全高的 1/50,浮运沉井不小于 0.4 m,如沉井顶面需设置围堰,其襟边宽度根据围堰构造还需加大。结构物边缘应尽可能支承于井壁上或顶板支承面上,对井孔内不以混凝土填实的空心沉井不允许结构物边缘全部置于井孔位置上。

沉井的入土深度需根据上部结构、水文地质条件及各土层的承载力等确定。入土深度较大的沉井应分节制造和下沉,每节高度不宜大于 5 m;当底节沉井在松软土层中下沉时,还不应大于沉井宽度的 0.8 倍;若底节沉井高度过高,沉井过重,将给制模、筑岛时岛面处理、抽除垫木下沉等带来困难。

2)沉井的一般构造

沉井一般由井壁、刃脚、隔墙、井孔、凹槽、封底和顶板等组成(图 5.4)。有时井壁中还预埋射水管等其他部分。

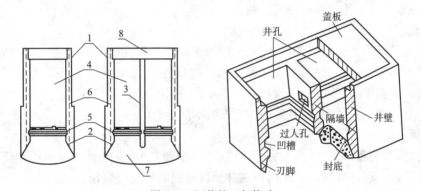

图 5.4 沉井的一般构造

1—井壁;2—刃脚;3—隔墙;4—井孔;5—凹槽;6—射水管组;7—封底混凝土;8—盖板

(1)井壁

沉井的外壁,是沉井的主体部分,在沉井下沉过程中起挡土、挡水及利用本身自重克服土与井壁间摩阻力下沉的作用。当沉井施工完毕后,就成为传递上部荷载的基础或基础的一部分。因此,井壁必须具有足够的强度和一定的厚度,并根据施工过程中的受力情况配置竖向及水平向钢筋,一般壁厚为 0.80~1.50 m,最薄不宜小于 0.4 m,混凝土强度等级不低于 C15。

(2)刃脚

即井壁下端形如楔状的部分,其作用是利于沉井切土下沉。刃脚底面(踏面)宽度一般不大于 150 mm,软土可适当放宽。若下沉深度大,土质较硬,刃脚底面应以型钢(角钢或槽钢)加强(图 5.5),以防刃脚损坏。刃脚内侧斜面与水平面夹角不宜小于 45°。刃脚高度视井壁厚度、便于抽除垫木而定,一般大于 1.0 m,混凝土强度等级宜大于 C20。

(3)隔墙

沉井的内壁,其作用是将沉井空腔分隔成多个井孔,便于控制挖土下沉,防止或纠正倾斜和偏移,并加强沉井刚度,减小井壁

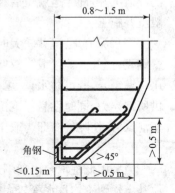

图 5.5 刃脚构造示意

挠曲应力。隔墙厚度一般小于井壁,约 $0.5\sim1.0$ m。隔墙底面应高出刃脚底面 0.5 m 以上,避免被土硌住而妨碍下沉。如为人工挖土,还应在隔墙下端设置过人孔,以便工作人员在井孔间往来。

(4)井孔

为挖土排土的工作场所和通道。其尺寸应满足施工要求,最小边长不宜小于 3 m。井孔应对称布置,以便对称挖土,保证沉井均匀下沉。

(5)凹槽

其位于刃脚内侧上方,用于沉井封底时使井壁与封底混凝土较好地结合,使封底混凝土底面反力更好地传给井壁。凹槽高约 1.0 m,深度一般为 $150\sim300$ mm。

(6)射水管

当沉井下沉较深,土阻力较大,估计下沉困难时,可在井壁中预埋射水管组。射水管应均匀布置,以利于控制水压和水量来调整下沉方向。一般水压不小于 600 kPa。如使用泥浆润滑套施工方法,应有预埋的压射泥浆管路。

(7)封底

沉井沉至设计高程进行清基后,便在刃脚踏面以上至凹槽处浇筑混凝土形成封底。封底可防止地下水涌入井内,其底面承受地基土和水的反力,封底混凝土顶面应高出凹槽 0.5 m,其厚度可由应力验算决定,根据经验也可取不小于井孔最小边长的 1.5 倍。混凝土强度等级一般不低于 C15,井孔内填充的混凝土强度等级不低于 C10。

(8)盖板

沉井封底后,若条件允许,为节省圬工量,减轻基础自重,在井孔内可不填充任何东西,做成空心沉井基础,或仅填以砂石,此时须在井顶设置钢筋混凝土盖板。以承托上部结构的全部荷载。盖板厚度一般为 $1.5\sim2.0$ m,钢筋配置由计算确定。

沉井井孔是否填充,应根据受力或稳定要求决定。在严寒地区,低于冻结线 0.25 m 以上部分,必须用混凝土或圬工填实。

3)浮运沉井的构造

浮运沉井可分为不带气筒和带气筒的浮运沉井两种。不带气筒的浮运沉井多用钢、木、钢丝网水泥等材料制作,薄壁空心,具有构造简单、施工方便、节省钢材等优点。适用于水不太深、流速不大、河床较平、冲刷较小的自然条件。为增加水中自浮能力,还可做成带临时性井底的浮运沉井,即浮运就位后,灌水下沉,同时接筑井壁,当到达河床后,打开临时性井底,再按一般沉井施工。

当水深流急、沉井较大时,通常可采用带气筒的浮运沉井。其主要由双壁的沉井底节、单壁钢壳、钢气筒等组成。双壁钢沉井底节是一个可自浮于水中的壳体结构,底节以上的井壁采用单壁钢壳,既可防水,又可作为接高时灌注沉井外圈混凝土的模板一部分。钢气筒为沉井提供所需浮力,同时在悬浮下沉中可通过充放气调节使沉井上浮、下沉或校正偏斜等,当沉井落至河床后,切除气筒即为取土井孔。

4)组合式沉井

当采用低桩承台出现围水挖基浇筑承台困难,而采用沉井因岩层倾斜较大或沉井范围内地基土软硬不均且水深较大时,可采用沉井—桩基的混合式基础,即组合式沉井。施工时先将沉井下沉至预定高程,浇筑封底混凝土和承台,再在井内预留孔位钻孔灌注成桩。该混合式沉

井结构既可围水挡土,又可作为钻孔桩的护筒和桩基的承台。

5.1.2.2 沉井施工

沉井基础施工一般可分为旱地施工、水中筑岛施工及浮运沉井施工三种。施工前应详细了解场地的地质和水文条件。水中施工应做好河流汛期、河床冲刷、通航及漂流物等的调查研究,充分利用枯水季节,制订出详细的施工计划及必要的措施,确保施工安全。

1. 旱地沉井施工

旱地沉井施工可分为就地制造、挖土下沉、封底、充填井孔以及浇筑顶板等(图5.6),其一般工序如下:

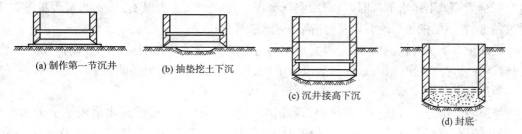

图 5.6 沉井施工顺序示意

1)清整场地

若天然地面土质较硬,只需将地表杂物清净并整平,就可在其上制造沉井。否则应换土或在基坑处铺填不小于 0.5 m 厚夯实的砂或砂砾垫层,防止沉井在混凝土浇筑之初因地面沉降不均产生裂缝。为减小下沉深度,也可以挖一浅坑,在坑底制作沉井,但是坑底应高出地下水面 0.5~1.0 m。

2)制作第一节沉井

制造沉井前,应先在刃脚处对称铺满垫木(图5.7),以支承第一节沉井的重量,并且按垫木定位立模板以绑扎钢筋。垫木数量可按照垫木底面压力不大于 100 kPa 计算,其布置应考虑抽垫方便。垫木一般为枕木或是方木(200 mm×200 mm),其下垫一层厚约 0.3 m 的砂,垫木间间隙用砂填实(填到半高即可)。然后在刃脚位置处放上刃脚角钢,竖立内模,绑扎钢筋,再立外模浇筑第一节沉井。模板应有较大刚度,以免挠曲变形。当场地的土质较好时,也可采用土模。

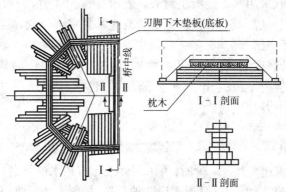

图 5.7 垫木布置示意

3)拆模及抽垫

当沉井混凝土强度达到设计强度 70% 时可拆除模板，达到设计强度后方可抽撤垫木。抽垫应分区、依次、对称、同步地向沉井外抽出。其顺序为：先内壁下，再短边，最后长边。长边下垫木隔一根抽一根，以固定垫木为中心，由远而近对称地抽，最后抽出固定垫木，并随抽随用砂土回填捣实，以免沉井开裂、移动或偏斜。

4)挖土下沉

沉井宜采用不排水挖土下沉，在稳定的土层中，也可采用排水挖土下沉。挖土方法可采用人工或机械，排水下沉常用人工挖土。人工挖土可使沉井均匀下沉并易于清初井内障碍物，但应有安全措施。不排水下沉时，可使用空气吸泥机、抓土斗、水力吸石筒、水力吸泥机等除土。通过黏土、胶结层挖土困难时，可采用高压射水破坏土层。

沉井正常下沉时，应自中间向刃脚处均匀对称挖土，排水下沉时应严格控制设计支承点土的排除，并随时注意沉井正位，保持竖直下沉，无特殊情况不宜采用爆破施工。

5)接高沉井

当第一节沉井下沉至一定深度(井顶露出地面不小于 0.5 m，或露出水面不小于 1.5 m)时，停止挖土，接筑上一节沉井。接筑前刃脚不得掏空，凿毛顶面，立模，然后对称均匀浇筑混凝土，待强度达到设计强度要求后再拆模继续下沉。

6)设置井顶防水围堰

若沉井顶面低于地面或水面，应在井顶接筑临时性防水围堰，围堰的平面尺寸略小于沉井，其下端与井顶上预埋锚杆相连。井顶防水围堰应因地制宜，合理选用，常见的有土围堰、砖围堰和钢板桩围堰。若水深流急，围堰高度大于 5.0 m 时，宜采用钢板桩围堰。

7)基底检验和处理

沉井沉至设计高程后，应检验基底地质情况是否与设计相符。排水下沉时可直接检验；不排水下沉则应进行水下检验，必要时可用钻机取样进行检验。

当基底达到设计要求后，应对地基进行必要的处理。砂性土或黏性土地基，一般可在井底铺一层砾石或碎石至刃脚底面以上 200 mm。岩石地基，应凿除风化岩层，若岩层倾斜，还应凿成阶梯形。要确保井底浮土、软土清除干净，使封底混凝土与地基结合紧密。

8)沉井封底

基底检验合格后应及时封底。排水下沉时，如渗水量上升速度不大于 6 mm/min 可采用普通混凝土封底：否则宜采用水下混凝土封底。若沉井面积大时，可采用多导管先外后内、先低后高依次浇筑。封底一般为素混凝土，但必须与地基紧密结合，不得存在有害的夹层、夹缝。

9)井孔填充和顶板浇筑

封底混凝土达设计强度后，再排干井孔中水，填充井内圬工。如井孔中不填料或仅填砾石，则井顶应浇筑钢筋混凝土顶板，以支承上部结构，且应保持无水施工。然后砌筑井上构筑物，并随后拆除临时性的井顶围堰。

2. 水中沉井施工

1)水中筑岛

当水深小于 3 m，流速 ≤1.5 m/s 时，可采用砂或砾石在水中筑岛，周围用草袋围护，如图 5.8(a)所示；若水深或流速加大，可采用围堤防护筑岛，如图 5.8(b)所示；当水深较大(通常 <15 m)或流速较大时，宜采用钢板桩围堰筑岛，如图 5.8(c)所示。岛面应高出最高施工水位 0.5 m

以上,砂岛地基强度应符合要求,围堰筑岛时,围堰距井壁外缘距离 $b \geqslant H\tan(45° - \varphi/2)$,且 $\geqslant 2\,\mathrm{m}$,(H 为筑岛高度, φ 为砂在水中的内摩擦角)。其余施工方法与旱地沉井施工相同。

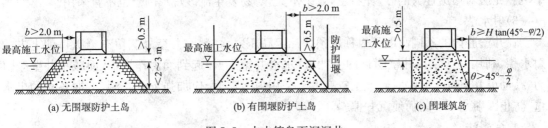

(a) 无围堰防护土岛　　　　(b) 有围堰防护土岛　　　　(c) 围堰筑岛

图5.8　水中筑岛下沉沉井

2)浮运沉井

若水深(如大于 10 m)人工筑岛困难或不经济时,可采用浮运法施工。即将沉井在岸边作成空体结构,或采用其他措施(如带钢气筒等)使沉井浮于水上,利用在岸边铺成的滑道滑入水中(图5.9),然后用绳索牵引至设计位置。在悬浮状态下,逐步将水或混凝土注入沉井空体中,使沉井徐徐下沉至河底。若沉井较高,需分段制造,在悬浮状态下逐节接长下沉至河底,但整个过程应保持沉井本身稳定。当刃脚切入河床一定深度后,即可按一般沉井下沉方法施工。

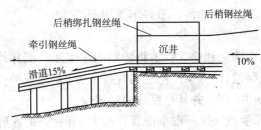

图5.9　浮运沉井下水示意

任务5.2　沉井下沉问题处理

5.1.1　工作任务

通过对沉井下沉问题处理的学习,能够完成以下工作任务:
(1)熟悉沉井下沉辅助措施;
(2)掌握沉井下沉施工中常见问题的处理方法。

5.1.2　相关配套知识

1.克服沉井下沉困难的措施

在沉井下沉的过程中,可能会出现下沉困难或倾斜的现象,主要问题是:井壁摩阻力太大,超过了沉井的重量。通常可用以下几种助沉措施:

1)加重法

在沉井顶面铺设平台,然后在平台上放置重物,如钢轨、铁块或砂袋等,但应防止重物倒坍,故垒置高度不宜太高。此法多在平面面积不大的沉井中使用。

2)抽水法

对不排水下沉的沉井,可从井孔中抽出一部分水,从而减小浮力,增加向下的压力使沉井下沉。此法对渗透性大的砂、卵石层,效果不大,对易发生流砂现象的土也不宜采用。

3)射水法

在井壁腔内的不同高度处对称地预埋几组高压射水管,在井壁外侧留有喇叭口朝上方的射水嘴,利用高压水把井壁附近的土冲松,水沿井壁上升,起到润滑作用,从而减小井壁摩阻力,帮助沉井下沉。此法对砂性土较有效。采用射水法时,应加强下沉观测,掌握各孔的出水量,防止因射水不均匀而使沉井偏斜。

4)炮震法

沉井下沉至一定深度后,如下沉有困难,可采用炮震法强迫沉井下沉。此法是在井孔的底部埋置适量的炸药,利用爆炸所产生的震动力,一方面可减小刃脚下土的反力和井壁上土的摩阻力,另一方面增加了沉井向下的冲击力,迫使沉井下沉。但要注意炸药量过大,有可能炸坏沉井;药量太少,则震动效果不显著。一般每个爆炸点用药量以 0.2 kg 左右为宜,大而深的沉井可用至 0.3 kg。不排水下沉时,炸药应放至水底,水较浅或无水时,应将炸药埋入井底数十厘米处,这样既不易炸坏沉井,效果也较好。如沉井有几个井孔,应在几个井孔内同时起爆。否则有可能使隔墙震裂,甚至会使沉井产生偏斜。有可能采用炮震法的沉井,结构上应适当加强,以免被炸坏。对下沉深度不大的沉井最好不采用此法。

5)采用泥浆润滑套

泥浆套下沉法是借助泥浆泵和输送管道将特制的泥浆压入沉井外壁与土层之间,在沉井外围形成有一定厚度的泥浆层,该泥浆层把土与井壁隔开,并起润滑作用,从而大大降低沉井下沉中的摩擦阻力,加速沉井下沉,并具有良好的稳定性。

泥浆通常由膨润土、水和碳酸钠分散剂配置而成,具有良好的固壁性、触变性和胶体稳定性。泥浆润滑套的构造主要包括射口挡板、地表围圈及压浆管。

射口挡板可用角钢或钢板弯制,置于每个泥浆射出口处,并固定在井壁台阶上[图 5.10(a)],其作用是防止压浆管射出的泥浆直冲土壁,以免土壁局部坍落堵塞射浆口。

地表围圈用木板或钢板制成,埋设在沉井周围。其作用是防止沉井下沉时土壁坍落,为沉井下沉过程中新造成的空隙补充泥浆及调整各压浆管出浆的不均衡。其宽度与沉井台阶相同,高约 1.5～2.0 m,顶面高出地面或岛面 0.5 m,圈顶面宜加盖。

压浆管可分为内管法(厚壁沉井)和外管法(薄壁沉井)两种(图 5.10),通常用 $\phi38～50$ 的钢管制成,沿井周边每 3～4 m 布置一根。

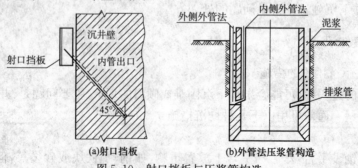

(a)射口挡板　　(b)外管法压浆管构造

图 5.10　射口挡板与压浆管构造

下沉过程中要勤补浆,勤观测,发现倾斜、漏浆等问题时要及时纠正。若基底为一般土质,出现边清基边下沉现象时,应压入水泥砂浆换置泥浆,以增大井壁摩阻力。此外,该法不宜用于卵石、砾石土层。

6)空气幕法

用空气幕下沉是一种减小下沉时井壁摩阻力的有效方法。它是通过向预埋的气管(沿井壁四周)中压入高压气流,气流沿喷气孔射出再沿沉井外壁上升,在沉井周围形成一空气"帷幕"(即空气幕),使井壁周围土松动或液化,摩阻力减小,促使沉井下沉。

如图 5.11 所示,空气幕沉井在构造上增加了一套压气系统,该系统由气斗、井壁中的气管、压缩空气机、贮气筒以及输气管等组成。

气斗是沉井外壁上凹槽及槽中的喷气孔,凹槽的作用是保护喷气孔,使喷出的高压气流有一扩散空间,然后较均匀地沿井壁上升,形成气幕。气斗应布设简单,不易堵塞,便于喷气,目前多用棱锥形(150 mm×150 mm),其数量根据每个气斗所作用有效面积确定。喷气孔直径 1 mm,可按等距离分布,上下交错排列布置。

气管有水平喷气管和竖管两种,可采用内径 25 mm 的硬质聚氯乙烯管。水平管连接各层气斗,每 1/4 或 1/2 周设一根,以便纠偏;每根竖管连接二根水平管,并伸出井顶。

由压缩空气机输出的压缩空气应先输入贮气筒,再由地面输气管送至沉井。以防止压气时压力骤然降低而影响压气效果。

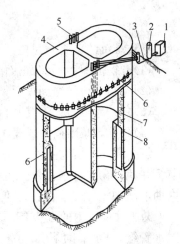

图 5.11 空气幕沉井压气系统构造
1—压缩空气机;2—贮气筒;
3—输气管路;4—沉井;5—竖管;
6—水平喷气管;7—气斗;8—喷气孔

在整个下沉过程中,应先在井内除土,消除刃脚下土的抗力后再压气,但也不得过分除土而不压气,一般除土面低于刃脚 0.5~1.0 m 时,即应压气下沉。压气时间不宜过长,一般不超过 5 min/次。压气顺序应先上后下,以形成沿沉井外壁上喷的气流。气压不应小于喷气孔最深处理论水压的 1.4~1.6 倍,并尽可能使用风压机的最大值。

停气时应先停下部气斗,依次向上,最后停上不气斗,并应缓慢减压,不得将高压空气突然停止,防止造成瞬时负压,使喷气孔内吸入泥沙而被堵塞。

空气幕下沉沉井适应于砂类土、粉质土及黏性土地层,对于卵石土、砾类土及风化岩等地层不宜使用。

2. 沉井下沉过程中遇到的问题及处理

1)偏斜

沉井偏斜大多发生在下沉不深时,导致偏斜的主要原因有:

(1)土体表面松软或制作场地或河底高低不平,软硬不均;

(2)刃脚制作质量差,井壁与刃脚中线不重合;

(3)抽垫方法欠妥,回填不及时;

(4)挖土不均匀对称,下沉时有突沉或停沉现象;

(5)刃脚遇障碍物顶住而未及时发现,排土堆放不合理,或单侧受水流冲击掏空等导致沉井受力不对称。

纠正偏斜时,通常可用挖土、压重、顶部施加水平力或刃脚下支垫等方法处理,空气幕沉井也可采用单侧压气纠偏。若沉井倾斜时,可在高侧集中挖土,加重物,或用高压射水冲松土层,低侧回填砂石,必要时在井顶施加水平力扶正。若中心偏移则先挖土,使井底中心向设计中心倾斜,然后在对侧挖土,使沉井恢复竖直,如此反复至沉井逐步移近设计中心。当刃脚遇到障碍物时,必先清除再下沉。如遇树根、大孤石或钢料铁件,排水施工时可人工排除,必要时用少量炸药(少于200g)炸碎。不排水施工时,可由潜水工进行水下切割或爆破。

2)难沉

导致难沉的主要原因是:

(1)开挖面深度不够,正面阻力大;

(2)偏斜或刃脚遇到障碍物、坚硬岩层和土层;

(3)井壁摩阻力大于沉井自重;

(4)井壁无减阻措施或泥浆套、空气幕等遭到破坏。

解决难沉的措施主要是增加压重和减少井壁阻力。增加压重的方法有:①提前接筑上一节沉井,增加沉井自重;②在井顶加压沙袋、钢轨等重物迫使沉井下沉;③不排水下沉时,可井内抽水,减少浮力,迫使下沉,但需保证土体不产生流砂现象。

减少井壁阻力的方法有:①将沉井设计成阶梯形、钟形,或使外壁光滑;②井壁内埋设高压射水管组,射水辅助下沉;③利用泥浆套或空气幕辅助下沉;④增大开挖范围和深度,必要时还可采用0.1~0.2 kg炸药起爆助沉,但同一沉井每次只能起爆一次,且需适当控制爆振次数。

3)突沉

突沉常发生在软土地区,容易使沉井产生较大的倾斜或超沉。引起突沉的主要原因是井壁摩阻力较小(当刃脚下土被挖除时沉井支承削弱,或排水过多、除土太深、出现塑流等)。防止突沉的措施一般是控制均匀除土,在刃脚处除土不宜过深,此外,在设计时可采用刃脚踏面宽度或增设底梁的措施提高刃脚阻力。

4)流砂

在粉、细砂层中下沉沉井时,经常出现流砂现象,若不采取适当措施将造成沉井严重倾斜。产生流砂的主要原因是土中动水压力的水头梯度大于临界值。故防止流砂的措施是:采用井点、深井或深水泵降水,降低井外水位,改变水头梯度方向使土层稳定,防止流砂发生。排水下沉时若发生流砂可向井内灌水,采取不排水除土,减小水头梯度。

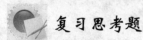 复习思考题

5.1 沉井基础由哪几部分组成?各部分的作用是什么?

5.2 沉井基础与明挖基础相比,有何特点?试述沉井基础的适用范围?

5.3 试述沉井基础的类型及其构造要求。

5.4 底节沉井制造时,铺设支垫的基本要求是什么?

5.5 叙述就地制作沉井基础的施工步骤。

5.6 沉井下沉过程中会遇到哪些问题？如何处理？

5.7 沉井接高过程中,应注意哪些问题？

5.8 叙述沉井基础基底清理及检验的要求。

5.9 试述灌注水下封底混凝土应注意哪些事项。

5.10 空气幕沉井与浮运沉井的特点与使用条件是什么？

5.11 请描述一下沉井基础施工的整个过程和步骤,并用 PPT 汇报。

项目 6 地基处理

项目描述

我国地域辽阔,分布着多种多样的土类,其中包括各种特殊土。针对在软弱地基上建造建筑物可能产生的问题,采用人工的方法改善地基土的工程性质,达到满足上部结构对地基稳定和变形的要求。地基处理是应用所学知识进行软土地基处理、特殊土地基处理及复合地基处理。

学习目标

1. 能力目标
(1)具备对地基土的工程性质做出正确评价的能力;
(2)具备分析与解决特殊土地基问题的能力;
(3)具备对常见的基础工程事故做出合理的评价的能力。

2. 知识目标
(1)掌握特殊土的主要工程性质;
(2)掌握常见地基处理方法。

任务 6.1 软弱土地基处理

6.1.1 工作任务

通过对软弱土地基处理的学习,能够完成以下工作任务:
(1)熟悉软弱土地基处理的各种施工方法;
(2)掌握软弱土地基处理的施工和质量控制。

6.1.2 相关配套知识

6.1.2.1 软弱土地基处理概述

土木工程建设中,有时不可避免地遇到工程地质条件不良的软弱土地基,不能满足建筑物要求,需要先经过人工处理加固,再建造基础,处理后的地基称为人工地基。

地基处理的目的是针对地基上建造建筑物可能产生的问题,采取人工的方法改善地基土的工程性质,达到满足上部结构对地基稳定和变形的要求。这些方法主要包括提高地基土的抗剪强度,增大地基承载力,防止剪切破坏或减轻土压力;改善地基土压缩特性,减少沉降和不均匀沉降;改善其渗透性,加速固结沉降过程;改善土的动力特性防止液化,减轻振动;消除或

减少特殊土的不良工程特性等。

近几十年来，大量的土木工程实践推动了地基处理技术的迅速发展，地基处理的方法多样化，地基处理的新技术、新理论不断涌现并日趋完善，地基处理已成为基础工程领域中一个较有生命力的分支。根据地基处理方法的基本原理，基本上可以分为如表 6.1 所示的几类。

表 6.1　地基处理方法的分类

物理处理				化学处理		热学处理	
置换	排水	挤密	加筋	搅拌	灌浆	热加固	冻结

但必须指出，很多地基处理方法具有多重加固处理的功能，例如碎石桩具有置换、挤密、排水和加筋的多重功能；而石灰桩则具有挤密、吸水和置换等功能。地基处理的主要方法、适用范围及加固原理，参见表 6.2。

表 6.2　地基处理的主要方法、适用范围和加固原理

分类	方　　法	加　固　原　理	适用范围
置 换	换土垫层法	采用开挖后换好土回填的方法；对于厚度较小的淤泥质土层，亦可采用抛石挤淤法。地基浅层性能良好的垫层，与下卧层形成双层地基。垫层可有效地扩散基底压力，提高地基承载力和减少沉降量	各种浅层的软弱土地基
	振冲置换法	利用振冲器在高压水的作用下边振、边冲，在地基中成孔，在孔内回填碎石料且振密成碎石桩。碎石桩柱体与桩间土形成复合地基，提高承载力，减少沉降量	$C_u<20$kPa 的黏性土、松散粉土和人工填土、湿陷性黄土地基等
	强夯置换法	采用强夯时，夯坑内回填块石、碎石挤淤置换的方法，形成碎石墩柱体，以提高地基承载力和减少沉降量	浅层软弱土层较薄的地基
	碎石桩法	采用沉管法或其他技术，在软土中设置砂或碎石桩柱体，置换后形成复合地基，可提高地基承载力，降低地基沉降。同时，砂、石柱体在软黏土中形成排水通道，加速固结	一般软土地基
	石灰桩法	在软弱土成孔后，填入生石灰或其他混合料，形成竖向石灰桩柱体，通过生石灰的吸水膨胀、放热以及离子交换作用改善桩柱体周围土体的性质，形成石灰桩复合地基，以提高地基承载力，减少沉降量	人工填土、软土地基
	EPS 轻填法	发泡聚苯乙烯（EPS）重度只有土的 $1/100\sim1/50$，并具有较高的强度和低压缩性，用于填土料，可有效减少作用于地基的荷载，且根据需要用于地基的浅层置换	软弱土地基上的填方工程
排水固结	加载预压法	在预压荷载作用下，通过一定的预压时间，天然地基被压缩、固结，地基土的强度提高，压缩性降低。在达到设计要求后，卸去预压荷载，再建造上部结构，以保证地基稳定和变形满足要求。当天然土层的渗透性较低时，为了缩短渗透固结的时间，加速固结速率，可在地基中设置竖向排水通道，如砂井、排水板等。加载预压的荷载，一般是利用建筑物自身荷载、堆载或真空预压等	软土、粉土、杂填土、冲填土等
	超载预压法	基本原理同加载预压法，但预压荷载超过上部结构的荷载。一般在保证地基稳定的前提下，超载预压方法的效果更好，特别是对降低地基次固结沉降十分有效	淤泥质黏性土和粉土

续上表

分类	方法	加固原理	适用范围
振密挤密	强夯法	采用重量100~400kN的夯锤,从高处自由落下,在强烈的冲击力和振动力作用下,使地基土密实,提高承载力,减少沉降量	松散碎石土、砂土,低饱和度粉土和黏性土,湿陷性黄土、杂填土和素填土地基
	振冲密实法	振冲器的强力振动,使得饱和砂层发生液化,砂粒重新排列,孔隙率降低;同时,利用振冲器的水平振冲力,回填碎石料使得砂层挤密,达到提高地基承载力,降低沉降的目的	黏粒含量少于10%的疏松散砂土地基
	挤密碎(砂)石桩法	用振动、冲击或水冲等方式在软弱地基中成孔后,再将碎石或砂挤压入土孔中,形成大直径的碎石或砂所构成的密实桩体。达到提高地基承载力和减小地基沉降的目的	松散砂土、杂填土、非饱和黏性土地基、黄土地基
	土、灰土桩法	采用沉管等技术,在地基中成孔,并回填土或灰土形成竖向加固体,成孔过程中的向四周排土和振动作用,可挤密土体,并形成复合地基,提高地基承载力,减小沉降量	地下水位以上的湿陷性黄土、杂填土、素填土地基
加筋	加筋土法	在土体中加入起抗拉作用的筋材,例如土工合成材料、金属材料等,通过筋土间作用,达到减小或抵抗土压力;调整基底接触应力的目的。可用于支挡结构或浅层地基处理	浅层软弱土地基处理、挡土墙结构
	锚固法	主要有土钉和土层锚杆,土钉技术是在土体内放置一定长度和分布密度的土钉体,与土共同作用,用以弥补土体自身强度的不足;土层锚杆是依赖于土层与锚固体之间的粘结强度来提供承载力	边坡加固。土锚技术应用中,必须有可以锚固的土层、岩层或构筑物
	竖向加固体复合地基法	在地基中设置小直径刚性桩、低等级混凝土桩等竖向加固体,例如CFG桩、二灰混凝土桩等,形成复合地基,提高地基承载力,减少沉降量	各类软弱土地基、尤其是较深厚的软土地基
化学加固	深层搅拌法	通过特制的深层搅拌机械,在地基中原地将软黏土和固化剂(多数用水泥浆)强制拌和,使软黏土硬结成具有整体性、水稳性和足够强度的地基土	饱和软黏土地基,对于有机质较高的泥炭质土或泥炭、含水率很高的淤泥和淤泥质土,适用性宜通过试验确定
	灌浆或注浆法	有渗入灌浆、劈裂灌浆、压密灌浆以及高压注浆等多种工法,浆液的种类较多	类软弱土地基,岩石地基加固,建筑物纠偏等加固处理

　　表6.2中的各类地基处理方法,均有各自的特点和作用机理,在不同的土类中产生不同的加固效果,并也存在着局限性。地基的工程地质条件是千变万化的,工程对地基的要求也是不尽相同的,材料、施工机具和施工条件等亦存在显著差别,没有哪一种方法是万能的。因此,对于每一工程必须进行综合考虑,通过方案的比选,选择一种技术可靠、经济合理、施工可行的方案,既可以是单一的地基处理方法,也可以是多种方法的综合处理。

　　选择地基处理方案时,应综合考虑如下因素:

　　(1)土的类别;

　　(2)处理后土的加固深度;

　　(3)上部结构的要求;

　　(4)能使用的材料;

　　(5)能选用的机械设备;

　　(6)周围环境因素;

（7）对施工工期的要求；

（8）施工队伍的技术素质；

（9）施工技术条件与经济技术比较。

6.1.2.2　软弱土地基处理

1. 夯实法

夯（压）实法对砂土地基及含水率在一定范围内的软弱黏性土可提高其密实度和强度，减少沉降量。此法也适用于加固杂填土和黄土等。按采用夯实手段的不同可对浅层或深层土起加固作用。浅层处理的换土垫层法需要分层压实填土，常用的压实方法是碾压法、夯实法和振动压实法，还有浅层处理的重锤夯实法和深层处理的强夯法（也称动力固结法）。

1）重锤夯实法

重锤夯实法是运用起重机械将重锤（一般不轻于 1.5 t）提到一定高度（3～4 m）然后锤自由落下，这样重复夯击地基，使表层土（在一定深度内）夯击密实而提高强度。它适用于砂土、稍湿的黏性土、部分杂填土、湿陷性黄土等，是一种浅层的地基加固方法。

图 6.1　夯锤

夯击重锤的式样常为一截头圆锥体（图 6.1），重为 1.5～3.0 t，锤底直径 0.7～1.5 m，锤底面自重静压力约为 15～25 kPa，落距一般采用 2.5～4.0 m。

重锤夯实的有效影响深度与锤重、锤底直径、落距及地质条件有关。国内某地经验，一般砂土，当锤重为 1.5 t，锤底直径 1.15 m，落距 3～4 m 时，夯击 6～8 遍，夯击有效深度约为 1.10～1.20 m，为达到预期加固密实度和深度，应在现场进行试夯，确定需要的落距、夯击遍数等。夯击时，土的饱和度不宜太高，地下水位应低于击实影响深度，在此深度范围内也不应有饱和的软弱下卧层，否则会出现"橡皮土"现象，严重影响夯实效果；而含水率过低消耗夯击功能较大，还往往达不到预期效果。一般含水率应尽量控制接近击实土的最佳含水率或控制在塑液限之间而稍接近塑限，也可由试夯确定含水率与锤击功能的规律，以求能用较少的夯击遍数达到预期的设计加固深度和密实度，从而指导施工。一般夯击遍数不宜超过 8～12 遍，否则应考虑增加锤重、落距或调整土层含水率。

重锤夯实法加固后的地基应经静载试验确定其承载力，需要时还应对软弱下卧层承载力及地基沉降进行验算。

2）强夯法

强夯法，亦称为动力固结法，是一种将较大的重锤（一般约为 8～40 t，最重达 200 t）从 6～20 m 高处（最高达 40 m）自由落下，对较厚的软土层进行强力夯实的地基处理方法，如图 6.2 所示。

它的显著特点是夯击能量大，因此影响深度也大，并具有工艺简单、施工速度快、费用低、适用范围广、效果好等优点。

强夯法适用于碎石类土、砂类土、杂填土、低饱和粉土和黏土、湿陷性黄土等地基的加固，效果较好。对于高饱和软黏土（淤泥及淤泥质土）强夯处理效果较差，但若结合夯坑内回填块石、碎石或其他粗粒料，强

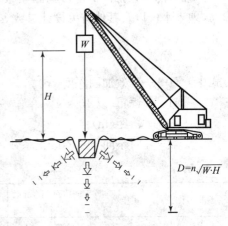

图 6.2　强夯法示意

行夯入形成复合地基(称为强夯置换或动力挤淤),处理效果较好。

强夯法虽然在实践中已被证实是一种较好的地基处理方法,但其加固机理研究尚待完善。

(1)对强夯加固机理根据土的类别和强夯施工工艺的不同分为三种加固机理

①动力挤密是指在冲击型荷载作用下,在多孔隙、粗颗粒、非饱和土中,土颗粒相对位移,孔隙中气体被挤出,从而使得土体的孔隙减小、密实度增加、强度提高以及变形减小。

②动力固结是指在饱和的细粒土中,土体在夯击能量作用下产生孔隙水压力使土体结构被破坏,土颗粒间出现裂隙,形成排水通道,渗透性改变,随着孔隙水压力的消散,土开始密实,抗剪强度、变形模量增大。在夯击过程中并伴随土中气体体积的压缩,触变的恢复,黏粒结合水向自由水转化等。图 6.3 为某一工地土层强夯前后强度提高的测定情况。

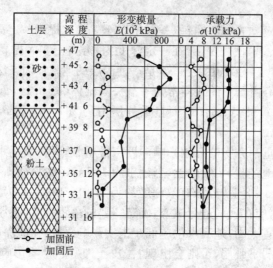

图 6.3　某一工地土层强夯前后强度提高的测定情况

③动力置换是指在饱和软黏土特别是淤泥及淤泥质土中,通过强夯将碎石填充于土体中,形成复合地基,从而提高地基的承载力。

(2)强夯法的设计

①有效加固深度

强夯的有效加固深度影响因素很多,有锤重、锤底面积和落距,还有地基土性质,土层分布,地下水位以及其他有关设计参数等。我国常采用的是根据国外经验方式进行修正后的估算公式:

$$H = \alpha \sqrt{Mh} \tag{6.1}$$

式中　H——有效加固深度(m);

　　　M——锤重(以 10 kN 为单位);

　　　h——落距(m);

　　　α——对不同土质的修正系数,参见表 6.3。

表 6.3　修正系数 α

土的名称	黄土	一般对黏性土、粉土	砂土	碎石土(不包括块石、漂石)	块石、矿渣	人工填土
α	0.45~0.60	0.55~0.65	0.65~0.70	0.60~0.75	0.49~0.50	0.55~0.75

式 6.1 未反映土的物理力学性质的差别,仅作参考,应根据现场试夯或当地经验确定,缺乏资料时也可按相关规范提供的数据预估。

②强夯的单位夯击能

单位夯击能指单位面积上所施加的总夯击能,它的大小应根据地基土的类别、结构类型、荷载大小和处理的深度等综合考虑,并通过现场试夯确定。对于粗粒土可取 1 000～4 000 kN·m/m²;对细粒土可取 1 500～5 000 kN·m/m²。夯锤底面积对砂类土一般为 3～4 m²,对黏性土不宜小于 6 m²。夯锤底面静压力值可取 24～40 kPa,强夯置换锤底静压力值可取 40～200 kPa。实践证明,圆形夯锤底设置 250～300 mm 的纵向贯通孔的夯锤,地基处理的效果较好。

③夯击次数与遍数

夯击次数应根据现场试夯的夯击次数和夯沉量关系曲线以及最后两击夯沉量之差并结合现场具体情况来确定。施工的合理夯击次数,应取单击夯沉量开始趋于稳定时的累计夯击次数,且这一稳定的单击夯沉量即可用作施工时收锤的控制夯沉量。但必须同时满足:

a. 最后两击的平均夯沉量不大于 50 mm,当单击夯击能量较大时,应不大于 100 mm,当单击夯击能大于 6 000 kN·m 时不大于 200 mm。

b. 夯坑周围地基不应发生过大的隆起。

c. 不因夯坑过深而发生起锤困难。

各试夯点的夯击数,应使土体竖向压缩最大,而侧向位移最小为原则,一般为 5～15 击。

夯击遍数一般为 2～3 遍,最后再以低能量满夯一遍。

④间歇时间

对于多遍夯击,两遍夯击之间应有一定的时间间隔,主要取决于加固土层孔隙水压力的消散时间。对于渗透性较差的黏性土地基的间隔时间,应不小于 3～4 周,渗透性较好的地基可连续夯击。

⑤夯点布置及间距

夯点的布置一般为正方形、等边三角形或等腰三角形,处理范围应大于基础范围,宜超出 1/2～2/3 的处理深度,且不宜小于 3 m。夯间距应根据地基土的性质和要求处理的深度来确定。一般第一遍夯击点间距可取 5～9 m,第二遍夯击点位于第一遍夯击点之间,以后各遍夯击点间距可与第一遍相同,也可适当减小。

强夯法施工前,应先在现场进行原位试验(旁压试验、十字板试验、触探试验等),取原状土样测定含水率、塑限液限、粒度成分等,然后在试验室进行动力固结试验或现场进行试验性施工,以取得有关数据,为按设计要求(地基承载力、压缩性、加固影响深度等)确定施工时每一遍夯击的最佳夯击能、每一点的最佳夯击数、各夯击点间的间距以及前后两遍锤击之间的间歇时间(孔隙承压力消散时间)等提供依据。

强夯法施工过程中还应对现场地基土层进行一系列对比的观测工作,包括:地面沉降测定;孔隙水压力测定;侧向压力、振动加速度测定等。对强夯加固后效果的检验可采用原位测试的方法如现场十字板、动力触探、静力触探、载荷试验、波速试验等;也可采用室内常规试验、室内动力固结试验等。

近年来国内外有采用强夯法作为软土的置换手段,用强夯法将碎石挤入软土形成碎石垫层或间隔夯入形成碎石墩(桩),构成复合地基,且已列入相关的行业规范。

强夯法除了尚无完整的设计计算方法,施工前后及施工过程中需进行大量测试工作外,还有诸如噪声大,振动大等缺点,不宜在建筑物或人口密集处使用;加固范围较小(5 000 m²)时不经济。

(3)强夯法施工步骤

①清理并平整施工场地。

②标出第一遍夯击点位置,并测量场地高程。

③起重机就位,使夯锤对准夯点位置。

④测量夯前锤顶高程。

⑤将夯锤起吊到预定高度,待夯锤脱钩自由下落后放下吊钩,测量锤顶高程;若出现坑底不平而造成夯锤歪斜时,应及时将坑底整平。

⑥重复步骤⑤,按设计规定的夯击次数和控制标准,完成一个夯点的夯击。

⑦重复步骤③~⑥,完成第一遍全部夯点的夯击。

⑧用推土机填平夯坑,并测量场地高程。

⑨在规定的间歇时间后,重复以上步骤逐次完成全部夯击遍数,最后用低能量满夯,使场地表层松土密实,并测量夯后场地高程。

当地下水位较高,夯坑底积水而影响施工时,宜采用人工降低地下水位的方法或铺设一定厚度的松散材料。夯坑内或场地积水应及时排除。

当强夯施工所产生的振动对邻近建筑物或设备产生有害影响时,应采取防振或隔振措施。

(4)强夯法施工质量检验

对强夯加固地基的加固效果质量检验,应间隔一定时间进行。对碎石土和砂土地基,间隔时间为1~2周;对低饱和度的粉土和黏性土地基可取3~4周。

质量检验的方法,应根据土性选用室内土工试验和原位测试技术。对一般工程,应采用两种或两种以上的方法进行检验;对重要工程,应增加检验项目,也可以做现场大压板载荷试验。

此外,质量检验还包括检查强夯施工过程中的各项测试数据和施工记录,凡不符合设计要求时,应该及时补夯或采取其他有效的补救措施。

2. 换填垫层法

1)换填垫层法及其作用

在冲刷较小的软土地基上,地基的承载力和变形达不到基础设计要求,且当软土层不太厚(如不超过3 m)时,可采用较经济、简便的换土垫层法进行浅层处理。即将软土部分或全部挖除,然后换填工程特性良好的材料,并予以分层压实,这种地基处理方法称为换填垫层法。

换填的材料主要有砂、碎石、高炉矿渣和粉煤灰等,应具有强度高、压缩性低、稳定性好和无侵蚀性等良好的工程特性。当软土层部分换填时,地基便由垫层及(软弱)下卧层组成如图6.4所示,足够厚度的垫层置换可能被剪切破坏的软土层,以使垫层底部的软弱下卧层满足承载力的要求,从而达到加固地基的目的。按垫层回填材料的不同,可分别称为砂垫层、碎石垫层、灰土垫层等。

换填垫层法适用于淤泥、淤泥质土、湿陷性黄土、素填土、杂填土地基及暗沟、暗塘等地的地基土的浅层处理。

换填垫层法的主要作用是:

(1)置换作用:将基底以下的软弱土全部或部分挖出,换填为较密实材料,这样可提高地基承载力,增强地基稳定性。

(2)应力扩散作用:基础底面下一定厚度垫层的应力扩散作用,可减小垫层下天然土层所受的压力和附加压力,从而减小基础沉降量,并使下卧层满足承载力的要求。

　　(3)加速固结作用:用透水性强的材料作垫层时,软土中的水分可部分通过透水垫层排除,在建筑物施工过程中,可加速软土的固结,减小建筑物建成后的工后沉降。

　　(4)防止冻胀:由于垫层材料是不冻胀材料,采用换土垫层对基础底面以下可冻胀土层全部或部分置换后,可防止土的冻胀作用。

　　2)垫层的设计计算

　　垫层设计时,既要使建筑地基的强度和变形满足要求,还应使设计符合经济合理的原则。尽管垫层地基可以采用不同的材料,垫层地基的变形特性则基本相似,现以砂垫层为例进行垫层的设计。

　　对砂垫层的设计,既要求垫层有足够的厚度,以置换可能被剪切破坏的软弱土层,又要求其有足够的宽度,以防止砂垫层向两侧挤出。砂垫层的设计方法有很多种,在此只介绍一种常用的方法。

　　(1)垫层厚度的确定

　　砂垫层的厚度一般是根据砂垫层底部软土层的承载力来确定的,即作用在垫层底面处土的附加应力与自重应力之和,不大于软弱层的承载力设计值,如图 6.4 所示,并符合下式要求:

$$p_z + p_{cz} \leqslant f_z \tag{6.2}$$

式中　p_z——垫层底面处的附加应力(kPa);

　　　　p_{cz}——垫层底面处土的自重应力值(kPa);

　　　　f_z——经深度和宽度修正后垫层底面处土层的地基承载力设计值(kPa)。

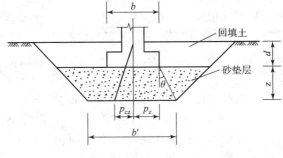

图 6.4　垫层内应力分布

　　砂垫层底面处的附加应力,除了可以采用弹性理论的土中应力公式求得外,也可按应力扩散角 θ 进行简化计算。

　　条形基础:

$$p_z = \frac{b(p - p_c)}{b + 2z \cdot \tan \theta} \tag{6.3}$$

　　矩形基础:

$$p_z = \frac{bl(p - p_c)}{(b + 2z \cdot \tan \theta)(l + 2z\tan \theta)} \tag{6.4}$$

式中　b——矩形基础或条形基础底面的宽度(m);

　　　　l——矩形基础底面的长度(m);

　　　　p——基础底面压力的设计值(kPa);

　　　　p_c——基础底面处土的自重应力标准值(kPa);

z——基础底面下垫层的厚度(m)；

θ——垫层的应力扩散角(°)，参见表 6.4。

表 6.4　压力扩散角 θ (°)

z/b 换填材料	中砂、粗砂、砾砂、圆砾、角砾、石屑、卵石、碎石、矿渣	粉质黏土、粉煤灰	灰土
0.25	20	6	28
≥0.5	30	23	

注:(1)当 $z/b < 0.25$ 时,除灰土取 $\theta = 28°$ 外,其余材料均取 $\theta = 0°$,必要时宜由试验确定。

(2)当 $0.25 < z/b < 0.50$ 时,θ 可由内插法求得。

砂垫层厚度计算时,一般是先根据初步拟定的厚度,再用公式(6.2)进行复核。砂垫厚度一般不宜大于 3 m,太厚则施工困难;也不宜小于 0.5 m,太薄则换土垫层的作用不明显。

(2)砂垫层宽度的确定

垫层底面的宽度应满足基础底面应力扩散的要求,并且要考虑垫层侧面土的侧向支承力来确定,因为基础荷载在垫层中引起的应力使垫层有侧向挤出的趋势,如果垫层宽度不足,四周土又比较软弱,垫层有可能被压溃而挤入四周软土中去,使基础沉降增大。

砂垫层底宽度 b'(以 m 计)应满足基础底面应力扩散的要求,可以按式 6.5 计算或根据当地经验确定。

$$b' \geqslant b + 2z\tan\theta \qquad (6.5)$$

各种垫层的宽度在满足式(6.5)的前提下,在基础底面高程以下所开挖的基坑侧壁呈直立状态时,则垫层顶面边缘比基础底边缘多出的宽度应不小于 300 mm;若按当地开挖基坑经验的要求,基坑须放坡开挖时,垫层的设计断面则呈下宽上窄的梯形。整片垫层的宽度可以根据施工要求适当加宽。

3)砂垫层的施工要点

(1)砂垫层和砂石垫层的材料,宜采用颗粒级配良好,质地坚硬的中砂、粗砂、砾砂、卵石或碎石,石子的粒径不宜大于 50 mm,砂、石料中不得含有杂物,含泥量不应超过 5%。粉细砂也可以作为垫层的材料,但因其不易压实,而且强度也不高,此时宜掺入 25%~30% 的碎(卵)石,以保证垫层的密实度和稳定性。

(2)为了使砂垫层达到设计要求的密实度,施工时需要把握的关键问题是控制好采用各种夯(压、振)实方法时的分层铺筑厚度及施工时的最优含水率和最大干密度。采用何种施工方法,施工时分层铺填的厚度以及每层的压实遍数,宜通过试验确定。

(3)在软土层上采用砂垫层时,应注意保护好基坑底部及侧壁土的原状结构,以免降低软土的强度。在垫层的最下面一层,宜先铺设 150~300 mm 厚的松砂,仔细夯实,不得使用振捣器。当采用碎石垫层时,也应该在软土上先铺一层厚度为 150~300 mm 的砂垫底。

(4)当用细砂作为垫层材料时,不宜使用振捣法和水撼法。

(5)当用人工级配的砂石铺设垫层时,应将砂石拌和均匀后,再进行铺筑和捣实。

(6)铺筑前应先行验槽。浮土应清除,边坡必须稳定,防止坍土。基坑(槽)两侧附近如有低于地基的孔洞、沟、井和墓穴等,应在未做垫层前加以填实。

4)垫层质量检验

垫层施工过程中和施工完成以后,应进行垫层的施工质量检验,以验证垫层设计的合理性和施工质量。

砂或砂(碎)石垫层的质量检验,应按下列方法进行:

(1)环刀取样法

在夯(压、振)实后的砂垫层中用容积不小于 200 cm³ 的环刀取样,测定其干重度,以不小于该砂料在中密状态时的干重度数值为合格。中砂在中密状态时的干重度一般为 15.5～16.0 kN/m³。

(2)贯入测定法

检验时应先将垫层表面的砂刮去 30 mm 左右,并用贯入仪、钢筋或钢叉等以贯入度大小来检查砂垫层的质量,以不大于通过试验所确定的贯入度为合格。

钢筋贯入测定法是用直径为 20 mm,长 125 cm 的平头钢筋,举起并离开砂层面 0.7 m 处自由下落,插入深度根据该砂的控制干重度确定。

钢叉贯入测定法是采用水撼法使用的钢叉,将钢叉距离砂层面 0.5 m 处自由落下。同样,插入深度应该根据此砂的控制干重度确定。

3. 排水固结

我国东南沿海和内陆广泛分布着软弱黏性土层,这种土由于其含水率大、压缩性高、透水性差,在建筑物荷载作用下会产生相当大的沉降和沉降差,而且沉降的延续时间很长,有可能影响建筑物的正常使用。另外,由于其强度低,地基承载力和稳定性往往不能满足工程要求。因此,这种地基通常需要采取处理措施,排水固结法就是处理软黏土地基的有效方法之一。

排水固结法是对天然地基加载预压,或先在地基中设置砂井、塑料排水带等竖向排水井,然后利用建筑物本身重量分组逐渐加载,或是在建筑物建造前在场地先行加载预压,使土体中的孔隙水排出,逐渐固结,地基发生沉降,同时强度逐步提高的方法。排水固结法是使地基的沉降在加载预压期间大部或基本完成,使建筑物在使用期间不致产生不利的沉降和沉降差。同时,可增加地基土的抗剪强度,从而提高地基的承载力和稳定性。

排水固结法是由排水系统和加压系统两部分共同组合而成的。

排水系统是由竖向排水井和水平排水垫层构成的。当软土层较薄,或土的渗透性较好而施工期较长时,可仅在地面铺设一定厚度的排水垫层,然后加载,土层中的孔隙水竖向流入垫层而排出。当工程上遇到深厚的、透水性很差的软黏土层时,可在地基中设置砂井或塑料排水带等竖向排水井,地面连以排水砂垫层,构成排水系统。

加压系统,即施加起固结作用的荷载。它使土中的孔隙水产生压差而渗流使土固结。

排水系统是一种手段,如没有加压系统,孔隙中的水没有压力差,水不会自然排出,地基也就得不到加固。如果只施加固结压力,不缩短土层的排水距离,则不能在预压期间尽快地完成设计所要求的沉降量,土的强度不能及时提高,各级加载也就不能顺利进行。所以上述两个系统,在设计时总是联合起来考虑的。

1)砂井堆载预压法

软黏土渗透系数很低,为了缩短固结的历时,对较厚的软土层,常在地基中设置排水通道,使土中孔隙较快排出水。因此可在软黏土中设置一系列的竖向排水通道(砂井、袋装砂井或塑料排水板),在软土顶层设置横向排水砂垫层如图 6.5 所示,借此缩短排水路程,增加排水通道,改善地基渗透性能。

砂井地基的设计主要包括选择适当的砂井直径、间

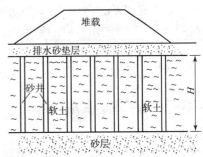

图 6.5 砂井堆载预压

距、深度、排列方式、布置范围以及形成砂井排水系统所需的材料、砂垫层厚度等,以使地基在堆载预压过程中,在预期的时间内,达到所需要的固结度(通常定为80%)。

(1)砂井的直径和间距

砂井的直径和间距主要取决于土的固结特性和施工期的要求。从原则上讲,为达到相同的固结度,缩短砂井间距比增加砂井直径效果要好,即以"细而密"为佳。不过,考虑到施工的可操作性,普通砂井的直径为300~500 mm。砂井的间距可根据地基土的固结特征和预定时间内所要求达到的固结度确定,间距可按为直径的6~8倍选用。

(2)砂井深度

砂井深度主要根据土层的分布、地基中的附加应力大小、施工期限和条件及地基稳定性等因素确定。当软土不厚(一般为10~20 m)时,尽量要穿过软土层达到砂层;当软土过厚(超过20 m),不必打穿黏土,可根据建筑物对地基的稳定性和变形的要求确定。对以地基抗滑稳定性控制的工程,竖井深度应超过最危险滑动面2.0 m以上。

(3)砂井排列

砂井的平面布置可采取正方形或等边三角形(图6.6),在大面积荷载作用下,认为每个砂井均起独立排水作用。为了简化计算,将每个砂井平面上的排水影响面积以等面积的圆来代替,可得一根砂井的有效排水圆柱体的直径d_e和砂井间距l的关系按下式考虑:

等边三角形布置
$$d_e = \sqrt{\frac{2\sqrt{3}}{\pi}}\,l = 1.05l \tag{6.6}$$

正方形布置
$$d_e = \sqrt{\frac{4}{\pi}}\,l = 1.128l \tag{6.7}$$

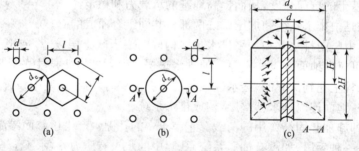

图6.6　砂井布置

(4)砂井的布置范围

由于在基础以外一定的范围内仍然存在压应力和剪应力,所以砂井的布置范围应比基础范围大为好,一般由基础的轮廓线向外增加2~4 m。

(5)砂料

砂料宜用中、粗砂,必须保证良好的透水性,含泥量不应超过3%,渗透系数应大于10^{-3} cm/s。

(6)砂垫层

为了使砂井有良好的排水通道,砂井顶部应铺设砂垫层,垫层砂料粒度和砂井砂料相同,厚度一般为0.5~1 m。

不打砂井,依靠上下砂层固结排水,一个月地基固结度仅23.5%,设砂井后为61%。

以上介绍的径向排水固结理论,是假定初始孔隙水压力在砂井深度范围内为均匀分布的,

即只有荷载分布面积的宽度大于砂井长度时方能满足,并认为预压荷载是一次施加的,如荷载分级施加,也应对以上固结理论予以修正,详见有关砂井设计规范和专著。

2)袋装砂井和塑料排水板预压法

用砂井法处理软土地基如地基土变形较大或施工质量稍差常会出现砂井被挤压截断,不能保持砂井在软土中排水通道的畅通,影响加固效果。近年来在普通砂井的基础上,出现了以袋装砂井和塑料排水板代替普通砂井的方法,避免了砂井可能出现的不连续缺点,而且施工简便、加快了地基的固结,节约用砂,在工程中得到日益广泛的应用。

(1)袋装砂井预压法

目前国内应用的袋装砂井直径一般为 $70\sim120$ mm,间距为 $1.0\sim2.0$ m(井径比 n 约取 $15\sim20$)。砂袋可采用聚丙烯或聚乙烯等长链聚合物编织制成,应具有足够的抗拉强度、耐腐蚀、对人体无害等特点。装砂后砂袋的渗透系数不应小于砂的渗透系数。灌入砂袋的砂应为中、粗砂并振捣密实。砂袋留出孔口长度应保证伸入砂垫层至少 300 mm,并不得卧倒。

袋装砂井的设计理论、计算方法基本与普通砂井相同,它的施工已有相应的定型埋设机械,与普通砂井相比,优点是施工工艺和机具简单、用砂量少,间距较小,排水固结效率高,井径小,成孔时对软土扰动也小,有利于地基土的稳定,有利于保持其连续性。

(2)塑料排水板预压法

塑料排水板预压法是将塑料排水板用插板机插入加固的软土中,然后在地面加载预压,使土中水沿塑料板的通道溢出,经砂垫层排除,从而使地基加速固结。

塑料板排水与砂井比较具有如下优点:

①塑料板由工厂生产,材料质地均匀可靠,排水效果稳定。

②塑料板重量轻,便于施工操作。

③施工机械轻便,能在超软弱地基上施工;施工速度快,工程费用便宜。

塑料排水板所用材料、制造方法不同,结构也不同,基本上分两类。一类是用单一材料制成的多孔管道的板带,表面刺有许多微孔(图 6.7);另一类是两种材料组合而成,板芯为各种规律变形断面的芯板或乱丝、花式丝的芯板,外面包裹一层无纺土工织物滤套,如图 6.8 所示。

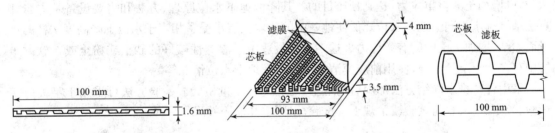

图 6.7　多孔单一结构型塑料排水板　　　　图 6.8　复合结构塑料排水板

塑料排水板可采用砂井加固地基的固结理论和设计计算方法。计算时应将塑料板换算成相当直径的砂井,根据两种排水体与周围土接触面积相等原理进行换算,当量换算直径 d_p 为

$$d_p = \frac{2(b+\delta)}{\pi} \tag{6.8}$$

式中　b——塑料板宽度(mm);

　　　δ——塑料板厚度(mm)。

目前应用的塑料排水板产品成卷包装,每卷长约数百米,用专门的插板机插入软土地基,先在空心套管装入塑料排水板,并将其一端与预制的专用钢靴连接,插入地基下预定高程处,拔出空心套管,由于土对钢靴的阻力,塑料板留在软土中,在地面将塑料板切断,即可移动插板机进行下一个循环作业。

3)天然地基堆载预压法

天然地基堆载预压法是在建筑物施工前,用与设计荷载相等(或略大)的预压荷载(如砂、土、石等重物)堆压在天然地基上使地基软土得到压缩固结以提高其强度(也可以利用建筑物本身的重量分级缓慢施工),减少工后的沉降量,待地基承载力、变形达到设计预期要求后,将预压荷载撤除,在经过预压的地基上修建建筑物。此方法费用较少,但工期较长。如软土层不太厚,或软土中夹有多层细、粉砂夹层渗透性能较好,不需很长时间就可获得较好预压效果时可考虑采用,否则排水固结时间很长,应用就受到限制。

4)真空预压法和降水位预压法

真空预压法实质上是以大气压作为预压荷重的一种预压固结法(图 6.9)。在需要加固的软土地基表面铺设砂垫层,然后埋设垂直排水通道(普通砂井、袋装砂井或塑料排水板),再用不透气的封闭薄膜覆盖软土地基,使其与大气隔绝,薄膜四周埋入土中,通过砂垫层内埋设的吸水管道,用真空泵进行抽气,使其形成真空,当真空泵抽气时,先后在地表砂垫层及竖向排水通道内逐渐形成负压,使土体内部与排水通道、垫层之间形成压力差,在此压力差作用下,土体中的孔隙水不断排水,从而使土体固结。

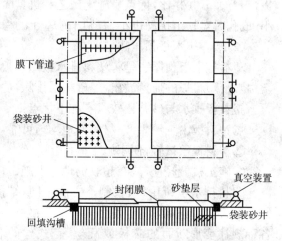

图 6.9　真空预压工艺设备平面和剖面图

降低水位预压法是借井点抽水降低地下水位,以增加土的自重应力,达到预压目的。其降低地下水位原理、方法和需要设备基本与井点法基坑排水相同。地下水位降低使地基中的软弱土层承受了相当于水位下降高度水柱的重量而固结,增加了土中的有效应力。这一方法最适用于渗透性较好的砂土或粉土或在软黏土层中存在砂土层的情况,使用前应摸清土层分布及地下水位情况等。

采用各种排水固结方法加固后的地基,均应进行质量检验。检验方法可采用十字板剪切试验、旁压试验、载荷试验或常规土工试验,以测定其加固效果。

任务 6.2　特殊土地基处理

6.2.1　工作任务

通过对特殊土地基处理的学习,能够完成以下工作任务:

(1)熟悉特殊土地基处理的各种施工方法；

(2)掌握特殊土地基处理的施工和质量控制。

6.2.2 相关配套知识

特殊土是指在特定的成因条件下形成的具有某些特殊结构,有不同于一般土类的特殊工程地质特性。特殊土的分布,往往具有一定的区域性。这类土主要有湿陷性黄土、膨胀土、红黏土及冻土(季节性冻土)。特殊土作为建筑物地基时,若忽视其某些特性,就会造成工程事故。以下对几种特殊土的特性及地基处理措施作一简要介绍。

1. 湿陷性黄土地基

1)湿陷性黄土的特性

黄土广泛分布于我国西北、华北等地,是一种第四纪形成的黄色粉末状土。黄土中粉粒含量很大,可达 60%～70%。其中含有大量的可溶盐(碳酸盐、硫酸盐等)。黄土在天然状态下,具有较高的强度和较低的压缩性。遇水浸湿后,由于可溶盐被水溶解或软化,土的结构被破坏,强度降低,并迅速发生沉陷,这种性质称为湿陷性。湿陷性黄土占我国黄土面积的 3/4。

由于黄土湿陷而引起的建筑物的不均匀沉降,是造成黄土地区地基事故的主要原因。因此,对于黄土地基应先查明黄土是否具有湿陷性,以便考虑是否采取相应措施。

2)湿陷性黄土的地基处理

(1)对湿陷性较小,且地下水位较深,不会上浸的黄土地基,可采取地面防水和地表排水措施,切断浸入地基的水源,防止湿陷的发生。

(2)对厚度不大的黄土地基,可采用换土垫层法处理,将湿陷性黄土挖去,换填灰土或其他黏性土,然后分层夯实。

(3)对厚度较大的湿陷性黄土地基,可采用预浸法,即在建筑物施工前大面积浸水,并保持一定水深,让水充分浸入土中,使黄土的自重湿陷变形在修造建筑物以前便已完成。

同时还可在用土桩或灰土桩,将地基挤密,或采用爆扩桩将荷载传到非湿陷性黄土上,以及采用强夯法破坏黄土的大孔结构,使土达到密实。

此外,在结构上也应采取措施,以增强建筑物对不均匀沉降的适应性。

2. 膨胀土地基

1)膨胀土的特性

膨胀土是一种吸水膨胀、失水收缩剧烈且具有往复胀缩变形的高塑性黏土。颜色为黄、红、灰白等色。膨胀土的裂隙发育,常将土切割成大小不等的柱状或菱状碎块。膨胀土的胀缩性与土的天然含水率密切相关,膨胀土地区旱季常出现地裂,表现为土的收缩性,雨季闭合,则表现为土的膨胀性。膨胀土主要分布于我国的广西、安徽、贵州、陕西、湖北、河南、河北、山东等省区。

膨胀土一般强度较高而压缩性较低,曾被误认为是良好的天然地基,但由于具有胀缩的特性,在季节干湿气候变化条件下,常导致一些建筑物,特别是砖石结构的建筑物成群开裂损坏。

2)膨胀土的地基处理

膨胀土地基处理应根据膨胀土的胀缩性质、埋藏深度以及大气影响深度等方面而定。一般基础埋置深度应在季节性干湿变化稳定的深度以下。如膨胀土较薄,可采用换土垫层,换以砂、碎石、灰土等,分层夯实。当膨胀土较厚时,可采用柱基、墩基或桩基,将建筑物支承在非膨胀土上。

此外,在建筑物设计上还应注意建筑物地质及结构形式的选择,在施工阶段还要防止地面渗水。

3. 红黏土地基

1)红黏土的特性

红黏土为石灰岩、白云岩等碳酸盐类岩石在亚热带温湿气候下形成的风化产物,也可由玄武岩、页岩风化而成,常堆积于洼地、山麓坡地、山间盆地等处。一般为褐红、棕红等色,故称为红黏土,主要分布于我国南方各省(自治区),其中以西南地区的云南、广西、贵州分布最广。

一方面,由于红黏土颗粒易形成稳定的团粒结构,故其强度较高,而压缩性较低,同时由于黏粒含量较高,故而渗透性较低,可以作为较好的防渗材料和地基土。另一方面,红黏土土层厚度分布不均匀,土层中常有土洞,而土层下常有溶洞,表层呈坚硬或硬塑状态,且具网状裂隙,但含水率沿深度有明显增加,接近底部处常呈软塑或流塑状态。

2)红黏土地基处理

红黏土作为天然地基时,应利用表层坚硬或硬塑状态的土作为持力层,故应将基础浅埋;对于土洞应采用灌砂、挖填、梁板跨越等措施加以处理;当土层厚度变化大时可采用换土以及加强基础与上部结构的刚度、设置沉降缝、桩基等处理措施进行处理。此外,有些红黏土具胀缩性,也应做好防渗和排水措施,防止水浸入地基。

4. 冻土地基

1)冻土的特性及其对建筑物的危害

温度在0℃以下且含有冰的土称为冻土。受季节影响而呈周期性冻结和融化的冻土称为季节性冻土,连续3年以上的冻土称为多年冻土。季节性冻土分布在我国东北、华北、西北等地,多年冻土主要分布在大(小)兴安岭、青藏高原和西部高山区。

季节性冻土给建筑物带来的危害(冻害)主要是反复冻结和融化,使地基产生冻胀和融陷,从而导致上部建筑物墙体开裂、倾斜以及桥桩拔出、桥面隆起、渠系水工建筑物破坏等。

2)冻土地基处理

(1)换填法。以粗砂或砂砾石垫层换掉部分冻胀土,换填深度一般为最大冻深的0.75~1.0倍。

(2)保温法。在地基表层(顶面及侧沟)设置保温隔热层,提高土中温度。隔热材料可采用聚苯乙烯泡沫塑料板、草皮、树皮、炉渣、泡沫混凝土、玻璃纤维以及其他一些合成材料。

(3)排水、隔水法。涵、闸底板应设置排水沟或在底板以下设置砂井,将底板下土中水排出,挡土墙应在墙身设排水孔,在墙后填土内设水管排水,或用不透水膜隔水,使填土得不到外水补给。渠道应设截水沟或排水沟,以截断外水补给,在渠道衬砌下铺设塑料薄膜隔水等。

此外,还应采取相应的工程措施:工程位置应选择在地势较高、地下水位低、排水条件好及土的冻胀小的地段;建筑物的平面布置应力求简单,以缩短防冻线段并减轻不均匀冻融变形;采用墩式基础或桩基础;在施工使用期间应做好防水、排水设施。

任务6.3　复合地基加固

6.3.1　工作任务

通过对复合地基加固的学习,能够完成以下工作任务:

（1）熟悉复合地基加固的方法；

（2）掌握复合地基加固的施工和质量控制。

6.3.2　相关配套知识

1. 复合地基形式选用原则

复合地基是指天然地基在地基处理过程中，部分土体得到增强，或被置换，或在天然地基中设置加筋材料，由基体（天然地基土体或被改良的地基土体）和增强体两部分组成的人工地基。

应根据上部结构对地基处理的要求和工程地质、水文地质条件，提出多种技术上可行的复合地基方案，经过技术经济比较，并考虑工期和环境保护要求，选用合理的复合地基形式。

复合地基方案选用宜按照下列步骤进行：

（1）根据结构类型、荷载大小及使用要求，结合工程地质和水文地质条件、上部结构和基础形式、施工条件以及环境条件进行综合分析，提出几种可供考虑的复合地基方案。

（2）对初选的各种复合地基形式，分别从加固原理、适用范围、预期处理效果、耗用材料、施工机械、工期要求和对环境的影响等方面进行技术经济比较分析，选择一个或几个较合理的复合地基方案。

（3）对大型重要工程，应对已经选择的复合地基方案，在有代表性的场地上进行相应的现场试验或试验性施工，并进行必要的测试，以检验设计参数和处理效果。通过比较分析，选择和优化设计方案。

（4）在施工过程中应加强监测。监测结果如达不到设计要求时，应及时查明原因，修改设计参数或采用其他必要措施。

2. 水泥搅拌桩复合地基

水泥搅拌法是指将以水泥为主要成分的固化剂与地基土体就地搅拌，经过一系列物理化学反应形成水泥搅拌桩。由水泥搅拌桩和桩间土共同承担荷载的人工地基称为水泥搅拌桩复合地基。

水泥搅拌桩复合地基主要用于加固淤泥、淤泥质土、粉土和含水率较高且地基承载力不大于 120 kPa 的地基。水泥搅拌桩复合地基适用范围和加固深度与施工机械能力有关。有的深层搅拌施工机械可用于砂土地基的加固。当拟加固地基土层为泥炭土、有机质含量较高的土层或含大量植物根茎土层以及土层地下水有腐蚀性、流速过大等情况时，必须通过现场试验确定水泥搅拌桩复合地基的适用性。地基中含有大量大粒径块石时不能采用水泥搅拌桩复合地基加固。冬季施工时，应注意低温对处理效果的影响。

1）水泥搅拌桩复合地基施工

水泥搅拌桩施工前场地应予以平整，清除给施工带来影响的障碍物。遇有池塘及洼地时应抽水和清淤，分层回填黏性材料并予以压实，不得回填生活垃圾和大粒径块石。

水泥搅拌桩施工前应根据设计要求进行工艺性试桩，确定施工工艺和获得施工参数，试桩数量不得少于 2 根。

竖向承载水泥搅拌桩停浆面应高于桩顶设计高程 300～500 mm。进行桩测试或垫层施工时，应将多余桩体凿除。

水泥搅拌桩施工应采用合理施工参数，以确保水泥掺量满足设计要求，水泥土搅拌均匀。

施工时桩位水平偏差不应大于 50 mm;垂直度偏差不应大于 1.0%。

2)检测与检验

检查水泥品种、用量、桩位、提升速度、搅拌次数、成桩深度、桩顶高程、桩径、桩垂直度等指标是否符合设计及施工工艺要求。

(1)水泥搅拌桩桩身的施工质量检验

①成桩后 3d 内,可用轻型动力触探试验检查桩身的均匀性。检验数量宜为施工总桩数的 1%,且不少于 3 根。

②成桩 7d 后,采用浅部开挖桩头(至设计桩顶高程处),目测检查水泥土桩均匀性,量测成桩直径。检查量为总桩数的 5%。

③成桩 28d 后,宜采用小应变动测方法随机抽查,数量不少于总桩数的 10%。

(2)桩间土检验采用原位测试和室内土工试验

竖向承载水泥搅拌桩复合地基竣工验收时,承载力检验应采用复合地基载荷试验和单桩载荷试验。

①复合地基载荷试验宜在成桩 28d 后进行,检验数量由设计单位提出。

②经触探和载荷试验检验后,对桩身质量有怀疑时,应在成桩 28d 后,钻取芯样做抗压强度检验。

3. 挤密砂石桩复合地基

1)一般规定

采用振冲、振动沉管等施工方法在软弱地基中成孔,再将砂石等粗颗粒填料填入孔中,经振动挤密形成砂石桩,在成桩的同时桩间土被振密、挤密。挤密砂石桩复合地基由密实的砂石桩与被振密、挤密的桩间土共同组成。

挤密砂石桩施工方法,根据成孔的方式不同可分为振冲法、振动沉管法等。按填料可分为挤密碎石桩、挤密砂石桩和挤密砂桩。上述三类碎石桩均为散体材料桩,统称为砂石桩。挤密砂石桩复合地基适用于处理松散砂土、粉土、素填土和杂填土等地基。当处理黏粒含量大于 10% 的砂土、粉土地基时,应通过现场试验确定其适用性。挤密砂石桩法也可用于处理可液化地基。

2)施工

挤密砂石桩施工可采用振冲或振动沉管等成桩法。

施工前应进行成桩工艺和成桩挤密试验。当成桩质量不能满足设计要求时,应调整设计与施工有关参数,重新进行试验或改变设计。

振冲施工可根据设计荷载的大小、原状土强度的高低、设计桩长等条件选用不同功率的振冲器;升降振冲器的机械可用起重机、自行井架式施工平车或其他合适的设备,施工设备应配有电流、电压和留振时间自动信号仪表。施工时应根据现场地质情况和施工要求确定密实电流、填料量和留振时间三项施工参数,保证振冲挤密砂石桩的质量。

施工现场应设置泥水排放系统或组织运浆车辆将泥浆运至预先安排的存放地点,并宜设置沉淀池重复使用上部清水;在施工期间可同时采取降水措施。

振动沉管成桩法施工应根据沉管和挤密情况,控制填砂石量、提升高度和速度、挤压次数和时间、电机的工作电流等。

挤密砂石桩的施工顺序是:对砂土地基宜从外围或两侧向中间进行;在既有建(构)筑物邻

近施工时,应背离建(构)筑物方向进行。砂石桩施工应控制成桩速度,必要时采取防挤土措施。

施工时桩位水平偏差不应大于0.3倍桩身平均直径或套管外径;垂直度偏差不应大于1%。

砂石桩施工后,应将基底高程下的松散层挖除或夯压密实,随后铺设并压实砂石垫层。

3) 检测与检验

在施工期间及施工结束后,应检查砂石桩的施工记录。应检查振冲深度、砂石的用量、留振时间和密实电流强度等;对沉管法,尚应检查套管往复挤压振动次数与时间、套管升降幅度和速度、每次填砂石料量等项施工记录。

施工后应间隔一定时间,方可进行质量检验。对砂土和杂填土地基,不宜少于7d;对粉土地基,不宜少于14d。

砂石桩的施工质量检验可采用单桩载荷试验,对桩体可采用动力触探试验检测,对桩间土可采用标准贯入、静力触探、动力触探或其他原位测试等方法进行检测。桩间土质量的检测位置应在等边三角形或正方形的中心。检测数量不应少于桩孔总数的2%。

砂石桩地基竣工验收时,承载力检验应采用复合地基载荷试验。

复合地基载荷试验数量不应少于总桩数的0.5%,且每个单体建筑不应少于3点。

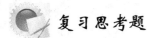 **复习思考题**

6.1 地基处理的对象和目的是什么?

6.2 换土垫层的作用和适用范围是什么?砂垫层的施工要点是什么?

6.3 简述常见的排水固结施工方法。

6.4 排水固结法的加压系统和排水系统如何组成?

6.5 什么是复合地基?复合地基与桩基有什么区别?

6.6 强夯施工的定义及适用范围。

6.7 强夯法加固地基的机理是什么?

6.8 土工合成材料在工程中的主要作用有哪些?

6.9 绘制堆载预压法施工工艺流程,并简述施工注意事项。

6.10 绘制采用振动沉管法施工袋装砂井的工艺流程图,并简述施工注意事项。

6.11 绘制旋喷桩施工工艺流程图,并简述工艺操作过程。

6.12 什么是CFG桩?CFG桩中的材料各起什么作用?

项目 7　地基基础施工质量检测

 项目描述

　　建筑物地基基础所要解决的问题主要有强度及稳定性不足、不均匀沉降、密实度不达标等,上述问题直接影响到工程的安全质量。施工中针对不同的地基特点,采取合适的地基基础处理方法,并辅以可靠的检测手段,可以保障建筑工程地基基础安全使用。地基基础施工质量检测是应用所学知识进行土的填筑质量检测、地基质量处理检测、基桩质量检测等。

 学习目标

　　1. 能力目标
　　(1)具备对路基的填筑质量进行检测的能力;
　　(2)具备对处理后的地基质量进行检测的能力;
　　(3)具备对桩基础进行质量检测的能力。
　　2. 知识目标
　　(1)掌握压实度检测方法;
　　(2)掌握地基承载力检测方法;
　　(3)掌握桩身完整性检测方法和单桩承载力检测方法。

任务 7.1　土的填筑质量检测

7.1.1　工作任务

　　通过对土的填筑质量检测的学习,能够完成以下工作任务:
　　(1)根据《铁路工程土工试验规程》(TB 10102—2010)选择适当的检测方法;
　　(2)根据工程地质状况等进行土的填筑质量检测。

7.1.2　相关配套知识

7.1.2.1　概述

　　基础工程是工程结构物的重要组成部分,万丈高楼平地起,地基基础的工程质量直接关系到整个结构物的结构安全和人民生命财产安全。大量事实表明,铁路工程质量问题和重大质量事故多与地基基础工程质量有关。地基基础工程质量一直备受建设、设计、施工、勘察、监理各方及建设行政主管部门的关注。因地基基础工程具有高度的隐蔽性,从而使得地基基础工程的施工比上部结构更为复杂,更容易存在安全隐患。

本项目针对常用的天然地基、处理地基、复合地基及桩基的检测方法做一简要介绍。

1. 常用地基基础质量的检测方法

常用地基基础质量的检测方法见表 7.1。

表 7.1　常用地基基础质量的检测方法

检测方法	方法简述	检验目的
标准贯入试验	用质量为 63.5 kg 的穿心锤,以 76 cm 的落距,将标准规格的贯入器,自钻孔底部预打 15 cm,记录再打入 30 cm 的锤击数,判断土的力学特性的一种原位试验方法	检验处理地基、地基土承载力
圆锥动力触探试验	用一定质量的重锤,以一定高度的自由落距,将标准规格的圆锥形探头贯入土中,根据打入土中一定距离所需的锤击数,判定土的力学特性的一种原位试验方法	检验处理地基、地基土承载力
静力触探试验	将标准圆锥形探头采用静力匀速压入土中,根据测定触探头的贯入阻力,判定土的力学性能的原位试验方法	检验处理地基、地基土承载力
十字板剪切试验	用插入土中的标准十字板探头,以一定速率扭转,测量土破坏时的抵抗力矩,测定土的不排水抗剪强度的一种原位试验方法	检验处理地基、地基土承载力
平板载荷试验	在地基土或复合地基表面逐级施加竖向压力,观测地基土或复合地基表面随时间产生的沉降,以确定地基土或复合地基竖向抗压承载力的试验方法	确定地基土、处理地基、复合地基承载力和变形参数;判定地基土、处理地基、复合地基承载力是否满足设计要求
低应变法	采用低能量瞬间激振方式在桩顶激振,实测桩顶部的速度时程曲线,通过波动理论分析或频域分析,对桩身完整性进行判定的检测方法	检测桩身缺陷及其位置,判定桩身完整性类别
高应变法	用重锤冲击桩顶,实测桩顶部的速度和时程曲线,通过波动理论分析,对单桩竖向抗压承载力和桩身完整性进行判定的检测方法	判定单桩竖向抗压承载力是否满足设计要求;检测桩身缺陷及其位置,判定桩身完整性类别;分析桩侧和桩端土阻力
声波透射法	在预埋声测管之间发射并接受声波,通过实测声波在混凝土介质中传播的声时、频率和波幅衰减等声学参数的相对变化,对桩身完整性进行检测的方法	检测混凝土灌注桩桩身缺陷及其位置,评价桩身混凝土的均匀性、判断桩身完整性类别
单桩竖向抗压静载试验	在桩顶部逐级施加竖向压力观测桩顶部随时间产生的沉降,以确定相应的单桩竖向抗压承载力的试验方法	确定单桩竖向抗压极限承载力;判定竖向抗压承载力是否满足设计要求;验证高应变法的单桩竖向抗压承载力检测结果
单桩竖向抗拔静载试验	在桩顶部逐级施加竖向上拔力观测桩顶部随时间产生的上拔位移,以确定相应的单桩竖向抗拔承载力的试验方法	确定单桩竖向抗拔极限承载力;判定竖向抗拔承载力是否满足设计要求
单桩水平静载试验	在桩顶部逐级施加水平推力,观测桩顶部随时间产生的水平位移,以确定相应的单桩水平承载力的试验方法	确定单桩水平临界和极限承载力,推定土抗力参数;判定水平承载力是否满足设计要求
钻芯法	用钻机钻取芯样以检测桩长、桩身缺陷、桩底沉渣厚度以及桩身混凝土的强度、密实性和连续性,判定桩端岩土性状的检测方法	检测桩长、桩身缺陷、桩底沉渣厚度以及桩身混凝土的强度、密实性和连续性,判定桩端岩土性状

2. 地基基础检测的一般规定

(1)地基检测的一般规定

地基检测一般应选择两种或两种以上的方法,并应符合先简后繁、先粗后细、先面后点的原则。检测工作应在合理的间歇时间后进行。检测部位一般选择在施工出现异常的部位;设计方认为重要的部位;局部岩土特性复杂可能影响施工质量或结构安全的部位;不同施工单位及不同施工工艺的部位;同时兼顾整个受检位置均匀分布。对天然地基、处理地基及复合地基应进行平板载荷试验单位工程不少于 3 点,且每 500 m² 不少于 1 个点,复杂场地或重要建筑地基还应增加检验点数。平板载荷试验前,应根据地基类型选择标准贯入试验、动力触探试验、静力触探试验、十字板剪切试验等一种或一种以上的方法进行地基施工质量普查,对水泥粉煤灰碎石桩(CFG 桩)可采用低应变法进行桩身完整性检测。

(2)桩基础检验的一般规定

工程桩应进行桩身完整性和单桩承载力检测。一般情况下,先进行桩身完整性检测,后进行承载力检测。桩身完整性检测宜在基坑开挖至基底标高后进行。当采用反射波法和声波透射进行检测时,受检桩桩身混凝土强度至少达到 70% 且不少于 15 MPa。当采用钻芯法检测时,受检桩的混凝土强度龄期应达到 28 天或预留立方体试块强度达到设计强度。承载力的检测一般在 28 天后进行。

单桩承载力与桩身完整性抽样验收检测应选择施工质量有疑问的桩;设计方认为重要的桩;局部地质条件出现异常的桩;施工工艺不同的桩;同类型桩还应兼顾随机均匀分布。桩身完整性采用低应变法检测时,一般不少于 20%,当出现下列条件之一时:①设计等级为甲级的桩基;②地质条件复杂;③施工质量可靠性低;④有争议的桩基工程;⑤本地区采用新桩型或新工艺。抽检数量不得少于 30%。对每根柱下承台的灌注桩,抽检数量不得少于 1 根。承载力检验选择静载试验时,抽检数量不应少于 1%,且不少于 3 根,当总桩数在 50 根以内时,不得少于 2 根。采用高应变法时,抽检数量不应少于同条件总桩数的 5%,且不得少于 5 根。当采用声波透射或钻芯法进行检测时,检测数量不少于总桩数的 10%,且不得少于 10 根(总桩数在 10 根以下的桩,应全部检测)。同一工程选用两种或两种以上方法检测、相互核验时,被检桩应选择相同桩号的工程桩。

7.1.2.2　含水率试验

土的工程性质之所以复杂,其主要原因是含水率是一个不确定的因素,含水率的变化将使土的一系列物理力学性质随之而异。土中含水率的不同,可使土处于坚硬的、可塑的或流动的不同状态。反映在土的力学性质方面,能使土的结构强度、孔隙压力、有效应力及稳定性发生变化。因此,无论是在研究土的物理力学性质方面,还是在施工控制和工程质量检测工作中,测定土的含水率都是一项不可缺少的内容。

1. 试验目的

测定土的含水率,了解土的含水情况,是计算土的孔隙比、液性指数、饱和度和其他物理力学性质指标不可缺少的一个基本指标。

2. 试验原理

含水率反映土的状态,含水率的变化将使土的一系列物理力学性质指标随之而异。这种影响表现在各个方面,一是反映在土的稠度方面,使土成为坚硬的、可塑的或流动的;反映在土内水分的饱和程度方面,使土成为稍湿、潮湿或饱和的;二是反映在土的力学性质方面,能使土的结构强度增加或减小,紧密或疏松,选成压缩性及稳定性的变化。测定含水率的方法有烘干法、酒精燃烧法、炒干法、微波法等等。

3. 烘干法仪器设备

(1)烘箱:采用温度能保持在 105～110℃的电热烘箱。

(2)天平:称量 200 g,分度值 0.01 g;称量 1 000 g、分度值 0.2 g。

(3)其他:干燥器、称量盒等。

4. 烘干法操作步骤

(1)湿土称量:称出称量盒质量 m_0,根据不同土类按表 7.2 确定所需代表性试样质量,放入称量盒内,立即盖好盒盖,称出盒与土的总质量 m_1。

(2)烘干冷却:打开盒盖,放入烘箱内,在温度 105～110℃(有机质土用 65～70℃烘干需 18 h 以上)下烘干至恒重后,将试样取出,盖好盒盖放入干燥器内冷却,称出盒与干土质量 m_2。烘干时间随土质不同而定,对黏性土不少于 8 h;砂类土不少于 6 h,砾、碎石类土不少于 4 h。

表 7.2　烘干法测定含水率所需试样质量

按《铁路路基设计规范》填料分类	按《铁路工程岩土分类标准》分类	取试样质量(g)
细粒土	粉土、黏性土	15～30
	有机土	30～50
粗粒土	砂类土	30～50
	砾石类	500～1 000
巨粒土	碎石类	1 500～3 000

5. 试验注意事项

(1)刚刚烘干的土样要等冷却后才称重;

(2)称重时精确至小数点后二位。

6. 计算公式

按下式计算土的含水率:

$$w = \frac{m_w}{m_s} \times 100\% = \frac{m_1 - m_2}{m_2 - m_0} \times 100\% \tag{7.1}$$

式中　w——含水率,计算至 0.1%;

　　m_0——盒质量(g);

　　m_1——盒加湿土质量(g);

　　m_2——盒加干土质量(g)。

7. 精密度和允许差

本试验须进行二次平行测定,取其算术平均值,允许平行差值应符合表 7.3 中规定。对于粗粒土,称量盒可采用铝制饭盒、瓷盆等,相应的土样也应多些。

表 7.3　含水率平行测定的允许差值

土的类别	含水率平行差值(%)		
	$w \leq 10$	$10 < w \leq 40$	$w > 40$
砂类土、有机土、粉土、黏性土	0.5	1.0	2.0
砾石类、碎石类	1.0	2.0	—

7.1.2.3　击实试验

1. 试验目的

测定试样在标准击实功作用下含水率与干密度之间的关系,从而确定该试样的最大干密度和最优含水率。

2. 试验原理

土的压实程度与含水率、压实功能和压实方法有密切的关系。当压实功能和压实方法不变时,土的干密度随含水率增加而增加,当干密度达到某一最大值后,含水率继续增加反而使干密度减小,能使土达到最大干密度的含水率,称为最优含水率 w_{op},与其相应的干密度称为最大干密度 ρ_{dmax}。

3. 仪器设备

(1)击实筒:钢制圆柱形筒,尺寸应符合表 7.4 规定。该筒配有钢护筒、底板和垫块,如图 7.1 所示。

表7.4　击实试验标准技术参数

试验类型	标准击实参数										
	编号	击实仪规格							试验条件		
		击锤			击实筒			护筒			
		质量(kg)	锤底直径(mm)	落距(mm)	内径(mm)	筒高(mm)	容积(cm³)	高度(mm)	层数	每层击数	最大粒径(mm)
轻型	Q1	2.5	51	305	102	116	947.4	50	3	25	5
	Q2	2.5	51	305	152	116	2 103.9	50	3	56	20
重型	Z1	4.5	51	457	102	116	947.4	50	5	25	5
	Z2	4.5	51	457	152	116	2 103.9	50	5	56	20
	Z3	4.5	51	457	152	116	2 103.9	50	3	94	40

(2)击锤:击锤必须配备导筒,锤与导筒之间要有相应的间隙,使锤能自由下落,并设有排气孔,如图 7.1 所示。

(3)推土器:螺旋式推土器或其他适用设备。

(4)天平:称量 200 g,分度 0.01 g。

(5)台称:称量 15 kg,分度值 5 g。

(6)标准筛:孔径为 5 mm、20 mm、40 mm。

(7)其他:喷水设备、碾土设备、盛土器、推土器、切土刀、称量盒、土铲、烘箱等。

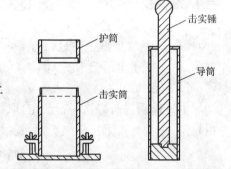

图 7.1　击实仪示意图

4. 操作步骤

1)试样制备

试样制备分为干法和湿法两种。

(1)干法制备试样步骤

①将代表性试样风干或在低于 50℃ 温度下进行烘干。烘干后以不破坏试样的基本颗粒为准。将土放在橡皮板上用木碾碾散,过 5 mm、20 mm 或 40 mm 筛,拌和均匀备用。试样数量,小直径击实筒最少 20 kg,大直径击实筒最少 50 kg。

②按烘干法测定试样的风干含水率。按试样的塑限估计最优含水率,在最优含水率附近选择依次相差约 2‰ 的含水率制备一组试样至少 5 个,其中 2 个大于塑限,2 个小于塑限,1 个接近塑限。

所需加水量按下式计算：

$$m_{\mathrm{w}} = \frac{m_{\mathrm{w0}}}{1 + w_0}(w - w_0)$$ (7.2)

式中　m_{w}——所需加水质量(g)；

　　　m_{w0}——风干试样土样的质量(g)；

　　　w_0——土样的风干含水率(%)；

　　　w——预定达到的含水率(%)。

③按预定含水率制备试样,根据击实筒的大小,每个试样取 2.5 kg 或 6.5 kg,平铺于不吸水的平板上,用喷水设备向土样均匀喷洒预定的加水量,并均匀拌和,然后分别放入有盖的容器里静置备用。高塑性黏性土静置时间不得小于 24 h,低塑性黏性土静置时间可缩短,但不应小于 12 h。

(2)湿法制备试样步骤

①将天然含水率的试样碾碎过 5 mm、20 mm 或 40 mm 筛,混合均匀后,按选用击实筒容积取 5 份试样,其中一份保持天然含水率,其余 4 份分别风干或加水达到所要求的不同含水率。制备好的试样要完全拌匀,保证水分均匀分布。

②称取击实筒质量(m_1)并作记录。

③将击实仪放在坚实的地面上,安装好击实筒和护筒(大直径击实筒内还要放入垫块),内壁涂少许润滑油。每个试样应根据选用试验类型按表 7.4 规定,分层击实。每层高度应近似,两层交界处层面刨毛,所用试样的总量应使最后的击实面超出击实筒顶不得大于 6 mm。击实时要保持导筒垂直平稳,并按表 7.4 规定相应试验类型的层数和击数,以均匀速度作用到整个试样上。击锤应沿击实筒周围锤击一遍后,中间再加一击。

④击实完成后拆去护筒,用切土刀修平击实筒顶部的试样,拆除底板,当试样底面超出筒外时,也应修平,擦净筒的外壁,称筒和试样的总质量(m_2),准确至 5 g。

⑤用推土器将试样从筒内推出,从试样中心处取 2 个代表性试样按烘干法测定含水率。

⑥试样不宜重复使用。对容易被击碎的脆性颗粒及高塑性黏土的试样不得重复使用。

⑦按以上步骤进行其他不同含水率试样的击实。

5. 试验注意事项

(1)试验前,击实筒内壁要涂一层凡士林。

(2)击实一层后,用刮土刀把土样表面刨毛,使层与层之间压密,同理,其他两层也是如此。

(3)如果使用电动击实仪,则必须注意安全。打开仪器电源后,手不能接触击实锤。

6. 计算及绘图

(1)按下式计算干密度：

$$\rho_{\mathrm{d}} = \frac{\rho}{1 + w}$$ (7.3)

式中　ρ_{d}——干密度(g/cm³)；

　　　ρ——湿密度(g/cm³)；

　　　w——含水率(%)。

(2)绘图

以干密度 ρ_d 为纵坐标,含水率 w 为横坐标,绘制干密度与含水率关系曲线。曲线上峰值点所对应的纵横坐标分别为土的最大干密度和最优含水率。如曲线不能绘出准确峰值点,应进行补点。

7.1.2.4　环刀法测定压实度检测

现场压实质量用压实度表示,对于路基土,压实度是指工地实际达到的干密度与室内标准击实试验所得的最大干密度的比值,检测方法主要包括灌砂法、环刀法、灌水法和核子密度法。这里只介绍环刀法。

1. 试验目的

用于测定土的密度,计算土的干密度、孔隙比、孔隙率、饱和度、压实系数等指标。

2. 试验原理

本试验方法是利用体积已知的环刀切削土样,使土充满其中,根据环刀内土的质量和环刀体积求得土的密度,利用烘干法测得的含水率计算干密度,用干密度与室内击实试验所得最大干密度的比值判断现场施工质量。

3. 仪器设备

(1)环刀:内径 61.8 mm 或 79.8 mm,高 20 mm。

(2)天平:称量 500 g,分度值为 0.1 g;称量 200 g,分度值为 0.01 g。

(3)其他:镐、小铁锹、切土刀、毛刷、直尺、钢丝锯、凡士林等。

4. 操作步骤

(1)按有关试验方法对检测试样用同种材料进行击实试验,得到最大干密度以及最佳含水率。

(2)擦净环刀内壁,称取环刀质量 m_2,准确至 0.1 g,在其内壁涂一薄层凡士林。

(3)在试验地点,将面积约 30 cm×30 cm 的地面清扫干净,并将压实层铲去表面浮动及不平整的部分达一定深度,用取土器落锤将环刀打入压实层中,至土样伸出环刀顶面为止。

(4)去掉击实锤,用镐将环刀及试样挖出。用削土刀自边至中削去环刀两端余土,用直尺检测直至修平为止。

(5)擦净环刀外壁,用天平称出环刀及试样总质量 m_1,准确至 0.1 g。

(6)自环刀中取出试样,取具有代表性的试样测定其含水率(w)。

(7)按以上步骤进行两次平行测定,其平行差值不得大于 0.03 g/cm³,求其算术平均值作为试验结果。

5. 填写检测报告(略)

7.1.2.5　界限含水率试验

1. 试验目的

测定粘性土的液限 w_L 和塑限 w_P,并由此计算塑性指数 I_P、液性指数 I_L,进行黏性土的定名及判别黏性土的软硬程度。

2. 试验原理

液限、塑限联合测定法是根据圆锥仪的圆锥入土深度与其相应的含水率在双对数坐标上具有线性关系的特性来进行的。利用圆锥质量为 76 g 的液塑限联合测定仪测得土在不同含水率时的圆锥入土深度,并绘制其关系直线图,在图上查得圆锥下沉深度为 17 mm 所对应得含水率即为液限,查得圆锥下沉深度为 2 mm 所对应的含水率即为塑限。

3. 仪器设备

(1)液塑限联合测定仪:如图 7.2 所示,有电磁吸锥、测读装置、升降支座、试样杯等,圆锥质量 76 g,锥角 30°;

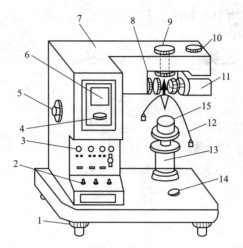

图 7.2 光电式液塑限仪结构示意图

1—水平调节螺丝;2—控制开关;3—指示灯;4—零线调节螺钉;5—反光镜调节螺钉;

6—屏幕;7—机壳;8—物镜调节螺钉;9—电池装置;10—光源调节螺钉;

11—光源装置;12—圆锥仪;13—升降台;14—水平泡;15—盛土杯

(2)天平:称量 200 g,分度值 0.01 g;

(3)其他:调土刀、不锈钢杯、凡士林、称量盒、烘箱、干燥器等。

4. 操作步骤

(1)土样制备:当采用风干土样时,取通过 0.5 mm 筛的代表性土样约 200 g,分成三份,分别放入不锈钢杯中,加入不同数量的水,然后按下沉深度约为 4~5 mm,9~11 mm,15~17 mm 范围制备不同稠度的试样。

(2)装土入杯:将制的试样调拌均匀,填入试样杯中,填满后用刮土刀刮平表面,然后将试样杯放在联合测定仪的升降座上。

(3)接通电源:在圆锥仪锥尖上涂抹一薄层凡士林,接通电源,使电磁铁吸住圆锥。

(4)测读深度:调整升降座,使锥尖刚好与试样面接触,切断电源使电磁铁失磁,圆锥仪在自重下沉入试样,经 5 s 后测读圆锥下沉深度。

(5)测含水率:取出试样杯,测定试样的含水率。重复以上步骤,测定另两个试样的圆锥下沉深度和含水率。

5. 数据处理

(1)计算各试样的含水率:

$$w = \frac{m_\omega}{m_s} \times 100\% = \frac{m_1 - m_2}{m_2 - m_0} \times 100\%$$

式中符号意义与含水率试验相同。

(2)以含水率为横坐标,圆锥下沉深度为纵坐标,在双对数坐标纸上绘制关系曲线,三点连一直线。当三点不在一直线上,可通过高含水率的一点与另两点连成两条直线,在圆锥下沉深度为 2 mm 处查得相应的含水率。当两个含水率的差值不小于 2％时,应重做试验。当两个含水率的差值小于 2％时,用这两个含水率的平均值与高含水率的点连成一条直线。

(3)在圆锥下沉深度与含水率的关系图上,查得下沉深度为 17 mm 所对应的含水率为液限;查得下沉深度为 2 mm 所对应的含水率为塑限。

任务 7.2　处理地基质量检测

7.2.1　工作任务

通过对地基质量检测知识的学习,能够承担以下工作任务:

(1)根据《铁路工程土工试验规程》(TB 10102—2010)选择适当的检测方法;

(2)根据工程地质状况等进行处理地基质量检测。

7.2.2　相关配套知识

7.2.2.1　标准贯入试验

标准贯入试验实质上属于动力触探类型之一,所不同的是其触探头不是圆锥形的,而是标准规格的圆筒形探头(由两个半圆管合成的取土器),称之为贯入器。因此,标准贯入试验就是利用一定的锤击动能,将一定规格的对开管式贯入器打入钻孔孔底的土层中,根据打入土层中的贯入阻力,评定土层的变化和土的物理力学性质。贯入阻力用贯入器贯入土层中的 30 cm 的锤击数 $N_{63.5}$ 表示,也称标贯击数。

标准贯入试验开始于 20 世纪 40 年代,我国于 1953 年开始应用。标准贯入试验结合钻孔进行,国内统一使用直径 42 cm 的钻杆,国外也有使用直径 50 cm 或 60 cm 的钻杆。标准贯入试验的优点在于操作简单,设备简单,土层的适应性广,而且通过贯入器可以采取扰动土样,对它进行直接鉴别描述和有关的室内土工试验。如对砂土做颗粒分析试验。本试验对不易钻探取样的砂土和粉土物理力学性质的评定具有独特的意义。

1. 标准贯入试验设备规格

标准贯入试验设备规格要符合表 7.5 的要求。

表 7.5　标准贯入试验设备规格

落锤	落锤质量(kg)	63.5±0.5
	落距(mm)	76±2
贯入器	长度(mm)	500
	外径(mm)	51±1
	内径(mm)	35±1
管靴	长度(mm)	76±1
	刃口角度(°)	18~20
	刃口单刃厚度(mm)	2.5
钻杆(相对弯曲<1%)	直径(mm)	42

2. 标准贯入试验的技术要求

(1)钻进方法:为保证贯入试验用的钻孔的质量,采用回转钻进,当钻进至试验标高以上 15 cm 处时,应停止钻进。为保持孔壁稳定,必要时可用泥浆或套管护壁。如使用水冲钻进,应使用侧向水冲钻头,不能用向下水冲钻头,以使孔底土尽可能少扰动。扰动直径在 63.5~150 cm,钻进时应注意以下几点:

①仔细清除孔底残土到试验高程;

②在地下水位以下钻进时或遇承压含水砂层时,孔内水位或泥浆面始终应高于地下水位足够的高度,以减少土的扰动。否则会产生孔底涌土,降低 N 值;

③当下套管时,要防止套管下过头,否则在管内做试验会使 N 值偏大;

④下钻具时要缓慢下放,避免松动孔底土。

(2)标准贯入试验所用的钻杆应定期检查,钻杆相对弯曲<1/1 000,接头应牢固,否则锤击后钻杆会晃动。

(3)标准贯入试验应采用自动脱钩的自由落锤法,并减少导向杆与锤间的摩阻力,以保持锤击能量恒定,它对 N 值影响极大。

(4)标准贯入试验时,先将整个杆件系统连同静置于钻杆顶端的锤击系统一起下到孔底,在静重下贯入器的初始贯入度需作记录。如初始贯入试验,N 值记为零。标准贯入试验分两个阶段进行:

预打阶段:先将贯入器打入 15 cm,如锤击已达 50 击,贯入度未达 15 cm,记录实际贯入度。

试验阶段:将贯入器再打入 30 cm,记录每打入 10 cm 的锤击数,累计打入 30 cm 的锤击数即为标贯击数 N。当累计数已达 50 击(国外也有定为 100 击的),而贯入度未达 30 cm,应终止试验,记录实际贯入度 Δs 及累计锤击数 n。按下式换算成贯入 30 cm 的锤击数 N:

$$N = \frac{30n}{\Delta s} \tag{7.4}$$

式中　Δs ——对应锤击数 n 的贯入度(cm)。

(5)标准贯入试验可在钻孔全深度范围内等距进行。间距为 1.0 m 或 2.0 m,也可仅在砂土、粉土等需要试验的土层范围内等间距进行。

3. 标准贯入试验的目的和范围

标准贯入试验可用于砂土、粉土和一般黏性土,最适用于 $N=2~50$ 击的土层。其目的有:采取扰动土样,鉴别和描述土类,按颗粒分析结果定名;根据标准贯入击数 N,利用地区经验,为砂土的密实度和粉土、黏性土的状态、土的强度参数、变形模量、地基承载力等作出评价;估算单桩极限承载力和判定沉桩可能性;判定饱和粉砂、粉土的地震液化可能性及液化等级。

4. 标准贯入试验成果的应用

标准贯入试验的主要成果有:标贯击数 N 与深度的关系曲线,标贯孔工程地质柱状剖面图。下面简述标贯击数 N 的应用。应该指出,在应用标贯击数 N 评定土的有关工程性质时,要注意 N 值是否作过有关修正。

(1)评定砂土的密实度和相对密实度 D_r

目前国内外已广泛使用标准贯入试验用于现场评定砂土的紧密状态,见表 1.6。

(2)确定地基土承载力

我国根据标贯击数确定土的地基承载力详见相关规范。

(3)判定饱和砂土的地震液化问题

对于饱和的砂土和粉土,当初判为可能液化或需要考虑液化影响时,可采用标准贯入试验进一步确定其是否液化。当饱和砂土或粉土实测标准贯入锤击数(未经杆长修正)N 值小于公式(7.5)确定的临界值 N_{cr} 时,则应判为液化土,否则为不液化土。

$$N_{cr} = N_0[0.9 + 0.1(d_s - d_w)]\sqrt{\frac{3}{\rho_c}} \tag{7.5}$$

式中　d_s——饱和土标准贯入点深度(m);

　　　d_w——地下水位;

　　　ρ_c——饱和土黏粒含量百分率,当 $\rho_c(\%) < 3$ 时,取 $\rho_c = 3$;

　　　N_0——饱和土液化判别的基准贯入锤击数,可按照表 7.6 采用;

　　　N_{cr}——饱和土液化临界标准贯入锤击数。

表 7.6　液化判别基准标准贯入锤击数 N_0 值

烈度	7 度	8 度	9 度
近震	6	10	16
远震	8	12	—

注:适用于地面下 15 m 深度范围内的土层。

7.2.2.2 平板静力载荷试验

平板静力载荷试验,简称载荷试验(图 7.3),是在保持地基土的天然状态下,在一定面积的承压板上向地基土逐级施加荷载,并观测每级荷载下地基土的变形特性。测试所反映的是承压板以下大约 1.5~2 倍承压板宽的深度内土层的应力—应变—时间关系的综合性状。

载荷试验的主要优点是对地基土不产生扰动,利用其成果确定的地基承载力最可靠、最有代表性,可直接用于工程设计。其成果用于预估建筑物的沉降量效果也很好。因此,在对大型工程、重要建筑物的地基勘测中,载荷试验一般是不可少的。它是目前世界各国用以确定地基承载力的最主要方法,也是比较其他土的原位试验成果的基础。载荷试验按试验深度分为浅层和深层;按承压板形状有平板与螺旋板之分;按用途可分为一般载荷试验和桩载荷试验;按载荷性质又可分为静力和动力载荷试验。在此主要讨论浅层平板静力载荷试验。

图 7.3　平板静力载荷试验

1. 静力载荷试验的仪器设备及试验要点

(1)仪器设备:载荷试验的设备由承压板、加荷装置及沉降观测装置等部件组合而成。目前,组合形式多样,成套的定型设备已应用多年。

①承压板

有现场砌置和预制两种,一般为预制厚钢板(或硬木板)。对承压板的要求是:要有足够的刚度,在加荷过程中承压板本身的变形要小,而且其中心和边缘不能产生弯曲和翘起;其形状

宜为圆形(也有方形者),对密实黏性土和砂土,承压面积一般为 1 000~5 000 cm²。对一般土多采用 2 500~5 000 cm²。按道理讲,承压板尺寸应与基础相近,但不易做到。

②加荷装置

加荷装置包括压力源、载荷台架或反力构架。加荷方式可分为两种,即重物加荷和油压千斤顶反力加荷。重物加荷法,即在载荷台上放置重物,如铅块或钢锭等。由于此法笨重,劳动强度大,加荷不便,目前已很少采用(图 7.4)。其优点是荷载稳定,在大型工地常用。

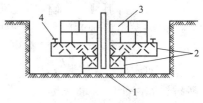

图 7.4　载荷台式加压装置
1—承压板;2—混凝土平台;
3—钢锭;4—测点

油压千斤顶反力加荷法,即用油压千斤顶加荷,用地锚提供反力。由于此法加荷方便,劳动强度相对较小,已被广泛采用,并有定型产品(图 7.5)。采用油压千斤顶加压,必须注意两个问题:油压千斤顶的行程必须满足地基沉降要求;下入土中的地锚反力要大于最大加荷,以避免地锚上拔,试验半途而废。

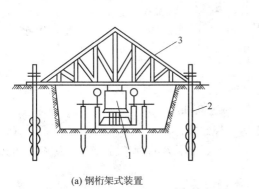

(a) 钢桁架式装置

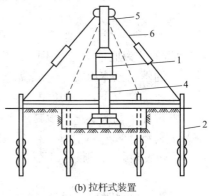

(b) 拉杆式装置

图 7.5　千斤顶式加压装置
1—千斤顶;2—地锚;3—桁架;4—立柱;5—分立柱;6—拉杆

③沉降观测装置

沉降观测仪表有百分表、沉降传感器或水准仪等。只要满足所规定的精度要求及线性特性等条件,可任意选用其中一种来观测承压板的沉降。由于载荷试验所需荷载很大,要求一切装置必须牢固可靠、安全稳定。

(2)试验要点

①载荷试验一般在方形试坑中进行。试坑底的宽度应不小于承压板宽度(或直径)的 3 倍,以消除侧向土自重引起的超载影响,使其达到或接近地基的半空间平面问题边界条件的要求。试坑应布置在有代表性地点,承压板底面应放置在基础底面高程处。

②为了保持测试时地基土的天然湿度与原状结构,应做到以下几点:

a. 测试之前,应在坑底预留 20~30 cm 厚的原土层,待测试将开始时再挖去,并立即放入载荷板。

b. 对软黏土或饱和的松散砂,在承压板周围应预留 20~30 cm 厚的原土作为保护层。

c. 在试坑底板高程低于地下水位时,应先将水位降至坑底高程以下,并在坑底铺设 2 cm 厚的砂垫层,再放承压板等,待水位恢复后进行试验。

③安装设备,其安装次序与要求:

a. 安装承压板前应整平试坑底面,铺设 1～2 cm 厚的中砂垫层,并用水平尺找平,以保证承压板与试验面平整均匀接触。

b. 安装千斤顶、载荷台架或反力构架。其中心应与承压板中心一致。

c. 安装沉降观测装置。其支架固定点应设在不受土体变形影响的位置上,沉降观测点应对称布置。

④加荷(压)。安装完毕,即可分级加荷。测试的第一级荷载,应将设备的重量计入,且宜接近所卸除土的自重(相应的沉降量不计)。以后每级荷载增量,一般取预估测试土层极限压力的 1/10～1/8。当不宜预估其极限压力时,对较松软的土,每级荷载增量可采用 10～25 kPa;对较坚硬的土,采用 50 kPa;对硬土及软质岩石,采用 100 kPa。

⑤观测每级荷载下的沉降。其要求是:

a. 沉降观测时间间隔。加荷开始后,第一个 30 min 内,每 10 min 观测沉降一次;第二个 30 min 内,每 15 min 观测一次;以后每 30 min 进行一次。

b. 沉降相对稳定标准。连续四次观测的沉降量,每小时累计不大于 0.1 mm 时,方可施加下一级荷载。

⑥尽可能使最终荷载达到地基土的极限承载力,以评价承载力的安全度。当测试出现下列情况之一时,即认为地基土已达极限状态,可终止试验:

a. 承压板周围的土体出现裂缝或隆起。

b. 在荷载不变情况下,沉降速率加速发展或接近一常数;压力沉降量曲线出现明显拐点。

c. 总沉降量等于或大于承压板宽度(或直径)的 0.08。

d. 在某一荷载下,24 h 内沉降速率不能达到稳定标准。

⑦如达不到极限荷载,则最大压力应达到预期设计压力的两倍或超过第一拐点至少三级荷载。

⑧当需要卸荷观测回弹时,每级卸荷量可为加荷量的 2 倍,历时 1 h,每隔 15 min 观测一次。荷载完全卸除后,继续观测 3 h。

2. 静力载荷试验成果整理及其应用

(1)静力载荷测试成果——压力—沉降量关系曲线

载荷试验结束后,应对试验的原始数据进行检查和校对,整理出荷载与沉降量、时间与沉降量汇总表。然后,绘制压力 p 与沉降量 S 关系曲线(图 7.6)。该曲线是确定地基承载力、地基土变形模量和土的应力—应变关系的重要依据。

p-S 曲线特征值的确定及应用:

①当 p-S 曲线具有明显的直线段及转折点时,一般将直线段的终点(转折点)所对应的压力(p_0)定为比例界限值,将曲线陡降段的渐近线和表示压力的横轴的交点定为极限界限值(p_L)。

②当曲线无明显直线段及转折点时(一般为中、高压缩性土),可用下述方法确定比例界限:

a. 在某一级荷载压力下,其沉降增量 ΔS_n 超过前一级荷载压力下的沉降增量 ΔS_{n-1} 的两倍(即 $\Delta S_n \geqslant 2\Delta S_{n-1}$)的点所对应的压力,即为比例界限。

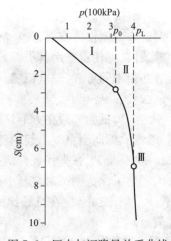

图 7.6　压力与沉降量关系曲线

p_0—比例界限;p_L—极限界限;

I—压密阶段;II—塑性变形阶段;

III—整体剪切破坏阶段

　　b. 绘制 $\lg p$-$\lg S$(或 p-$\Delta p/\Delta S$)曲线,曲线上的转折点所对应的压力即为比例界限。其中 Δp 为荷载增量,ΔS 为相应的沉降增量。

　　比例界限压力点和极限压力点把 p-S 曲线分为三段,反映了地基土在逐级受压至破坏的三个变形(直线变形、塑性变形、整体剪切破坏)阶段。比例界限点前的直线变形段,地基土主要产生压密变形,地基处于稳定状态。直线段端点所对应的压力即为 p_0,一般可作为地基土的允许承载力或承载力基本值 f_0。

　　(2)试验成果的应用

　　①确定地基土承载力基本值 f_0。

　　a. 当 p-S 上有明显的比例界限(p_0)时,取该比例界限所对应的荷载值。

　　b. 当极限荷载能确定,且该值小于对应比例界限的荷载值的 1.5 倍时,取荷载极限值的一半。

　　c. 不能按上述两点确定时,如承压板面积为 2 500~5 000 cm²,对低压缩性黏性土和砂土,可取 $S/B=0.01$~0.015 所对应的荷载值;对中、高压缩性土,可取 $S/B=0.02$ 所对应的荷载值(S、B 分别为沉降量和承压板的宽度或直径)。

　　②计算地基土变形模量 E_0。

　　土的变形模量是指土在单轴受力、无侧限情况下似弹性阶段的应力与应变之比,其值可由载荷试验成果 $p-S$ 曲线的直线变形段,按弹性理论公式求得:

$$E_0 = \omega(1 - \mu^2) B \frac{p}{S} \tag{7.6}$$

式中　p、S——分别为 p-S 曲线直线段内一点的压力值(kPa)及相应沉降量(cm);

　　　　B——承压板的宽度或直径(cm);

　　　　μ——土的泊松比;

　　　　ω——承压板形状系数,对于刚性方形板,$\omega=0.886$,对于刚性圆形板,$\omega=0.785$。

7.2.2.3　静力触探试验

　　1. 工作原理

　　静力触探的基本原理就是用准静力(相对动力触探而言,没有或很少冲击荷载)将一个内部装有传感器的触探头以匀速压入土中,由于地层中各种土的软硬不同,探头所受的阻力自然也不一样,传感器将这种大小不同的贯入阻力通过电信号输入到记录仪表中记录下来,再通过贯入阻力与土的工程地质特征之间的定性关系和统计相关关系,来实现取得土层剖面、提供浅基承载力、选择桩端持力层和预估单桩承载力等工程地质勘察目的。

　　2. 适用条件

　　静力触探主要适用于黏性土、粉土、砂性土。就黄河下游各类水利工程、铁路桥梁工程、公路桥梁工程而言,静力触探适用于地面以下 50 m 内的各种土层,特别是对于地层情况变化较大的复杂场地及不易取得原状土的饱和砂土和高灵敏度的软黏土地层的勘察,更适合采用静力触探进行勘察。

　　3. 工作特点

　　静力触探既是一种原位测试手段,也是一种勘探手段,它和常规的钻探—取样—室内试验等勘探程序相比,具有快速、精确、经济和节省人力等特点。此外,在采用桩基工程的勘察中,静力触探能准确地确定桩端持力层的特征,这也是一般常规勘察手段所不能比拟的。

　　4. 技术要求

　　(1)根据地质勘探的布点要求,选取好的位置,对场地进行平整,先在触探试验点两旁的地上用铁锹,挖出一个能使地锚放入的深 30 cm 的坑,然后在坑内放入地锚,利用油压马达下锚器以缓慢的速度拧下,将油压马达下锚器套在地锚杆上,四人站立手扶下锚器施力,两地锚相距 0.9 m,最后地面铲平,铺上两块木垫板。

(2)安放静探机在木垫板上,使两根已下好的地锚位于静探机两边,用水平尺调平机座,把 2 根槽钢放在机座上,将 2 个装有压铁的连接螺丝通过槽钢旋转装入地锚的丝孔中,装好连接螺丝,用专用扳手将压铁压紧在槽钢上,再用水平尺校正水平,如机座不平此时通过调节压铁上螺丝再校正机座水平。

(3)把带有一段电缆线的探头与穿好探杆的电缆线相连接,用防水胶带缠封插头处并用黄油密封,以防进水受潮和增加插座的抗拉力。将第一根探杆连接,连接时一人手握探头,另一人手拿第一根探杆,探头不动,转动探杆,使其连接,切勿转动探头,以免电缆线断裂。再将电缆线依次穿入其他探杆,探杆数量应满足触探深度要求,电缆线长度 L 满足:

$$L > n \times (l + 0.2) + 7 \tag{7.7}$$

式中　　n——探杆的根数;

　　　　l——每根探杆的长度(m)。

(4)放松推进油缸卡瓦螺丝,将带有探头的第一根探杆通过上面卡瓦孔,对齐底座上的导向孔放入推进油缸,将第二根探杆和第一根探杆连接,调节卡瓦螺丝到合适的位置。

(5)将数据采集仪与电缆线的另一端接好,数据采集装置与第一根探杆连接确保能正确转动并记录数据,拧紧卡瓦螺丝推进油缸提 100 mm,探头悬空垂直地面,校正仪器归零。

(6)准备工作完成后,贯入工作开始,由专人控制推进油缸的上升与下降,以(20±5 mm/s)进行匀速贯入,数据采集装置每贯入 100 mm 记录数据一次,其他人手动松紧卡瓦螺丝、连接探杆配合推进油缸工作确保油缸上下连续不间断,推进油缸升起松开卡瓦螺丝,下压时拧紧卡瓦螺丝,贯入过程中要用管钳拧紧每根相连接的探杆,防止丝扣的松动,造成脱扣,保证垂直贯入。

(7)在测试过程中地下 6 m 范围内,每隔 2 m 提升探头 50 mm 一次,将零漂值作为初读数记录在相应的深度旁,将采集仪调零,然后使探头复位,继续贯入。

(8)贯入结束后即可将探探杆起拔,探头拔出地面后记录数据采集仪回零数,以便进行数据修整和精度校检,油缸上升时卡瓦螺丝拧紧,下降时松开卡瓦螺丝,去掉卡在探杆上的数据采集装置。

(9)当测试中出现下列情况时,应停止贯入并在记录中注明:

①达到预期贯入深度。

②静力触探机负荷达到额定荷载的 120%,或探头负荷达到额定荷载。

③测量设备或测量系统异常,可能出现受损。

(10)起拔探杆、探头完成后,利用手扶油压马达下锚器反向转动把地锚起出地面,对场地进行恢复。

5. 试验成果应用

静力触探成果应用很广,主要可归纳为以下几方面:划分土层;求取各土层工程性质指标;确定桩基参数。

(1)划分土层及土类判别

根据静力触探资料划分土层应按以下步骤进行:

①将静力触探探头阻力与深度曲线分段。分段的依据是根据各种阻力大小和曲线形状进行综合分段。如阻力较小、摩阻比较大、超孔隙水压力大、曲线变化小的曲线段所代表的土层

多为黏土层;而阻力大、摩阻比较小、超孔隙水压力很小、曲线呈急剧变化的锯齿状则为砂土。

②按临界深度等概念准确判定各土层界面深度。静力触探自地表匀速贯入过程中,锥头阻力逐渐增大(硬壳层影响除外),到一定深度(临界深度)后才达到一较为恒定值,临界深度及曲线第一较为恒定值段为第一层;探头继续贯入到第二层附近时,探头阻力会受到上下土层的共同影响而发生变化,变大或变小,一般规律是位于曲线变化段的中间深度即为层面深度,第二层也有较为恒定值段,以下类推。

③经过上述两步骤后,再将每一层土的探头阻力等参数分别进行算术平均,其平均值可用来定土层名称,定土层(类)名称办法可依据各种经验图形进行。还可用多孔静力触探曲线求场地土层剖面。

(2)求土层的工程性质指标

用静力触探法推求土的工程性质指标比室内试验方法可靠、经济,周期短,因此很受欢迎,应用很广。可以判断土的潮湿程度及重度、计算饱和重度 γ_{sat}、计算土的抗剪强度参数、求取地基土基本承载力 f_0、用孔压触探求饱和土层固结系数及渗透系数等。

(3)在桩基勘察中的应用

用静力触探可以确定桩端持力层及单桩承载力,这是由于静力触探机理与沉桩相似。双桥静力触探远比单桥静力触探精度高,在桩基勘察中应优先采用。

7.2.2.4　动力触探试验

动力触探简称动探,也称为圆锥动力触探,是利用一定质量的重锤,将与探杆相连接的标准规格的探头打入土中,根据探头贯入土中 10 cm 或 30 cm 时所需要的锤击数,判断土的力学特性,具有勘察与测试的双重性能。根据穿心锤质量和提升高度的不同,动力触探试验一般分为轻型、重型、超重型动力触探。

1. 动力触探测试的优点

(1)设备简单,坚固耐用。

(2)操作及测试方法容易。

(3)适用性广。

(4)快速,经济,能连续测试土层。

(5)有些动力触探,可同时取样,观察描述。

(6)经验丰富,使用广泛。

2. 适用范围

浅部的填土、砂土、粉土、黏性土、碎石土、砾石土、卵石等。

3. 试验设备

试验设备由落锤、探杆、探头组成。

4. 检测原理

是用一定质量的重锤,以一定高度的自由落距,将标准规格的圆锥形探头贯入土中,根据打入土中一定的距离所需的锤击数,判定土的力学特性,具有勘探和测试双重功能。如图7.7、图7.8所示。

5. 试验步骤

(1)先用轻便钻具钻至试验土层标高,然后对土层连续进行触探,使穿心锤自由落下,将触探杆竖直打入土层中,记录每打入土层 30 cm 的锤击数 N_{10}。

(2)当 $N_{10} > 100$ 或贯入 15 cm 锤击数超过 50 时,可停止试验,并记录 50 击的实际贯入深度。

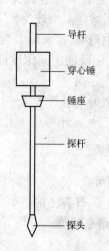

图 7.7　动力触探示意

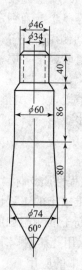

图 7.8　重型、超重型动力
触探探头(单位:mm)

(3)试验技术要求

①锤击能量是最重要的因素。规定落锤方式采用控制落距的自动落锤,使锤能量比较恒定,注意保持探杆垂直,探杆的偏斜度不超过 2%。锤击时防止偏心及探杆晃动。

②触探杆与土间的侧摩阻力是另一个重要的因素。

③使探杆直径小于探头直径。在砂土中探头直径与探杆直径比应大于 1.3,而在黏土中可小些。

④贯入一定深度后旋转探杆(每 1 m 转动一圈或半圈),以减少侧摩阻力;贯入深度超过 10 m,每贯入 0.2 m,转动一次。

⑤探头的侧摩阻力与土类、土性、杆的外形、刚度、垂直度、触探深度等均有关,很难用一固定的修正系数处理,应采取切合实际的措施,减少侧摩阻力,对贯入深度加以限制。

⑥锤击速度也影响试验成果,一般采用每分钟 15~30 击;在砂土、碎石土中,锤击速度影响不大,则可采用每分钟 60 击。

⑦贯入过程应不间断地连续击入,在黏性土中击入的间歇会使侧摩阻力增大。

⑧地下水位对击数与土的力学性质的关系没有影响,但对击数与土的物理性质(砂土孔隙比)的关系有影响,故应记录地下水位埋深。

(4)注意事项

①试验前或试验过程中,应认真检查机具设备。

②在设备安装过程中,部件连接处丝扣应完好,连接紧固。

③触探架应安装平稳,在作业过程中触探架不得偏移;保持触探孔垂直。

6. 成果应用

(1)划分土类或土层剖面

锤击数越少,土的颗粒越松散;锤击数越多,土的颗粒越密实。

(2)确定地基土承载力

《铁路工程地质原位测试规程》(TB 10018—2003)中用 N_{10} 评价黏性土承载力见表 7.7。

表 7.7　N_{10}评价黏性土承载力

N_{10}	15	20	25	30
基本承载力(kPa)	100	140	180	220
极限承载力(kPa)	180	260	330	400

注:表中数值可以线性内插。

(3)评价地基土的密实度

触探击数与孔隙比的关系见相关规范。

任务 7.3　基桩质量检测

7.3.1　工作任务

通过对基桩质量检测的学习,能够完成以下工作任务:

(1)根据《铁路工程基桩无损检测规程》(TB 10218—2008)选择适当的检测方法;

(2)根据工程地质状况等进行基桩质量检测。

7.3.2　相关配套知识

7.3.2.1　低应变法检测

1. 概述

低应变反射波法(瞬态激振时域频域分析法)采用瞬态激振方式,通过实测桩顶加速度或速度信号的时域、频域特征,采用一维弹性波动理论分析判定基桩桩身完整性质量,即桩身存在的缺陷位置及其影响程度。

低应变反射波法属于快速普查桩的施工质量的一种半直接法,对于有疑问的桩应采用其他方法进行检测验证。

2. 检测仪器要求

(1)检测仪器应通过技术鉴定,并具有产品合格证书和计量检定证书。

(2)仪器设备应定期进行全面检查和调试,其技术指标应符合仪器质量标准。

(3)检测系统应具有信号滤波、放大、显示、储存和信号处理分析功能。

(4)根据桩型及检测目的,宜选择不同大小、不同质量的力锤、力棒、手锤和不同材质的激振头,以获得所需的激振频率和能量。力锤可装有力传感器。

(5)信号采集及处理仪和传感器性能应符合《铁路工程基桩无损检测规程》(TB 10218—2008)的有关规定。

3. 检测前准备工作

(1)施工单位填写报检表,监理单位签字,至少提前 24 h 提交给现场检测人员。

(2)施工单位应提供工程相关参数和资料。

(3)施工单位对报检的基桩必须做好准备工作,并达到以下要求:

①桩顶检测时高程应为设计高程。

②要求受检桩桩顶的混凝土质量、截面尺寸应与桩身设计条件基本相同。

③灌注桩应凿去桩顶浮浆或松散破损部分,并露出坚硬的混凝土表面。

④桩顶表面应平整干净且无积水。

⑤在实心桩的中心位置打磨出直径约为 10 cm 的平面;在距桩中心 2/3 半径处(图 7.9),对称布置打磨 2~4 处、直径约为 6 cm 的平面,打磨面应平顺光洁密实。

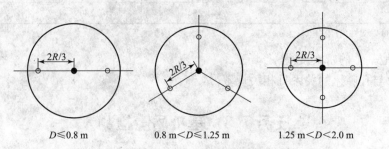

$D \leqslant 0.8$ m   0.8 m$<D \leqslant$1.25 m   1.25 m$<D<$2.0 m

图 7.9　不同桩径 D 对应打磨点数及位置示意

⑥当桩头与垫层相连时,相当于桩头处存在很大的截面阻抗变化,对测试信号会产生影响。因此,测试时,当桩头侧面与垫层相连时,除非对测试信号没有影响,否则应断开。

4. 现场检测

(1)检测前受检桩应符合下列规定:

桩身混凝土强度应达到设计强度的 70% 或桩身混凝土龄期不少于 14 d。

打入或静压式预制桩的检测应在相邻桩打完后进行。

(2)传感器安装和激振操作应符合下列规定:

传感器安装部位应清理干净,不得有浮动砂土颗粒存在;不得安装于松动的石子上;传感器安装应与桩轴线平行。

用黄油或其他黏结耦合剂黏结时,应具有足够的黏结强度,传感器底面黏结剂越薄越好。在信号采集过程中,传感器不得产生滑移或松动。

实心桩的激振点位置应选择在桩中心,测量传感器安装位置宜为距桩中心 2/3 半径处,激振点处混凝土应密实,不得有破损,激振时激振点与混凝土接触面应为点接触,如图 7.10 所示。

空心桩的激振点与测量传感器安装位置宜在同一水平面上,且与桩中心连线形成的夹角宜为 90°,激振点与测量传感器安装位置宜为桩壁厚的 1/2 处,如图 7.11 所示。

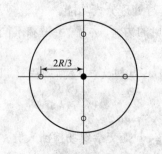

● 激振点;○ 传感器安装点;R 桩截面半径

图 7.10　实心桩点位布置示意

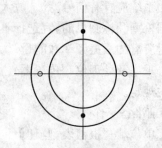

● 激振点;○ 传感器安装点

图 7.11　空心桩点位布置示意

激振点与测量传感器安装位置应避开钢筋笼主筋的影响。激振方向沿桩轴线方向。采用力棒激振时,应自由下落,不得连击。采用力棒或自由落锤时,激振能量的可控性和信号重复

性比用榔头式锤敲击效果好。

激振锤和激振参数宜通过现场对比试验选定。短桩或浅部缺陷桩的检测宜采用轻锤快击窄脉冲激振；长桩、大直径桩或深部缺陷桩的检测宜采用重锤宽脉冲激振，也可采用不同的锤垫来调整激振脉冲宽度。现场实际操作应综合应用手锤和力棒。

激振能量在能看到桩底反射的前提下尽量小，可减少桩周参加振动的土体，以减小土阻力对波形的影响。

(3)测试参数设定应符合下列规定：

时域信号记录的时间段长度应在 $2L/c$（L 为测点下桩长，c 为波速）时刻后延续不少于 5 ms；幅频信号分析的频率范围上限不应小于 2 000 Hz。

设定桩长应为桩顶测点至桩底的施工桩长。

桩身波速可根据本地区同类型桩的测试值初步设定，也可以制作模型桩测定。

采样时间间隔或采样频率应根据桩长、桩身波速和频域分辨率合理选择。

传感器的灵敏度值应按计量检定结果设定。

(4)信号采集和筛选应符合下列规定：

根据桩径大小，桩心对称布置 2～4 个检测点；各检测点重复检测次数不宜少于 3 次，且检测波形应具有良好的一致性。

当信号干扰较大时，可采用信号增强技术进行重复激振，提高信噪比。

不同检测点及多次实测时域信号一致性较差时，应分析原因，排除人为和检测仪器等干扰因素，增加检测点数量，重新检测。

信号不应失真和产生零漂，信号幅值不应超过测量系统的量程。

对存在缺陷的桩应改变检测条件重复检测，相互验证。

5. 资料处理

(1)桩身完整性分析宜以时域曲线为主，辅以频域分析，并结合地质资料、施工资料和波形特征等因素进行综合分析判定。

(2)桩身波速平均值的确定：

当桩长已知、桩底反射信号明显时，在地质条件、设计桩型、成桩工艺相同的基桩中，选取相同条件下不少于 5 根 I 类桩的桩身波速按下式计算桩身平均波速：

$$c_{\mathrm{m}} = \frac{1}{n} \sum_{i=1}^{n} c_i \tag{7.8}$$

$$c_i = \frac{2L \times 1\,000}{\Delta T} \tag{7.9}$$

$$c_i = 2L \cdot \Delta f \tag{7.10}$$

式中　　c_{m}——桩身波速的平均值(m/s)；

　　c_i——参与统计的第 i 根桩的桩身波速值(m/s)；

　　L——测点下桩长(m)；

　　ΔT——时域信号第一峰与桩底反射波峰间的时间差(ms)；

　　Δf——幅频曲线上桩底相邻谐振峰间的频差(Hz)，计算时不宜取第一与第二峰；

　　n——参与波速平均值计算的基桩数量($n \geqslant 5$)。

当桩身波速平均值无法按上述方法确定时，可根据本地区相同桩型及施工工艺的其他基桩工程的测试结果,并结合桩身混凝土强度等级与实践经验综合确定。

如具备条件,可制作同混凝土强度等级的模型桩测定波速,也可根据钻取芯样测定波速,确定基桩检测波速时应考虑土阻力及其他因素的影响。

(3)桩身缺陷位置应按下列公式计算:

$$L' = \frac{1}{2\,000} \cdot \Delta T' \cdot c \tag{7.11}$$

$$L' = \frac{1}{2} \cdot \frac{c}{\Delta f'} \tag{7.12}$$

式中　L'——测点至桩身缺陷的距离(m);

　　　$\Delta T'$——时域信号第一峰与缺陷反射波峰间的时间差(ms);

　　　$\Delta f'$——幅频曲线上缺陷相邻谐振峰间的频差(Hz);

　　　c——桩身波速(m/s),无法确定时用 c_m 值替代。

(4)桩身完整性类别应结合缺陷出现的深度、测试信号衰减特性以及设计桩型、成桩工艺、地质条件、施工情况,按规定和表 7.8 所列实测时域或幅频信号特征进行综合判定。

表 7.8　桩身完整性判定

类别	时域信号特征	幅频信号特征
Ⅰ	$2L/c$ 时刻前无缺陷反射波,有桩底反射波	桩底谐振峰排列基本等间距,其相邻频差 $\Delta f \approx c/2L$
Ⅱ	$2L/c$ 时刻前出现轻微缺陷反射波,有桩底反射波	桩底谐振峰排列基本等间距,轻微缺陷产生的谐振峰与桩底谐振峰之间的频差 $\Delta f' > c/2L$
Ⅲ	有明显缺陷反射波,其他特征介于Ⅱ类和Ⅳ类之间	
Ⅳ	$2L/c$ 时刻前出现严重缺陷反射波或周期性反射波,无桩底反射波;或因桩身浅部严重缺陷使波形呈现低频大振幅衰减振动,无桩底反射波;或按平均波速计算的桩长明显短于设计桩长	桩底谐振峰排列基本等间距,相邻频差 $\Delta f' > c/2L$,无桩底谐振峰;或因桩身浅部严重缺陷只出现单一谐振峰,无桩底谐振峰

注:(1)对同一场地、地质条件相近、桩型和成桩工艺相同的基桩,因桩端部分桩身阻抗与持力层阻抗相匹配导致实测信号无桩底反射波时,可按本场地同条件下有桩底反射波的其他桩实测信号判定桩完整性类别。

(2)对于混凝土预制桩和预应力管桩,若缺陷明显且缺陷位置在接桩位置处,宜结合其他检测方法进行评价。

(3)不同地质条件下的桩身缺陷检测深度和桩长的检测长度应根据试验确定。

(5)对于混凝土灌注桩,采用时域信号分析时,应结合有关施工和地质资料,正确区分混凝土灌注桩桩身截面渐扩后陡降恢复至原桩径产生的一次同相反射,或由扩径突变处产生的二次同相反射,以避免对桩身完整性的误判。

(6)对于嵌岩桩,当桩底时域反射信号为单一反射波且与锤击脉冲信号同相时,应结合地质和设计等有关资料以及桩底同相反射波幅的相对高低来判断嵌岩质量,必要时采取钻芯法核验桩端嵌岩情况。

(7)应正确区分浅部缺陷反射和大头桩大头部分恢复至原桩径产生的同相反射,以避免对桩身完整性的误判,必要时可采取开挖方法查验。

(8)出现下列情况之一,桩身完整性判定宜结合其他检测方法进行:

①实测信号复杂,无规律,无法对其进行准确分析和评价。

②当桩长的推算值与实际桩长明显不符,且又缺乏相关资料加以解释或验证。

③桩身截面渐变或多变,且变化幅度较大的混凝土灌注桩。

(9)对采用低应变反射波法检测有疑问的桩,应进行验证检测:

桩身浅部存在缺陷可开挖验证;桩身深部或桩底存在缺陷时可采用钻芯法进行验证;根据实际情况采用静载试验、钻芯法、高应变法或开挖进行验证。

7.3.2.2　声波透射法检测

1. 概述

声波透射法检测桩身结构完整性的基本原理是由超声脉冲发射源在混凝土内激发高频弹性脉冲波,并用高精度的接收系统记录该脉冲波在混凝土内传播过程中表现的波动特征。当混凝土内存在不连续或破损界面时,缺陷面形成波阻抗界面,波到达该界面时,产生波的透射和反射,使接收到的透射能量明显降低;当混凝土内存在松散、蜂窝、孔洞等缺陷时,将产生波的散射和绕射;根据波的初至到达时间和波的能量衰减特征、频率变化及波形畸变程度等特性,可以获得测区范围内混凝土的声学参数。测试记录不同测试剖面对面和斜面的超声波动特征,经过处理分析就能判别测区内混凝土的参考强度和内部存在缺陷的性质、大小及空间位置。

在基桩施工前,根据桩直径的大小预埋一定数量的声测管,作为换能器的通道。测试时每两根声测管为一组,通过水的耦合,超声脉冲信号从一根声测管中的换能器发射出去,在另一根声测管中的换能器接收信号,声波检测仪测定有关参数并采集记录储存。换能器由桩底同时从下往上依次检测,遍及各个截面。

2. 检测仪器

(1)声波发射与接收换能器应符合下列要求:

①圆柱状径向振动,沿径向无指向性。

②外径小于声测管内径,有效工作面轴向长度不大于 150 mm。

③谐振频率宜为 30～60 kHz。

④水密性满足 1 MPa 水压不渗水。

(2)声波检测仪应符合下列要求:

①具有实时显示和记录接收信号的时程曲线以及频率测量或频谱分析功能。

②声时测量分辨力优于或等于 $0.5 \mu s$,声波幅值测量相对误差小于 5%,系统频带宽度为 1～200 kHz,系统最大动态范围不小于 100 dB。

③声波发射脉冲宜为阶跃或矩形脉冲,电压幅值不宜小于 500 V。

④声波检测仪应采用具有自动记录功能的仪器。

3. 声测管埋设

基桩施工单位必须高度重视声测管埋设工作,监理要加强事前提醒和过程检查,检测单位要向施工单位进行事先提示,确保声测管埋设一次合格。杜绝声测管堵塞现象。

(1)声测管应采用金属管,内径不宜小于 40 mm,管壁厚不应小于 2.5 mm。

(2)声测管应下端封闭,上端加盖,管内无异物;声测管采用绑扎方式与钢筋笼连接牢固(不得焊接);声测管连接应积极采用外加套筒焊接方式进行,杜绝连接处断裂和堵管现象;连接处应光滑过渡,不漏水;管口应高出桩顶 100 mm 以上,且各声测管管口高度应一致。

(3)保证声测管在成桩后相互平行。

(4)声测管应沿桩截面外测呈对称形状布置并编号,如图 7.12 所示。

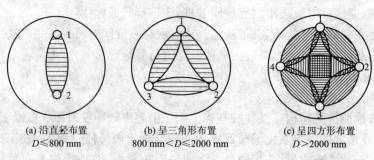

(a) 沿直径布置　　　　　(b) 呈三角形布置　　　　(c) 呈四方形布置
D≤800 mm　　　　800 mm<D≤2000 mm　　　　D>2000 mm

图 7.12　声测管布置示意(注:图中阴影为声波的有效检测范围示意)

4. 现场检测前的准备工作

调查、收集待检工程及受检桩的相关技术资料和施工记录。包括:桩的类型、尺寸、高程、施工工艺、地质状况、设计参数、桩身混凝土参数、施工过程及异常情况记录等信息。

检查测试系统的工作状况,采用标定法确定仪器系统延迟时间,计算声测管及耦合水层声时修正值。

将伸出桩顶的声测管切割到同一高程,测量管口高程,作为计算各测点高程的基准。

将各声测管内注满清水,封口待检。

在放置换能器前,检查声测管畅通情况,以免换能器卡住或换能器电缆被拉断,造成损失。

准确测量桩顶面相应声测管之间外壁净距离,作为相应的两声测管间管距,精确至 1 mm。

测试时径向换能器宜配置扶正器,既保证换能器在管内居中,又保护换能器在上下提升中不致与管壁碰撞,损坏换能器。

桩身强度应达到混凝土设计强度的 70% 或混凝土龄期不少于 15 d。

5. 现场检测

现场检测过程宜分两个步骤进行,首先是采用平测法对全桩各个检测剖面进行普查,找出声学参数异常测点。然后,对声学参数异常的测点采用加密测试,必要时采用斜测或扇形扫测等细测方法进一步检测,这样一方面可以验证普查结果,另一方面可以进一步确定异常部位的范围,为桩身完整性类别的判定提供可靠依据。

(1)将发射与接收声波换能器通过深度标志分别置于两根声测管中同一高度的测点处。

(2)设置好仪器参数,进行检测。

(3)发射与接收声波换能器应以相同标高或保持固定高差同步升降,测点间距不宜大于 250 mm。

实时显示和记录接收信号的时程曲线,读取声时、首波峰值和周期值,宜同时显示频谱曲线及主频值。

(4)将多根声测管以两根为一个检测剖面进行全组合,分别对所有检测剖面完成检测。

(5)在桩身质量可疑的测点周围,应加密测点,或采用斜测、扇形扫测进行复测,进一步确定桩身缺陷的位置和范围。

(6)在同一根桩的各检测剖面的检测过程中,声波发射电压和仪器设置参数应保持不变。

6. 资料处理

(1)声学参数的计算和波形记录

　　各测点的声时 t_c、声速 v、波幅 A_p 及主频 f 应根据现场检测数据,按下列各式计算,并绘制声速—深度(v-z)曲线和波幅—深度(A_p-z)曲线,需要时可绘制辅助的主频—深度(f-z)曲线:

$$t_{ci} = t_i - t_0 - t' \tag{7.13}$$

$$v_i = \frac{l'}{t_{ci}} \tag{7.14}$$

$$A_{pi} = 20\lg \frac{a_i}{a_0} \tag{7.15}$$

$$f_i = \frac{1\,000}{T_i} \tag{7.16}$$

式中　　t_{ci}——第 i 测点声时(μs);

　　　　t_i——第 i 测点声时测量值(μs);

　　　　t_0——仪器系统延迟时间(μs);

　　　　t'——声测管及耦合水层声时修正值(μs);

　　　　l'——每检测剖面相应两声测管的外壁间净距离(mm);

　　　　v_i——第 i 测点声速(km/s);

　　　A_{pi}——第 i 测点波幅值(dB);

　　　　a_i——第 i 测点信号首波峰值(V);

　　　　a_0——零分贝信号幅值(V);

　　　　f_i——第 i 测点信号主频值(kHz),也可由信号频谱的主频求得;

　　　　T_i——第 i 测点信号周期(μs)。

(2)判定依据

桩身混凝土缺陷应根据下列方法综合判定:

①声速低限值判据

当实测混凝土声速值低于声速临界值时应将其视为可疑缺陷区。

$$v_i < v_D \tag{7.17}$$

式中　　v_i——第 i 个测点声速值(km/s);

　　　　v_D——声速临界值(km/s)。

声速临界值采用正常混凝土声速平均值与 2 倍声速标准差之差,即:

$$v_D = \bar{v} - 2\sigma_v \tag{7.18}$$

$$\bar{v} = \sum_{i=1}^{n} \frac{v_i}{n} \tag{7.19}$$

$$\sigma_v = \sqrt{\sum_{i=1}^{n} \frac{(v_i - \bar{v})^2}{n-1}} \tag{7.20}$$

式中　　$\bar{v}$——正常混凝土声速平均值(km/s);

　　　　σ_v——正常混凝土声速标准差;

　　　　v_i——第 i 个测点声速值(km/s);

　　　　n——测点数。

　　当检测剖面各测点的声速值普遍偏低且离散性很小时,宜采用声速低限值判据。即实测混凝土声速值低于声速低限值时,可直接判定为异常。

$$v_i < v_L \tag{7.21}$$

式中　v_i——第 i 个测点声速值(km/s);

　　　v_L——声速低限值(km/s)。

声速低限值应由预留同条件混凝土试件的抗压强度与声速对比试验结果,结合本地区实际经验确定。

②波幅判据

波幅异常时的临界值判据应按下列公式计算:

$$A_m = \frac{1}{n}\sum_{i=1}^{n} A_{pi} \tag{7.22}$$

$$A_{pi} < A_m - 6 \tag{7.23}$$

式中　A_m——波幅平均值(dB);

　　　n——检测剖面测点数。

当式(7.23)成立时,波幅可判定为异常。

③PSD 判据

当采用斜率法的 PSD 值作为辅助异常点判据时,PSD 值应按下列公式计算:

$$\text{PSD} = K \cdot \Delta t \tag{7.24}$$

$$K = \frac{t_{ci} - t_{ci-1}}{z_i - z_{i-1}} \tag{7.25}$$

$$\Delta t = t_{ci} - t_{ci-1} \tag{7.26}$$

式中　t_{ci}——第 i 测点声时(μs);

　　t_{ci-1}——第 $i-1$ 测点声时(μs);

　　　z_i——第 i 测点深度(m);

　　z_{i-1}——第 $i-1$ 测点深度(m)。

根据 PSD 值在某深度处的突变,结合波幅变化情况,进行异常点判定。

当采用信号主频值作为辅助异常点判据时,主频-深度曲线上主频值明显降低可判定为异常。

(3)桩身完整性类别判定

桩身完整性类别应结合桩身混凝土各声学参数临界值、PSD 判据、混凝土声速低限值以及桩身可疑点加密测试(包括斜测或扇形扫测)后确定的缺陷范围按表 7.9 的特征进行综合判定。

表 7.9　桩身完整性判定

类别	特　　征
I	各检测剖面的声学参数均无异常,无声速低于低限值异常
II	某一检测剖面个别测点的声学参数出现异常,无声速低于低限值异常
III	某一检测剖面连续多个测点的声学参数出现异常; 两个或两个以上检测剖面在同一深度测点的声学参数出现异常; 局部混凝土声速出现低于低限值异常
IV	某一检测剖面连续多个测点的声学参数出现明显异常; 两个或两个以上检测剖面在同一深度测点的声学参数出现明显异常; 桩身混凝土声速出现普遍低于低限值异常或无法检测首波或声波接收信号严重畸变

7.3.2.3 单桩竖向抗压静载试验

1. 概述

单桩竖向抗压静载试验是模拟基桩实际受力状态的一种试验方法。试验时,通过安装在桩顶的油压千斤顶、油压表或压力表、百分表或位移传感器、锚桩或压重反力装置,对桩施加荷载,加载最大值为设计荷载的 2 倍,分十级加载,加载方式分慢速维持荷载法和快速维持荷载法,测读分级荷载下的压力及所对应的桩顶位移,获得压力—位移(Q-S)曲线及 S-lgt 曲线,从而分析判定桩的承载能力。

2. 检测仪器

(1)压力测量装置

根据试验荷载要求,选择千斤顶的规格,最大试验荷载对应的千斤顶出力宜为千斤顶量程的 30%～80%。当采用两台或两台以上千斤顶加载时,千斤顶型号、规格应相同。

试验用油泵、油管在最大加荷时的压力不应超过规定工作压力的 80%。

采用油压表时,压力表准确度等级应优于或等于 0.4 级,最大试验荷载对应的油压不宜大于压力表量程的 2/3。采用荷重传感器和压力传感器时,测量误差不应大于 1%。

(2)沉降测量装置

基准桩用来固定和支撑基准架。基准桩与试桩、锚桩的中心距应符合规范有关规定。

基准梁宜采用工字梁,高跨比不宜小于 1/40,尤其是大吨位静载试验,要求采用较长和刚度较大的基准梁。基准梁的一端固定在基准桩上,另一端应简支于基准桩上,以减少温度变化引起的基准梁挠曲变形。应采取有效遮挡措施,以减少温度变化、刮风下雨、振动及其他外界因素的影响。

百分表及位移传感器。沉降测量平面宜在桩顶 200 mm 以下位置,最好不小于 0.5 倍桩径,测点应牢固地固定于桩身。直径大于 500 mm 的桩,应在其两个方向对称安装 4 个百分表或位移传感器。直径或边宽≤500 mm 的桩可对称安装 2 个百分表或位移传感器。宜采用大量程百分表,精度等级 1 级,分辨率优于或等于 0.01 mm。传感器量程应大于 100 mm,具有良好的防水性能,测量误差不大于 0.1% FS。

(3)加载装置

试验加载装置使用一台或多台油压千斤顶并联同步加载,采用两台以上千斤顶加载时,要求千斤顶型号、规格相同,且合力中心与桩轴线重合。

(4)反力装置

试验反力装置采用堆载压重平台或锚桩横梁反力装置。试验时,要求加载反力装置提供的反力不得小于最大加载量的 1.2 倍。应对锚桩抗拔力进行检算,并监测锚桩上拔量。

3. 检测前准备工作

(1)锚桩的设计施工

锚桩不同于一般工程桩,需承受较大的上拔力。施工前应根据试桩荷载要求考虑每根锚桩的上拔力。根据上拔力要求设计钢筋直径、长度、数量及锚桩桩长。锚桩和试桩、基准桩之间的中心距离应符合表 7.10 规定。

(2)桩头处理

混凝土桩头处理应先凿除桩顶的松散破碎层和低强度混凝土,露出主筋,冲洗干净后再浇筑桩帽,并符合下列规定:

表 7.10　试桩、锚桩(或压重平台支墩边)和基准桩之间的中心距离

反力装置	距离	试桩中心与锚桩中心(或压重平台支墩边)	试桩中心与基准桩中心	基准桩中心与锚桩中心(或压重平台支墩边)
锚桩横梁		≥4(3)D 且>2.0 m	≥4(3)D 且>2.0 m	≥4(3)D 且>2.0 m
压重平台		≥4D 且>2.0 m	≥4(3)D 且>2.0 m	≥4D 且>2.0 m
地锚装置		≥4D 且>2.0 m	≥4(3)D 且>2.0 m	≥4D 且>2.0 m

注:(1)D 为试桩、锚桩或地锚的设计直径或边宽,取其较大者。

　　(2)如试桩或锚桩为扩底桩或多支盘桩时,试桩与锚桩的中心距尚不应小于 2 倍扩大端直径。

　　(3)括号内数值可用于工程桩验收检测时多排桩设计桩中心距小于 4D 的情况。

　　(4)软土场地堆载重量较大时,宜增加支墩边与基准桩中心和试桩中心之间的距离,并在试验过程中观测基准桩的竖向位移。

①桩帽顶面应水平、平整,桩帽中轴线与原桩身上部的中轴线严格一致,桩帽面积大于或等于原桩身截面积,桩帽截面可为圆形或方形。

②桩帽主筋应全部直通至桩帽混凝土保护层之下,如原桩身露出主筋长度不够时,应通过焊接加长主筋,各主筋应在同一高度上,桩帽主筋应与原桩身主筋按规定焊接。

③距桩顶 1 倍桩径范围内,宜用 3～5 mm 厚的钢板围裹,或距桩顶 1.5 倍桩径范围内设置箍筋,间距不宜大于 150 mm。桩帽应设置钢筋网片 3～5 层,间距 80～150 mm。

④桩帽混凝土强度等级宜比桩身混凝土提高 1～2 级,且不低于 C30。

(3)现场设备安装

试验场地平整,并有大型吊车进出通道。

桩头清理干净,安放千斤顶,要求千斤顶中心与桩中心重合。

主梁支墩放置平稳,并有足够的强度。

安装主梁、副梁,焊接拉杆、锚笼。

安装加载高压油管、油压泵或电动油泵。

安装基准梁。

安装压力表或压力传感器,大量程百分表或位移传感器。

百分表调零及仪器连接调试。

4. 现场检测

(1)试验加卸载规定。加载应分级进行,采用逐级等量加载;分级荷载宜为最大加载量或预估极限承载力的 1/10,其中第一级可取分级荷载的 2 倍。

卸载应分级进行,每级卸载量取加载时分级荷载的 2 倍,逐级等量卸载。

加、卸载时应使荷载传递均匀、连续、无冲击,每级荷载在维持过程中的变化幅度不得超过分级荷载的 ±10%。

(2)为设计提供依据的竖向抗压静载试验应采用慢速维持荷载法。

(3)慢速维持荷载法试验步骤应符合下列规定:每级荷载施加后按第 5 min、15 min、30 min、45 min、60 min 测读桩顶沉降量,以后每隔 30 min 测读一次。

(4)试桩沉降相对稳定标准:每一小时内的桩顶沉降量不超过 0.1 mm,并连续出现两次(从分级荷载施加后第 30 min 开始,按 1.5 h 连续三次每 30 min 的沉降观测值计算),且每级荷载的维持时间的不得少于 2.0 h。

当桩顶沉降速率达到相对稳定标准时,再施加下一级荷载。

卸载时,每级荷载维持 1 h,按第 15 min、30 min、60 min 测读桩顶沉降量后,即可卸下一级荷载。卸载至零后,应测读桩顶残余沉降量,维持时间为 3 h,测读时间为第 15 min、30 min,以后每隔30 min测读一次。

(5)施工后的工程桩验收检测宜采用慢速维持荷载法;在具有成熟地区经验时,可采用快速维持荷载法。

(6)快速维持荷载法试验步骤应符合下列规定:

每级荷载施加后维持时间至少 1 h,按第 5 min、15 min、30 min 测读桩顶沉降量,以后每隔 15 min 测读一次。

测读时间累计为 1 h 时,若最后 15 min 时间间隔的桩顶沉降增量与相邻 15 min 时间间隔的桩顶沉降增量相比未明显收敛时,应延长维持荷载时间,直至最后 15 min 的沉降增量小于相邻 15 min 的沉降增量为止。

卸载时,每级荷载维持 15 min,按第 5 min、15 min 测读桩顶沉降量后,即可卸下一级荷载。卸载至零后,应测读桩顶残余沉降量,维持时间为 2 h,测读时间为第 5 min、15 min、30 min,以后每隔30 min测读一次。

(7)终止加载条件:

①某级荷载作用下,桩顶沉降量大于前一级荷载作用下沉降量的 5 倍。

注:当桩顶沉降能相对稳定且总沉量小于 40 mm 时,宜加载至桩顶总沉降量超过 40 mm;当为嵌岩桩时,应继续加载,以检验陡降是否为桩底沉渣过厚引起,若同时进行基桩应力检测,桩底沉渣压实后才能得出试验结果。

②某级荷载作用下,桩顶沉降量大于前一级荷载作用下沉降量的 2 倍,且经 24 h 尚未达到相对稳定标准。

③已达到设计要求的最大加载量。

④当工程桩作锚桩时,锚桩上拔量已达到允许值。

⑤当荷载—沉降曲线呈缓变型时,可加载至桩顶总沉降量 60～80 mm;在特殊情况下,可根据具体要求加载至桩顶累计沉降量超过 80 mm。

5. 资料处理

(1)绘制竖向荷载—沉降曲线(Q-S)、沉降—时间对数曲线(S-$\lg t$),需要时可绘制其他辅助分析曲线。

(2)单桩竖向抗压极限承载力 Q_u 可按下列方法综合分析确定:

根据沉降随荷载变化的特征确定:对于陡降型 Q-S 曲线,取其发生明显陡降的起始点对应的荷载值。

根据沉降时间变化的特征确定:取 S-$\lg t$ 曲线尾部出现明显向下弯曲的前一级荷载值。

某级荷载作用下,桩顶沉降量大于前一级荷载作用下沉降量的 2 倍,且经 24 h 尚未达到相对稳定标准时,取前一级荷载值。

对于缓变型 Q-S 曲线,可根据沉降量确定,宜取 $S=40$ mm 对应的荷载值;当桩长大于 40 m 时,宜考虑桩身弹性压缩量;对直径大于或等于 800 mm 的桩,可取 $S=0.05D$(D 为桩端直径)对应的荷载值。

7.3.2.4　钻芯法检测

1. 概述

钻芯法是检测钻(冲)孔、人工挖孔等现浇混凝土灌注桩成桩质量的一种有效手段,不受场地条件的限制,特别适用于大直径混凝土灌注桩的成桩质量检测。

检测目的有:

(1)对桩身混凝土质量有疑问时进行验证性检测,或声测管堵塞无法进行声波检测时进行补充检测。

(2)检测桩底沉渣是否符合设计或规范的要求。

(3)检测桩底持力层的岩土性状(强度)和厚度是否符合设计或规范要求。

(4)测定桩长是否与施工记录桩长一致。

2. 检测仪器

(1)钻芯法检测混凝土灌注桩宜采用液压操纵的钻机,并配有相应的钻塔和牢固的底座,钻机设备参数应符合如下规定:额定最高转速不低于 790 r/min;转速调节范围不少于 4 挡;额定配用压力不低于 1.5 MPa。

(2)钻机应采用单动双管钻具,并配备有相应的孔口管、扩孔器、卡簧、扶正稳定器、及可捞取松软渣样的钻具。钻杆应顺直,直径宜为 50 mm。

(3)钻头应根据混凝土设计强度等级选用合适的金刚石钻头,且内径不得小于 100 mm。钻头胎体不得有肉眼可见的裂纹、缺边、少角、倾斜及喇叭口变形。

(4)应选用排水量为 50~160 L/min、泵压为 1.0~2.0 MPa 的水泵。

(5)锯切芯样试件用的锯切机应具有冷却系统和牢固夹紧芯样的装置,配套使用的金刚石圆锯片应有足够刚度。

(6)芯样试件端面的补平或磨平应采用专用的补平器和磨平机。

3. 现场操作

(1)每根受检桩的钻芯孔数和钻孔位置宜符合如下规定:

桩径小于 1.2 m 的钻 1 个孔,桩径为 1.2~1.6 m 的钻 2 个孔,桩径大于 1.6 m 的钻 3 个孔。

当钻芯孔为一个时,宜在距桩中心 10~15 cm 的位置开孔;当钻芯孔为两个或两个以上时,开孔位置宜在距桩中心 0.15~0.25D(D 为桩直径)内均匀对称布置。

对桩底持力层的钻探,每根受检桩不应少于一孔,且钻探深度应满足设计要求。

(2)钻机操作

钻机设备安装必须稳固。钻机立轴中心、天轮中心(天车前沿切点)与孔口中心必须在同一铅垂线上。应确保钻芯过程中钻机不发生倾斜、移位,钻芯孔垂直度偏差≤0.5%。

桩顶面与钻机底座的距离较大时,应安装孔口管,孔口管应垂直且牢固。

钻进过程中,钻孔内循环水流不得中断,应根据回水含砂量及颜色调整钻进速度。

提钻卸取芯样时,应拧卸钻头和扩孔器,严禁敲打卸芯。

钻进技术参数如下:

①钻头压力。根据混凝土芯样的强度与胶结好坏而定。一般要求初压 0.2 MPa,正常压力 1 MPa。

②转速。回次初转速宜为 100 r/min,正常钻进时采用高速,芯样胶结强度低时采用低速。

③冲洗液量。视钻头大小而定,一般为 60~120 r/min。

(3)钻芯技术操作

①桩身钻芯操作。桩身混凝土钻芯每回次进尺宜控制在 1.5 m 内;应对钻机立轴垂直度进行校正;松散的混凝土应采用合金钻"烧结法"钻取。

②桩底钻芯操作。一般钻至桩底时,应采用减压、慢速钻进,若遇钻具下降,应立即停钻,及时测量机上余尺,准确记录孔深及有关情况。当持力层为中、微风化岩石时,可将桩底 0.5 m左右的混凝土芯样、0.5 m 左右的持力层以及沉渣纳入同一回次。当持力层为强风化岩层或土层时,钻至桩底时,立即改用合金钻头干钻反循环吸取法等适宜的钻芯方法和工艺钻取沉渣并测定厚度。

③持力层钻芯操作。应采用适宜的方法对桩底持力层岩土性状进行鉴别。对中、微风化岩的桩底持力层,应采用单动双管钻具钻取芯样,如果是软质岩,拟截取的芯样应及时包裹浸泡在水中,避免芯样受损;根据钻取芯样和岩石单轴抗压强度试验结果综合判定岩性。对于强风化岩层或土层,宜采用合金钻钻取芯样,并进行动力触探或标准贯入试验等,试验宜在距桩底 50 cm 内进行,并准确记录试验结果;根据试验结果及钻取芯样综合鉴别岩性。

(4)现场记录

钻取的芯样应由上而下按回次顺序放进芯样箱中,芯样侧面上应清晰标明回次数、块号、本回次总块数。钻机操作人员应及时记录钻进情况和钻进异常情况,并对芯样质量做初步描述。

钻芯过程中,应对芯样混凝土、桩底沉渣以及桩端持力层等进行详细编录。

钻芯结束后,应对芯样和标有工程名称、桩号、钻芯孔号、芯样试件采取位置、桩长、孔深、检测单位名称的标示牌的全貌进行拍照。

4. 芯样试件制作与抗压试验

(1)芯样截取规定

当桩长小于 10 m 时,每孔截取 2 组芯样;当桩长为 10~30 m 时,每孔截取 3 组;当桩长大于 30 m 时,不少于 4 组。

上部芯样位置距桩顶设计标高不宜大于 1 倍桩径或 1 m,下部芯样位置距桩底不大于 1倍桩径或 1 m,中间芯样宜等间距截取。

缺陷位置能取样时,应截取一组芯样进行混凝土抗压试验。

当同一基桩的钻芯孔数大于一个,其中一孔在某深度存在缺陷时,应在其他孔的该深度处截取芯样进行混凝土抗压试验。

(2)芯样制作

芯样的加工和制作应按《铁路工程结构混凝土强度检测规程》(TB 10426—2004)进行。

(3)芯样试件抗压

芯样试件制作完毕后,即可进行抗压强度试验。

混凝土芯样试件的抗压强度试验应按现行国家标准《普通混凝土力学性能试验方法》(GB/T 50081—2002)的有关规定执行。

抗压强度试验后,当发现芯样试件平均直径小于 2 倍试件内混凝土粗骨料最大粒径,且强度值异常时,则该试件的强度值无效,不参与统计平均。

混凝土芯样试件抗压强度应按下列公式计算:

$$f_{cu} = \xi \cdot \frac{4P}{\pi d^2} \tag{7.27}$$

式中　f_{cu}——混凝土芯样试件抗压强度(MPa),精确至 0.1 MPa;

　　　　P——芯样试件抗压试验测得的破坏荷载(N);

　　　　d——芯样试件的平均直径(mm);

　　　　ξ——混凝土芯样试件抗压强度折算系数,应考虑芯样尺寸效应、钻芯机械对芯样扰动和混凝土成型条件的影响,通过试验统计确定;当无试验统计资料时,宜取为 1.0。

　　5. 检测数据分析与判定

　　(1)每组混凝土芯样试件抗压强度代表值应按一组三块试件强度换算值的平均值确定;同一受检桩同一深度部位有两组或多组以上混凝土芯样试件抗压强度代表值时,取其平均值为该桩该深度处混凝土芯样试件抗压强度代表值。

　　(2)单桩混凝土芯样试件抗压强度代表值为:该桩不同深度位置的混凝土芯样试件抗压强度代表值中的最小值。

　　(3)桩端持力层性状应根据芯样特征、岩石单轴抗压强度试验、动力触探或标准贯入试验结果,综合判定桩端持力层岩土性状。

　　(4)桩身完整性应结合钻芯孔数,现场混凝土芯样特征、芯样单轴抗压强度试验结果,按表7.11进行判定。

表 7.11　桩身完整性判定

类别	特　　征
I	混凝土芯样连续、完整、表面光滑、胶结好、骨料分布均匀、呈长柱状、断口吻合,芯样侧面仅见少量气孔
II	混凝土芯样连续、完整、胶结较好、骨料分布基本均匀、呈柱状、断口基本吻合,芯样侧面局部见蜂窝、麻面、沟槽
III	大部分混凝土芯样胶结较好,无松散、夹泥或分层现象,但有下列情况之一: 芯样局部破碎且破碎长度不大于 10 cm; 芯样骨料分布不均匀; 芯样多呈短柱状或块状; 芯样侧面蜂窝麻面、沟槽连续
IV	钻进很困难; 芯样任一段松散、夹泥或分层; 芯样局部破碎且破碎长度大于 10 cm

　　(5)成桩质量评价应按单桩进行。当出现下列情况之一时,应判定该受检桩不满足设计要求:

　　①桩身完整性类别为IV类的桩。

　　②受检桩混凝土芯样试件抗压强度代表值小于混凝土设计强度等级的桩。

　　③桩长、桩底沉渣厚度不满足设计或规范要求的桩。

　　④桩底持力层岩土性状(强度)或厚度未达到设计或规范要求的桩。

　　(6)钻芯孔偏出桩外时,仅对钻取芯样部分进行评价。

　　(7)对钻芯孔应该注浆回填。

 复习思考题

7.1 解释下列名词:桩身完整性;桩身缺陷;单桩竖向抗压静载检测;混凝土桩钻芯法检测;混凝土桩声波透射法检测。

7.2 某基础采用水泥粉喷桩基础,水泥粉喷桩直径 $\phi500$ mm,长 7 500 mm。桩按正三角形布置,桩中心到桩中心的距离为 1 290 mm,问若进行单桩复合地基载荷检测,桩土面积比为多少(精确至 0.001)? 需要面积为多大的承压板? (精确至 0.01 m²)

7.3 桩基检测报告应至少包含哪些内容?

7.4 为设计提供依据的抗拔灌注桩施工时为何要进行成孔质量检测?

7.5 某试桩用钻芯法进行检测,在不同深度处钻取的三组芯样,其各芯样抗压强度如下。

第一组:23.2 MPa、19.4 MPa、20.8 MPa。

第二组:24.2 MPa、15.1 MPa、20.9 MPa。

第三组:23.4 MPa、14.8 MPa、18.9 MPa。

桩身混凝土设计强度等级为 C20,问各组混凝土芯样试件抗压强度代表值为多少? 该桩混凝土芯样试件抗压强度代表值为多少? 该试桩混凝土强度是否满足设计要求?

参考文献

[1] 董建国. 土力学与地基基础. 上海:同济大学出版社,2005.

[2] 李培镜. 土力学. 3版. 北京:高等教育出版社,2008.

[3] 钱家欢. 土力学. 南京:河海大学出版社,1994.

[4] 陈希哲. 土力学地基基础. 3版. 北京:清华大学出版社,2000.

[5] 袁聚云. 土工试验与原理. 上海:同济大学出版社,2003.

[6] 杨小平. 土力学及地基基础自学辅导. 武汉:武汉大学出版社,2001.

[7] 张振营. 土工学题库及典型题解. 北京:中国水利水电出版社,2001.

[8] 袁聚云. 基础工程设计原理. 上海:同济大学出版社,2001.

[9] 李相然. 城市地下工程实用技术. 北京:中国建材工业出版社,2000.

[10] 李文英. 土力学与地基基础. 北京:中国铁道出版社,2012.

[11] 焦胜军. 高速铁路桥梁施工与维护. 成都:西南交通大学出版社,2011.

[12] 秦溱. 桥梁下部施工技术. 北京:高等教育出版社,2011.

[13] 中铁第一勘察设计院集团有限公司. 铁路工程土工试验规程(TB 10102—2010). 北京:中国铁道出版社,2011.

[14] 中铁第一勘察设计院集团有限公司. 铁路工程地质勘察规范(TB 10012—2007). 北京:中国铁道出版社,2007.

[15] 中铁第一勘察设计院集团有限公司. 铁路路基设计规范(TB 10001—2016). 北京:中国铁道出版社,2016.

[16] 中国铁路设计集团有限公司. 铁路桥涵地基和基础设计规范(TB 10093—2017). 北京:中国铁道出版社,2017.

[17] 中铁第二勘察设计院集团有限公司. 铁路路基支挡结构设计规范(TB 10025—2006). 北京:中国铁道出版社,2006.

[18] 中铁三局集团有限公司. 铁路混凝土工程施工质量验收标准(TB 10424—2018). 北京:中国铁道出版社,2018.